著者简介

胡安·卡洛斯·阿隆索

古巴裔美国平面设计师、创意总监和插画家

他对大自然和野生动物充满热情，曾环游世界，从澳大利亚到加拉帕戈斯群岛等地，观察野生动物。他还创作有多部史前动物和野生动物相关图书。

曾多次荣获美国国家科学教师协会（National Science Teachers Association）、儿童读物委员会（Children's Book Council）和《古地球杂志》（Ancient Earth Journal）的青少年优秀科普图书奖。并多次入选国际教育协会及儿童读物委员会（International Literacy Association and Children's Book Council）推荐阅读书目。

审读专家

孙天任

古生物学与地层学硕士

《科学世界》杂志社编辑

1988年生于江苏无锡。中国科学技术大学生命科学本科毕业，中国科学院南京地质古生物研究所古生物学与地层学硕士研究毕业。长期从事科学传播行业，策划、审校过多部科普书籍。策划出版有《转基因》《海上风电》等专题科普特辑。

动物笔记

陆地哺乳动物

[美] 胡安·卡洛斯·阿隆索◆著

赵百灵◆译

南海出版公司

2021·海口

图书在版编目（CIP）数据

动物笔记. 陆地哺乳动物 / (美) 胡安 · 卡洛斯 · 阿隆索著 ; 赵百灵译. -- 海口 : 南海出版公司, 2021.3

ISBN 978-7-5442-9564-2

Ⅰ. ①动… Ⅱ. ①胡… ②赵… Ⅲ. ①动物 – 青少年读物②陆栖 – 哺乳动物纲 – 青少年读物 Ⅳ. ①Q95-49

中国版本图书馆CIP数据核字(2019)第046347号

著作权合同登记号 图字：30-2020-019

DONGWU BIJI: LUDI BURU DONGWU
动物笔记：陆地哺乳动物

策划制作：北京书锦缘咨询有限公司（www.booklink.com.cn）
总 策 划：陈　庆
策　　划：肖文静

著　　者：［美］胡安 · 卡洛斯 · 阿隆索
译　　者：赵百灵
特约审读：孙天任
责任编辑：张　媛
排版设计：柯秀翠
出版发行：南海出版公司 电话：（0898）66568511（出版）（0898）65350227（发行）
社　　址：海南省海口市海秀中路51号星华大厦五楼 邮编：570206
电子信箱：nhpublishing@163.com
经　　销：新华书店
印　　刷：北京利丰雅高长城印刷有限公司
开　　本：889毫米×1194毫米 1/16
印　　张：8
字　　数：139千
版　　次：2021年3月第1版 2021年3月第1次印刷
书　　号：ISBN 978-7-5442-9564-2
定　　价：138.00元

目 录

概述

地球上存在着无数个生命，有些看得见，有些看不见，但它们无处不在。只要从院子里抓起一把泥土，其中就有可能拥有数百万，甚至是数十亿个鲜活的生命。

为了便于人们了解地球上数量众多的生物，研究分类学的科学家们将所有的生物分成了五界。其中遗传物质没有细胞膜包围的单细胞生物属于原核生物界；有细胞核的单细胞生物和某些多细胞生物属于原生生物界；吸收周围营养物质的多细胞真核生物属于真菌界；能够通过叶绿素吸收阳光的多细胞真核生物属于植物界；动物界的生物最复杂，包括能自行运动的多细胞真核生物。

每种生物，甚至最小的微生物，都是根据《国际动物命名规约》（ICZN）来进行分类的。这个系统把每个生物体分为七个级别：界、门、纲、目、科、属，最后是种。有些动物被划分为亚种，这意味着它们与同一物种虽有亲缘关系，但已发展出了自己独特的形态特征，因此可以进一步将它们与所属的物种区分开来。

我们人类与数量庞大的其他种类的动物共享地球。《公共图书馆生物学》（*PLOS Biology*）最新的研究成果显示，地球上共有 777 万种生物。这个结果与已被科学家们发现并记录在案的 95 万种形成了鲜明的对比。每年新发现的动物有 15000 ～ 18000 种，其中包括昆虫、鸟类、爬行动物、鱼类和哺乳动物等。

狗

以一只宠物狗为例，其分类如下：

界：动物界，指它属于动物。

门：脊索动物门，指它属于具有脊索或脊椎的动物。

纲：哺乳纲，指它属于哺乳动物。

目：食肉目，指它属于食肉动物。

科：犬科，指它属于犬科动物。

属：犬属，指它是犬类。

种：狼种，指它的近亲是狼。

亚种：家犬亚种，指它属于家养或驯化动物。

它的学名是：

Canis lupus familiaris

（*学名即拉丁名，一般不写种和亚种）

什么是哺乳动物？

哺乳动物是脊索动物亚门（指有脊索或脊椎的动物）中的一纲，它们属于恒温动物，有毛发，并且能通过身体的腺体分泌乳汁哺育后代。我们人类也属于哺乳动物。哺乳动物分为两大类群，即适于陆地生活的陆生哺乳动物和适于海栖环境的海洋哺乳动物。

温血动物可以通过摄取食物来调节体温，这使它们在天气寒冷时也可以活动，不像冷血动物那样，只在天气温暖时活动。为了保持体温，哺乳动物必须比冷血动物摄取更多的食物。正因如此，许多哺乳动物一生中的大部分时间都在捕猎、采集和进食。众所周知，哺乳动物的大脑占身体比重较大，而且它们能够适应各种不同的环境。世界上的每块大陆和每片大洋中都有哺乳动物的身影。

哺乳动物分类

由于很多新物种陆续被发现，因此哺乳动物的分类是不断变化的。不过，人们对哺乳动物的分类达成了普遍共识（尽管对于一些哺乳动物的归属仍存有争议）。本书共探讨了十五个目的陆地哺乳动物，包括：

单孔目：卵生哺乳动物，鸭嘴兽

翼手目：蝙蝠

有袋目：袋鼠

灵长目：猴子、猿、人类

有甲目：犰狳

披毛目：食蚁兽、树懒

啮齿目：啮齿动物，老鼠、松鼠、豪猪

兔形目：兔子、野兔

食肉目：狗、猫、熊、狮子

偶蹄目：偶蹄动物，猪、鹿

奇蹄目：奇蹄动物，马

真盲缺目：食虫动物，鼹鼠、鼩鼱

长鼻目：大象

鳞甲目：穿山甲

管齿目：土豚

在这些分类中，陆生哺乳动物的移动方式越来越多样化。从栖居在树上的猴子、生活在水中的河马，到飞行的蝙蝠，它们都很好地适应了所处的生活环境。哺乳动物为了在极端环境中生活做出了适应性改变。在严寒条件下，一些哺乳动物长出了厚厚的皮毛或脂肪层用于保暖；在高温条件下，一些哺乳动物则形成了毛细血管网来调节体温。总的来说，哺乳动物已经在地球上繁衍生息了数千万年，也是一支演化非常成功的动物种群。

接下来，我们会通过仔细观察其成员、特征、社会结构，以及为了在地球这个生机勃勃的星球上生存而进行的适应性改变，来研究各个目的陆生哺乳动物。

物种保护状况评估

世界自然保护联盟（IUCN）全球物种项目，五十多年来一直在追踪世界各地每个物种和亚种的保护状况。它们创建了世界自然保护联盟濒危物种红色名录，来评测物种面临的灭绝风险。如果想要了解更多信息，请访问其官网（www.iucnredlist.org）。

- 灭绝
- 野外灭绝
- 极危（濒危等级标准）
- 濒危（濒危等级标准）
- 易危（濒危等级标准）
- 近危
- 无危
- 数据缺乏

本书中介绍的每个物种都包含了它们的保护状况评估。

单孔目（卵生哺乳动物）

单孔目哺乳动物与其他哺乳动物的区别在于，它们是卵生而非胎生。因为没有牙齿，所以在进食方面发生了特化*。人们普遍认为，单孔目动物曾经遍布世界各地，但现在仅存生活在澳大利亚和新几内亚岛的少量成员。

目： 单孔目

种类： 5种

地理分布： 澳大利亚、新几内亚岛

栖息地： 鸭嘴兽为水生动物，生活在淡水中；针鼹是陆生动物

概述： 单孔目动物与其他哺乳动物不同，它们不通过乳头，而是通过皮肤分泌乳汁。单孔目动物的身体上只有一个开口，用于繁殖、产卵和排泄废物，这个开口叫作泄殖腔。

* 编者注：特化是由一般到特殊的生物进化方式。指物种适应于某一独特的生活环境、形成局部器官过于发达的一种特异适应。

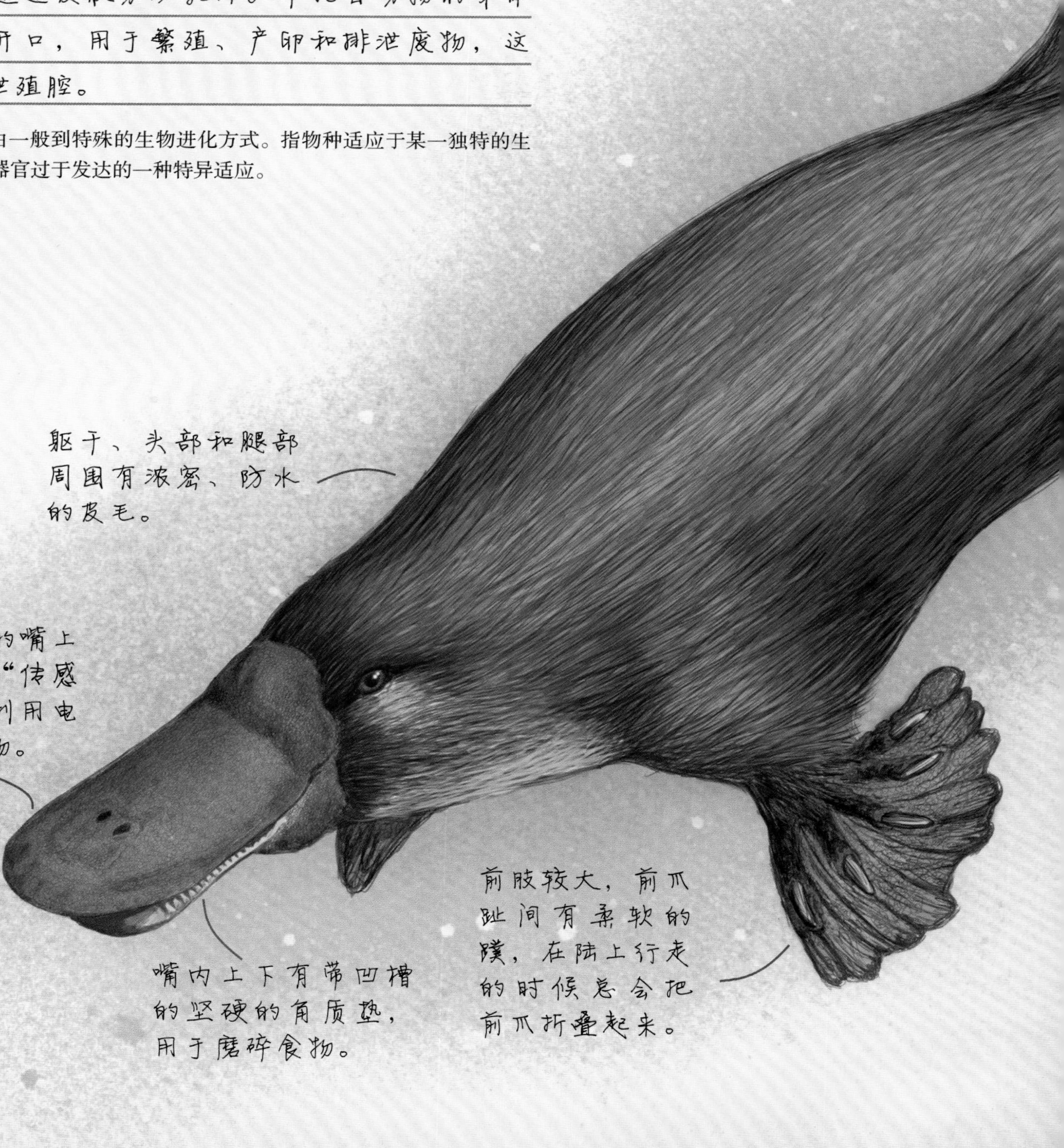
躯干、头部和腿部周围有浓密、防水的皮毛。
像鸭子一样的嘴上长有四万个“传感器”，可以利用电信号寻找食物。
嘴内上下有带凹槽的坚硬的角质垫，用于磨碎食物。
前肢较大，前爪趾间有柔软的蹼，在陆上行走的时候总会把前爪折叠起来。

鸭嘴兽

很多人认为，鸭嘴兽是哺乳动物中最奇特的一种。它们拥有鸭子的嘴、水獭的脚以及海狸的尾巴，又像爬行动物一样产卵。它们主要生活在淡水湖、河流和潟湖中，捕食虾、小龙虾和蠕虫。

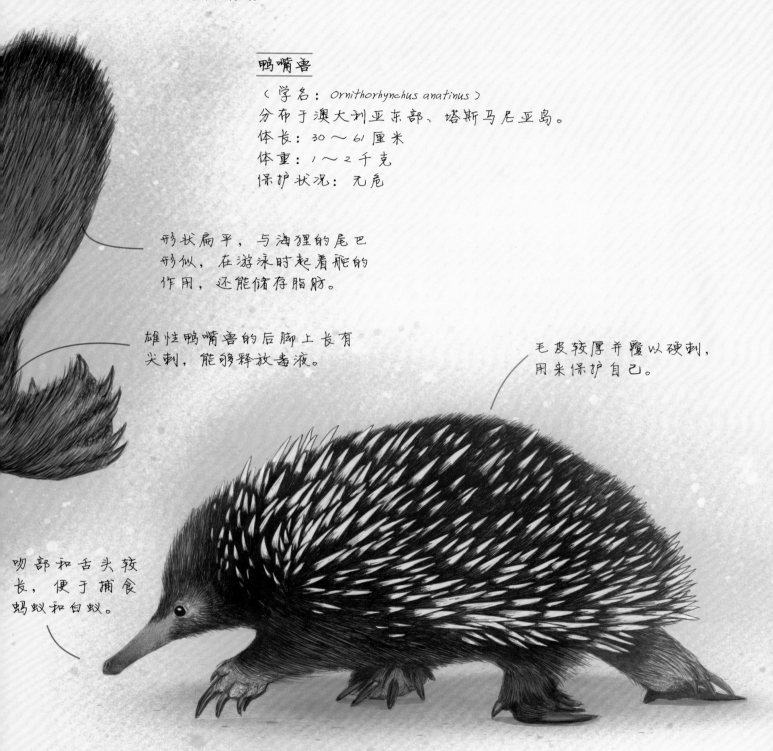

鸭嘴兽

（学名：*Ornithorhynchus anatinus*）
分布于澳大利亚东部、塔斯马尼亚岛。
体长：30～61厘米
体重：1～2千克
保护状况：无危

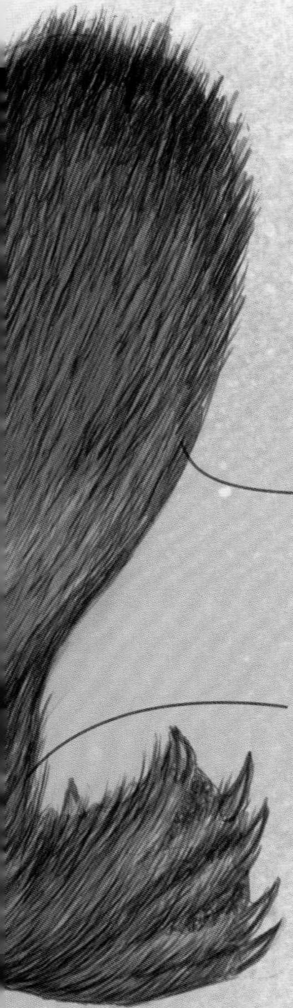
形状扁平，与海狸的尾巴形似，在游泳时起着舵的作用，还能储存脂肪。
雄性鸭嘴兽的后脚上长有尖刺，能够释放毒液。

毛皮较厚并覆以硬刺，用来保护自己。
吻部和舌头较长，便于捕食蚂蚁和白蚁。

澳洲针鼹

（学名：*Tachyglossus aculeatus*）
分布于澳大利亚、新几内亚岛。
体长：30～45厘米
体重：0.25～7千克
保护状况：无危

针鼹

针鼹别称刺食蚁兽，尽管它看上去酷似刺猬，但在亲缘关系上相距甚远。针鼹只吃蚂蚁和白蚁，它们用强而有力的钩爪去挖掘猎物。当遭遇到威胁时，它们会蜷缩成一团。已知的针鼹仅有四种。

有袋目（有袋动物）

有袋动物因其有一个用于携带幼崽的育儿袋而得名。与其他哺乳动物不同，有袋动物的胚胎不是由胎盘养育而成的。胎儿在没有发育完全时早产，早产儿会自然地从产道爬进母体的育儿袋内，在那里吸吮乳汁并继续发育。

目： 有袋目

种类： 330余种

体长： 从5～7.6厘米（英氏侏袋鼩）到1.8米（红大袋鼠）

体重： 从4.3克（英氏侏袋鼩）到90千克（红大袋鼠）

地理分布： 澳大利亚、新几内亚岛、南美洲、北美洲

栖息地： 大部分气候温和地区的森林、干旱草原以及树木上

概述： 澳大利亚的有袋动物种类多达整个美洲的两倍。除了袋食蚁兽之外，所有的有袋动物都是夜间活动的。

大耳朵。
方形的头。
红大袋鼠
（学名：Macropus rufus）
最大的有袋动物。
体长：1.8米
体重：高达90千克
保护状况：无危
袋鼠的尾巴布满肌肉，很粗壮，既可作为跳跃时的平衡器，也是站立时的“第三条腿”。

有一个脚趾上长着双趾甲。
长长的脚与小腿的长度相当。

袋鼠右脚特写

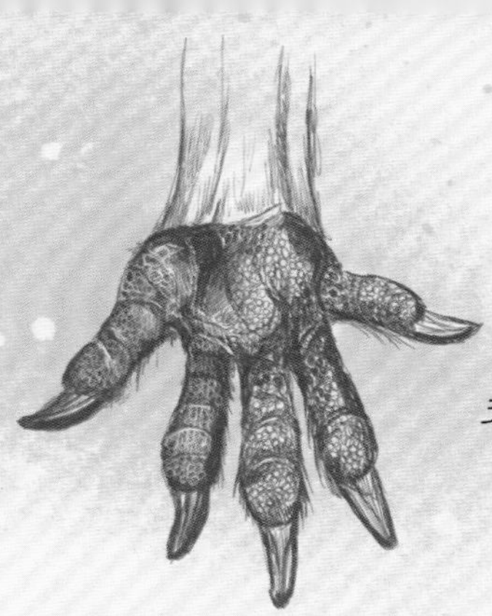
五指上长有爪。

袋鼠右手特写

袋鼠

袋鼠是唯一一种把弹跳当作主要移动方式的大型动物。它的速度可达每小时56千米。袋鼠几乎都是食草动物，以草、树叶为食，有时也吃昆虫。

身体上覆盖着短毛。
在袋鼠幼崽出生后的120～450天内，它们都生活在妈妈的育儿袋内。

灰袋鼠

（学名：*Macropus giganteus*）
澳大利亚最常见的袋鼠。
体长：1.5米
体重：高达64千克
保护状况：无危

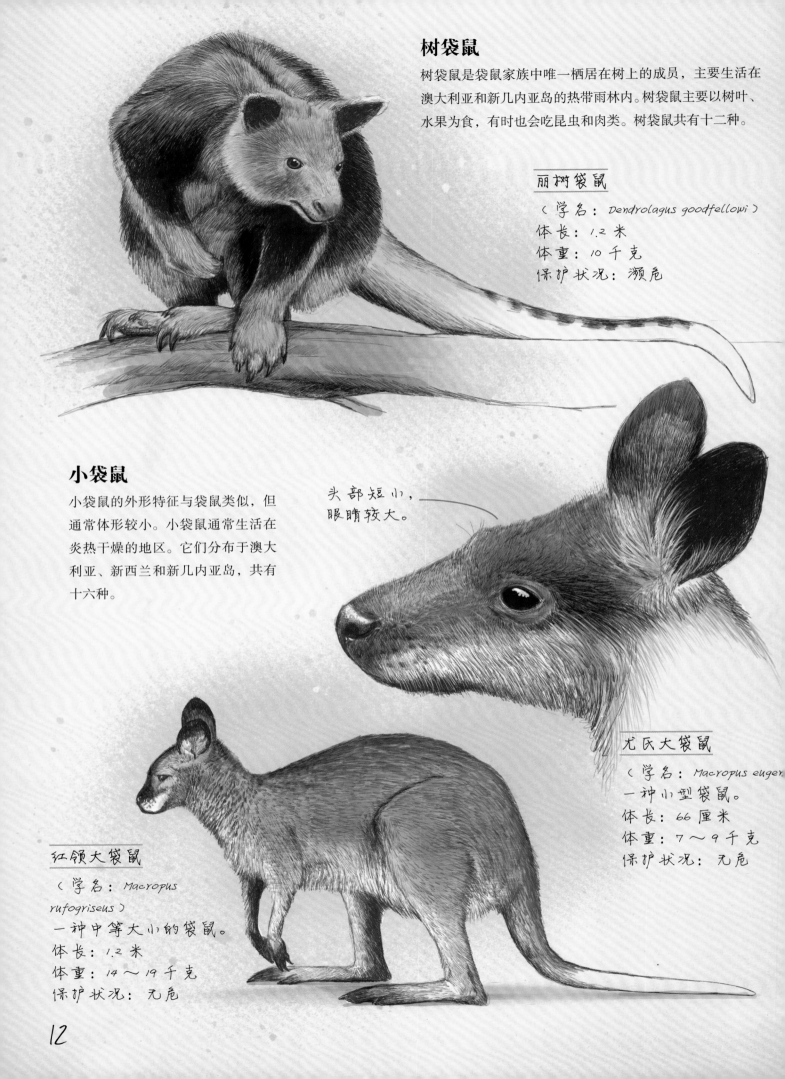

树袋鼠

树袋鼠是袋鼠家族中唯一栖居在树上的成员，主要生活在澳大利亚和新几内亚岛的热带雨林内。树袋鼠主要以树叶、水果为食，有时也会吃昆虫和肉类。树袋鼠共有十二种。

丽树袋鼠

（学名：*Dendrolagus goodfellowi*）
体长：1.2 米
体重：10 千克
保护状况：濒危

小袋鼠

小袋鼠的外形特征与袋鼠类似，但通常体形较小。小袋鼠通常生活在炎热干燥的地区。它们分布于澳大利亚、新西兰和新几内亚岛，共有十六种。

尤氏大袋鼠

（学名：*Macropus eugen*
一种小型袋鼠。
体长：66 厘米
体重：7～9 千克
保护状况：无危

红颈大袋鼠

（学名：*Macropus rufogriseus*）
一种中等大小的袋鼠。
体长：1.2 米
体重：14～19 千克
保护状况：无危

树袋熊

树袋熊是树袋熊科唯一的现存物种。不同于袋鼠，树袋熊育儿袋的开口朝向身体下部。当幼崽在育儿袋内时，育儿袋保持关闭状态，以防止幼崽跌落。它们长期生活在树上，以桉树叶为食。

树袋熊幼崽待在妈妈的育儿袋里六个月，之后它们会趴在妈妈的背上，在那儿待到一岁。

树袋熊

（学名：*Phascolarctos cinereus*）
分布于澳大利亚东部。
体长：58 ～ 84 厘米
体重：9 千克
保护状况：无危

袋獾

袋獾也被称为塔斯马尼亚恶魔，因脾气暴躁而得名，在保护食物时尤其凶残。袋獾是世界最大的食肉有袋动物，主要以鸟、蛇、鱼和昆虫为食。

袋獾

（学名：*Sarcophilus harrisii*）
分布于塔斯马尼亚岛。
体长：76 厘米
体重：12 千克
保护状况：濒危

相对于体重，袋獾的啮咬能力是哺乳动物中最强的。
用尾巴储存多余的脂肪。
后腿短于前腿。
袋獾的毛发呈深黑色或棕色，胸部有白色图案。

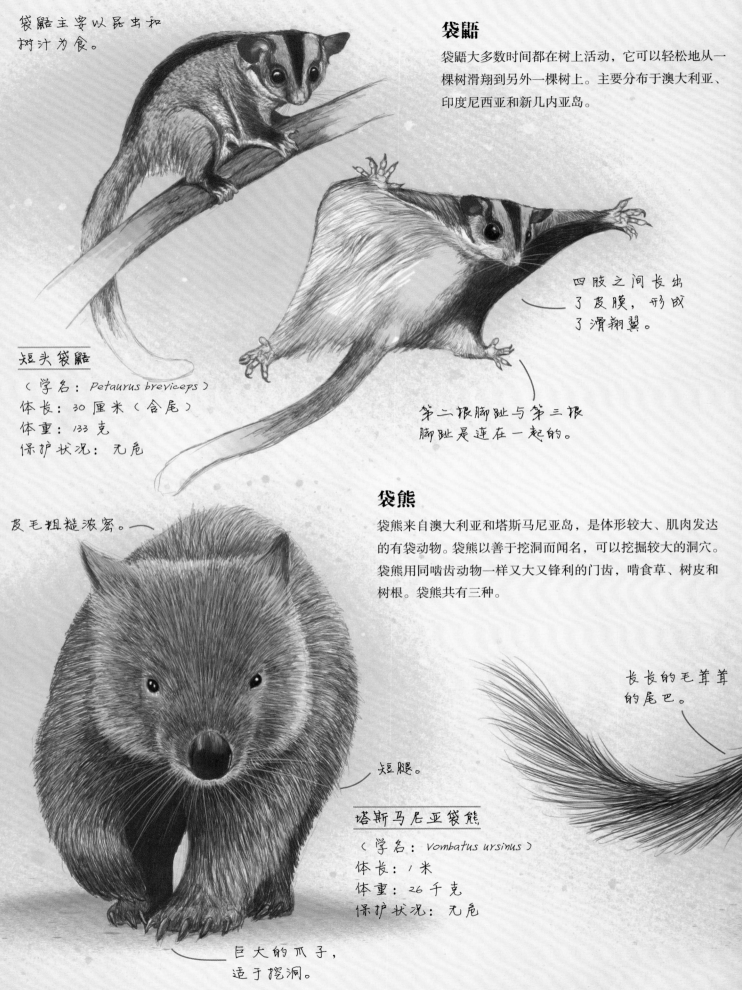

袋鼯

袋鼯大多数时间都在树上活动，它可以轻松地从一棵树滑翔到另外一棵树上。主要分布于澳大利亚、印度尼西亚和新几内亚岛。

袋鼯主要以昆虫和
树汁为食。

短头袋鼯

（学名：*Petaurus breviceps*）
体长：30 厘米（含尾）
体重：133 克
保护状况：无危

四肢之间长出
了皮膜，形成
了滑翔翼。
第二根脚趾与第三根
脚趾是连在一起的。

袋熊

袋熊来自澳大利亚和塔斯马尼亚岛，是体形较大、肌肉发达的有袋动物。袋熊以善于挖洞而闻名，可以挖掘较大的洞穴。袋熊用同啮齿动物一样又大又锋利的门齿，啃食草、树皮和树根。袋熊共有三种。

皮毛粗糙浓密。
短腿。
巨大的爪子，
适于挖洞。

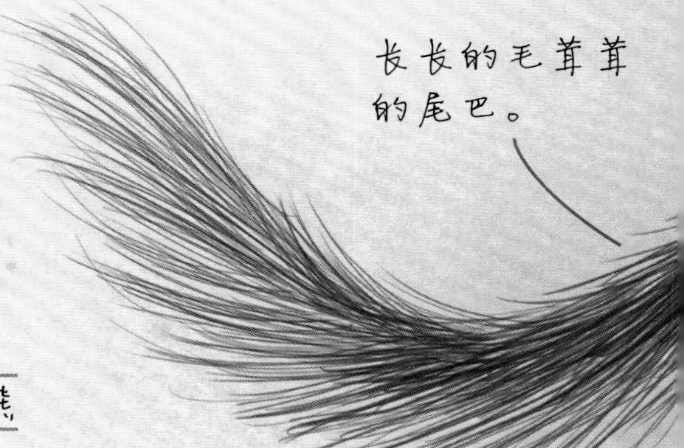
长长的毛茸茸
的尾巴。

塔斯马尼亚袋熊

（学名：*Vombatus ursinus*）
体长：1 米
体重：26 千克
保护状况：无危

负鼠

负鼠大多是树栖、杂食性，既吃肉又吃植物。负鼠具有强大的免疫系统，能够抵抗大多数毒蛇咬伤和疾病。共有一百多种。

硬直毛。
尾巴无毛，适于抓握。

北美负鼠

（学名：*Didelphis virginiana*）
分布于美国和墨西哥。
体长：96 厘米
体重：5 千克
保护状况：无危

袋食蚁兽

袋食蚁兽只分布在澳大利亚西部，几乎仅以白蚁为食。它是唯一一种只在白天活动的有袋动物，大小同家猫相当。

袋食蚁兽

（学名：*Myrmecobius fasciatus*）
体长：38 厘米
体重：680 克
保护状况：濒危

多彩的条纹状皮毛。
吻部和舌头较长，用于捕捉白蚁。

翼手目（蝙蝠）

蝙蝠因其是唯一具有飞行能力的哺乳动物而闻名。蝙蝠种类繁多，占所有哺乳动物类别的20%以上。蝙蝠可以分为两个亚目：大蝙蝠亚目，包含了较大的食果蝙蝠，以及小蝙蝠亚目，包含了较小的食虫蝙蝠。大多数种类的蝙蝠以昆虫或水果为食，还有一些以鱼类或青蛙为食，另外三种则靠动物的鲜血为生。

目：翼手目

种类：1200种以上

体长（翼展）：从17厘米（凹脸蝠）到1.8米（鬃毛利齿狐蝠）

体重：从2克（大黄蜂蝠）到1千克（鬃毛利齿狐蝠）

地理分布：除严寒地区外的世界各地

栖息地：洞穴、树木和建筑物内

概述：以昆虫为食的蝙蝠可以在一夜之间吃掉相当于自身体重的蚊子，有些蝙蝠的飞行速度可达每小时97千米。蝙蝠寿命可达30年以上。

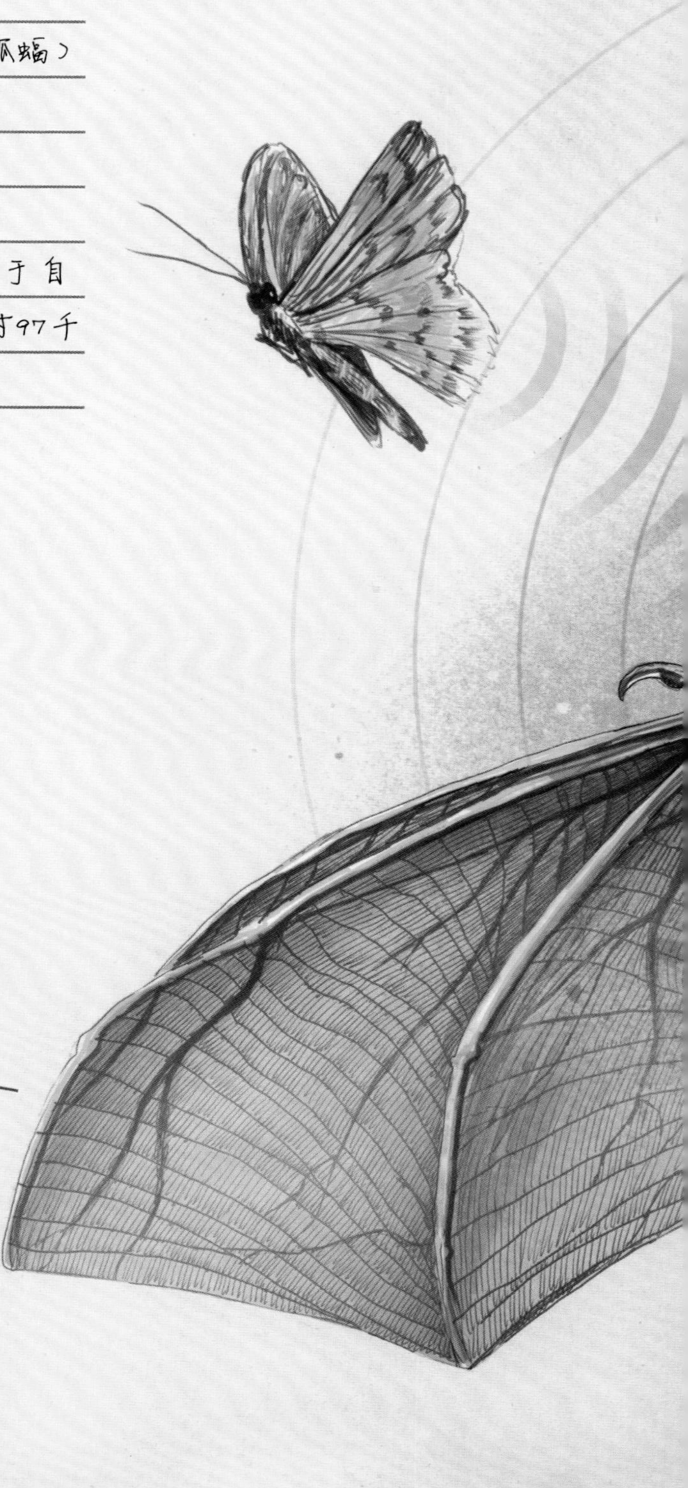

血管密布的皮膜由柔软纤薄的表皮和肌肉层构成。

有的蝙蝠依靠声波探路、捕食，声波碰到物体后会形成回声反射回来，蝙蝠据此判断物体的距离与大小，这种判断方式被称为“回声定位法”。

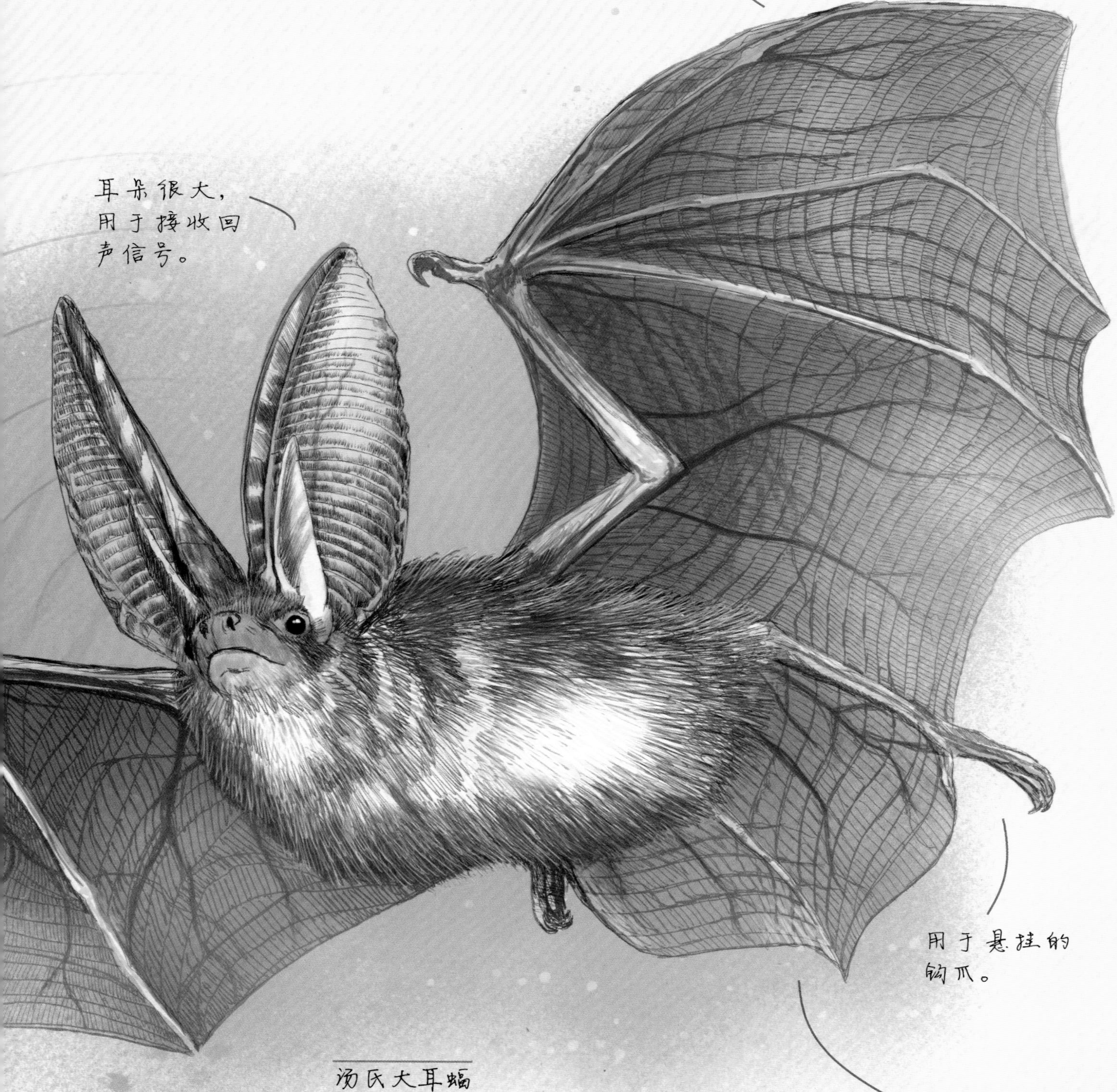
蝙蝠前肢上有五个指头，其中的四个通过翼膜连在一起。
耳朵很大，用于接收回声信号。
用于悬挂的钩爪。
细小的尾巴与后肢通过皮膜相连。

汤氏大耳蝠

（学名：*Corynorhinus townsendii*）
分布于北美洲。
翼展：33厘米
体重：142克
保护状况：无危

小蝙蝠亚目（小型蝙蝠）

小蝙蝠亚目中包含了一些体形较小的蝙蝠，它们大多依靠回声定位系统在空中探路和捕食昆虫。因此，小蝙蝠亚目蝙蝠的眼睛比大蝙蝠亚目的小一些。小蝙蝠亚目蝙蝠的形态特征多种多样，因为它们的耳朵、鼻子和嘴巴为了捕食和使用回声定位系统发生了特化。

加州叶鼻蝠
（学名：Macrotus californicus）
分布于墨西哥和美国。
翼展：33厘米
体重：1千克
保护现状：无危
拇指末端有爪。
大而薄的耳朵。
小眼睛。
叶子形状的鼻子。
皮膜翼底部连接着脚踝。
躯干覆盖着厚厚的皮毛。

耳朵比头还大，带有脊状凸起，有助于接收回声信号。

花尾蝠

（学名：*Euderma maculatum*）
分布于北美洲。
翼展：33厘米
体重：142克
保护状况：无危

鼻子上长有一个长凸起，在回声定位时起辅助作用。

金剑鼻蝠

（学名：*Lonchorhina aurita*）
分布于美国南部、中部。
翼展：36厘米
体重：142克
保护状况：无危

头部向后倾斜，耳朵恰好位于头部两侧。
下唇有一条小沟，用于吸食血液。

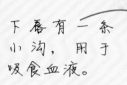

吸血蝠

（学名：*Desmodus rotundus*）
分布于美洲。
翼展：18厘米
体重：57克
保护状况：无危

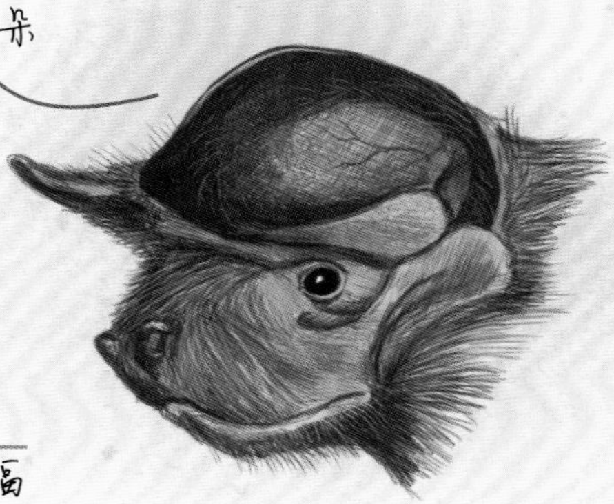
头部扁平，耳朵位于正上方。

大真蝠

（学名：*Eumops perotis*）
分布于美洲。
翼展：55厘米
体重：71克
保护状况：数量减少中

鼻子扁平呈马蹄形，并长有复杂的叶状凸起。

德氏菊头蝠

（学名：*Rhinolophus deckenii*）
分布于非洲的坦桑尼亚、肯尼亚。
翼展：28厘米
体重：709克
保护状况：近危

耳朵由两侧向外倾斜。
短而方的吻部。

大棕蝠

（学名：*Eptesicus fuscus*）
分布于美洲和加勒比地区。
翼展：30厘米
体重：142克
保护状况：无危

大蝙蝠亚目（巨型蝙蝠）

顾名思义，大蝙蝠亚目是蝙蝠的一个亚目，其中包括了体形最大的蝙蝠物种。大蝙蝠亚目的蝙蝠大多眼睛较大、耳朵较小，主要以水果为食。它们依靠视觉和嗅觉找寻食物，除了其中的一种之外，其他都不具备回声定位能力。

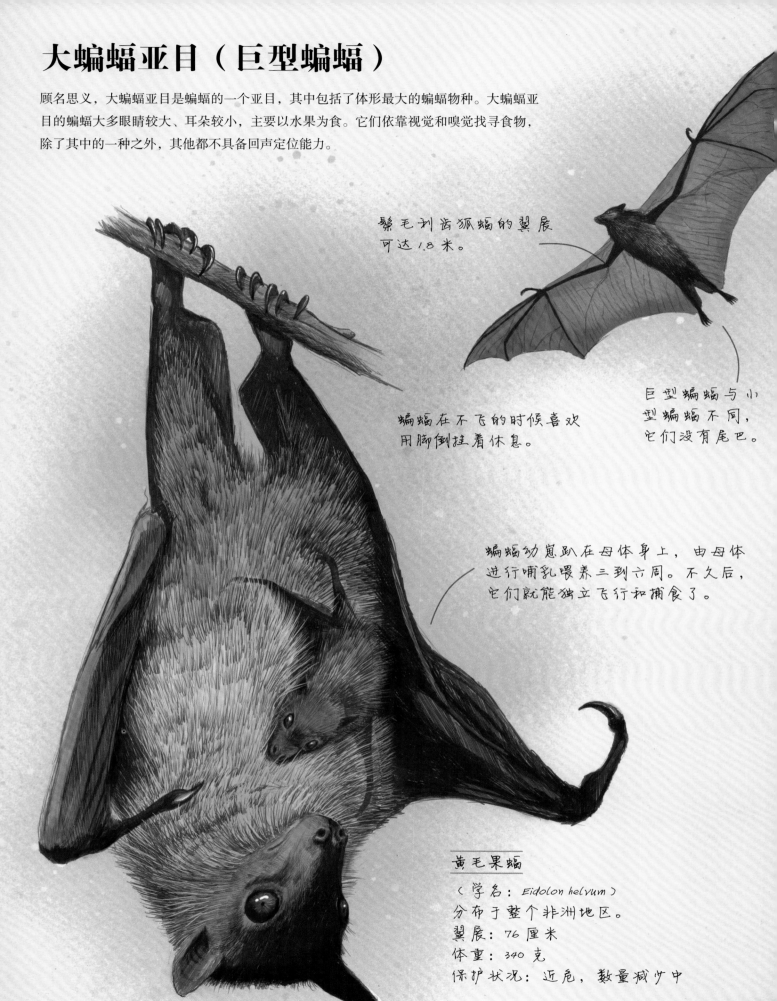

鬃毛利齿狐蝠的翼展可达1.8米。
巨型蝙蝠与小型蝙蝠不同，它们没有尾巴。

蝙蝠在不飞的时候喜欢用脚倒挂着休息。
蝙蝠幼崽趴在母体身上，由母体进行哺乳喂养三到六周。不久后，它们就能独立飞行和捕食了。

黄毛果蝠

（学名：*Eidolon helvum*）
分布于整个非洲地区。
翼展：76 厘米
体重：340 克
保护状况：近危，数量减少中

三角形的耳朵。
与狐狸的长鼻子形似。

鬃毛利齿狐蝠

（学名：*Acerodon jubatus*）
分布于菲律宾。
翼展：1.8米
体重：1千克
保护状况：近危，数量减少中

吻部突出，鼻子和嘴周围有褶皱。

锤头果蝠

（学名：*Hypsignathus monstrosus*）
分布于非洲赤道地区。
翼展：97厘米
体重：369克
保护状况：无危

鼻孔突出，呈管状。
大而圆的唇。

雷伯管鼻果蝠

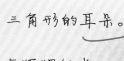

（学名：*Nyctimene rabori*）
分布于菲律宾。
翼展：55厘米
体重：227克
保护状况：濒危

长吻、长舌方便从花中取食花蜜。

小长舌果蝠

（学名：*Macroglossus minimus*）
分布于印度尼西亚。
翼展：25厘米
体重：19.8克
保护状况：无危

圆头扁脸短鼻。

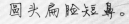

斐济尖齿狐蝠

（学名：*Mirimiri acrodonta*）
分布于斐济。
翼展：51厘米
体重：227克
保护状况：极危

脸上常有白色图案。
长长的方形鼻子。

花面狐蝠

（学名：*Styloctenium wallacei*）
分布于印度尼西亚马卡萨地区。
翼展：1.5米
体重：590克
保护状况：近危

灵长目（猿、猴、原猴）

人类（智人）也是动物王国中的一员，属于灵长动物。灵长动物品种繁多，涵盖了很多类人物种，其中就包括人类的近亲——黑猩猩。灵长动物可以分为两个亚目：类人猿亚目和原猴亚目。在两个亚目中，类人猿亚目包含的物种更多，且又进一步被分为旧大陆类人猿和新大陆猴两个族群。旧大陆类人猿包含了生活在非洲和亚洲的旧大陆猴、人和猿。新大陆猴包含了所有生活在美洲的猴类。原猴亚目包括了大部分生活在马达加斯加、东非以及亚洲部分地区的狐猴以及眼镜猴。灵长动物大脑占身体比重较大，这使它们更加聪慧，而且能够成功地适应环境的变化。很多灵长动物能够使用工具、解决问题。

目： 灵长目

种类： 约260种

体长： 从15～22厘米（侏儒鼠狐猴）到1.8米（东部大猩猩）

体重： 从28克（侏儒鼠狐猴）到227千克（东部大猩猩）

地理分布： 非洲、亚洲、中南美洲

栖息地： 主要为热带雨林，也包括山地地区

概述： 大猩猩和黑猩猩的基因与人类非常相似，很多疾病甚至可以在物种间相互传播。在人工饲养期间，大猩猩接种的疫苗与人类婴儿的相同。使用工具的灵长动物比其他任何族群种类都多。由于栖息在茂密的雨林中，很多灵长动物还没有被记录在案，每年，新发现的灵长动物多达六种。

松鼠猴

（学名：*Saimiri sciureus*）

分布于南美洲的热带雨林。

体长：35厘米（头和身体）

体重：1千克

保护状况：近危，数量减少中

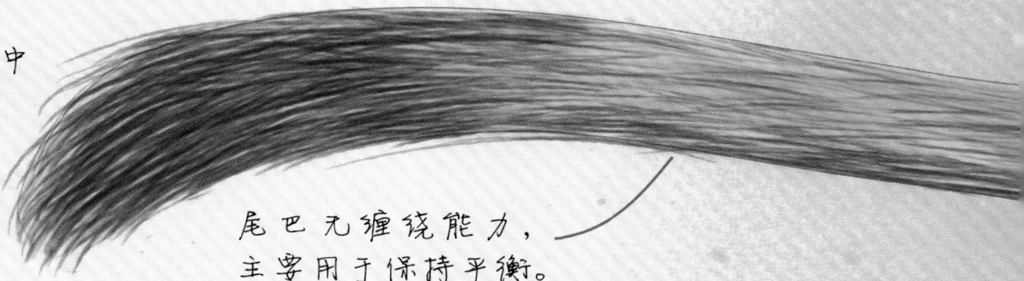

尾巴无缠绕能力，主要用于保持平衡。

灵长动物族谱

- 类人猿
  - 旧大陆类人猿
    - 猿
      - 小猿（长臂猿）
      - 大猿（黑猩猩、大猩猩、猩猩）
    - 旧大陆猴（疣猴、山魈、狒狒）
  - 新大陆类人猿（新大陆猴）（吼猴、蜘蛛猴、松鼠猴）
- 原猴（狐猴、眼镜猴、懒猴）

松鼠猴的脑袋圆圆的，面部为白色，仿佛戴着一张“面具”。

松鼠猴是栖居在树上的群居动物，其种群可多达500只。

大猿

黑猩猩

黑猩猩是现存与人类血缘最接近的物种，其 DNA 与人类的 DNA 相似程度达 98% 以上。黑猩猩是高度社会化的动物，喜欢群居生活，几十到一百只为一群。黑猩猩属于黑猩猩属，它被分成两个外形相似的品种：倭黑猩猩（学名：*Pan paniscus*），一般体形稍小，雌性在群体中占据主导地位；黑猩猩（学名：*Pan troglodytes*），体形较大，雄性在群体中占据主导地位。它们都主要以水果为食，但是黑猩猩也吃昆虫、鸟蛋以及包括疣猴在内的其他灵长动物。

黑猩猩

（学名：*Pan troglodytes*）

分布于非洲西部和中部，从热带雨林到更加干旱的热带稀树草原。

体长：1.2 米

体重：59 千克

保护状况：濒危

黑猩猩幼崽出生时面部皮肤颜色较浅，成年后逐渐变深。

雌性黑猩猩每胎产一崽，并照顾幼崽直到两岁。

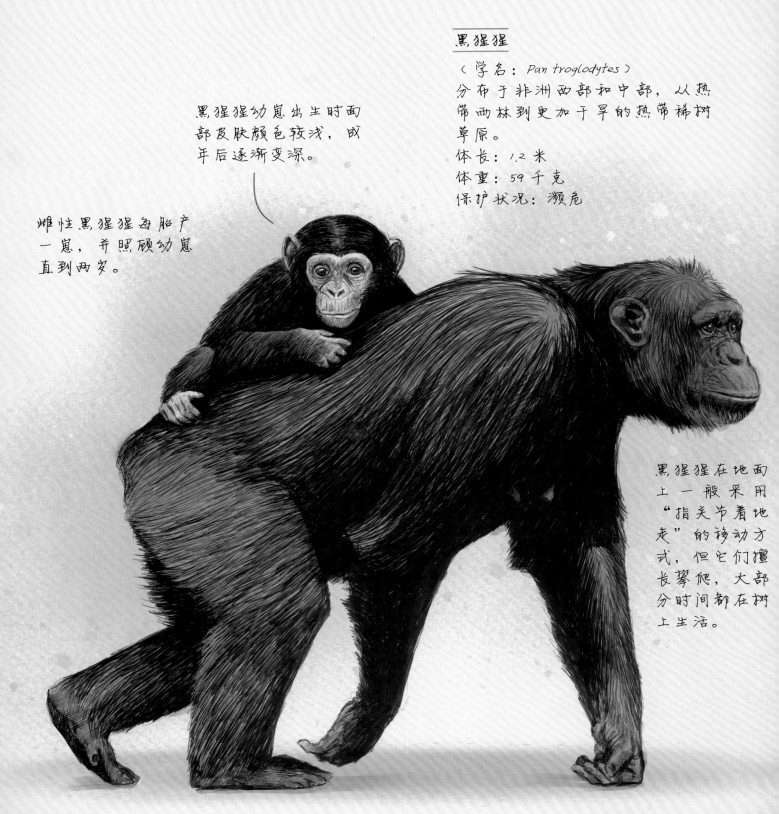

黑猩猩在地面上一般采用“指关节着地走”的移动方式，但它们擅长攀爬，大部分时间都在树上生活。

除了面部和手脚，全身都覆盖着黑色或深棕色的毛发。
大耳朵。
眼睛朝向前方，拥有立体视觉。
鼻子又扁又宽。
成年黑猩猩非常强壮，远胜于人类。
嘴巴较大，牙齿也很大。

手与人类相似，拥有宽大的手掌和对生拇指。
拇指比人的拇指小。

黑猩猩右手特写

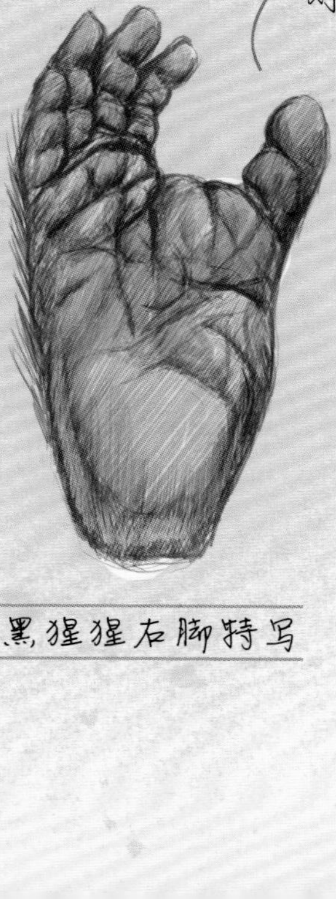
脚趾较大，起到了对生拇指的作用。
适于生活在树上的脚。

黑猩猩右脚特写

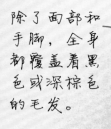

大猩猩

大猩猩是现存灵长动物中体形最大的，也是与人类血缘第二相近的物种，包括东部大猩猩（学名：*Gorilla beringei*）和西部大猩猩（学名：*Gorilla gorilla*）两个种以及四个亚种。与黑猩猩不同，大猩猩主要栖息在地面上，采用“指关节着地走”的方式移动。大猩猩是杂食动物，但以素食为主，包括水果、树叶、植物嫩枝，偶尔吃一些昆虫。大猩猩分布于非洲，生活在山区或沼泽森林中。东部低地大猩猩是最大的大猩猩。雄性大猩猩和雌性大猩猩在体形等外形特征方面区别较大。

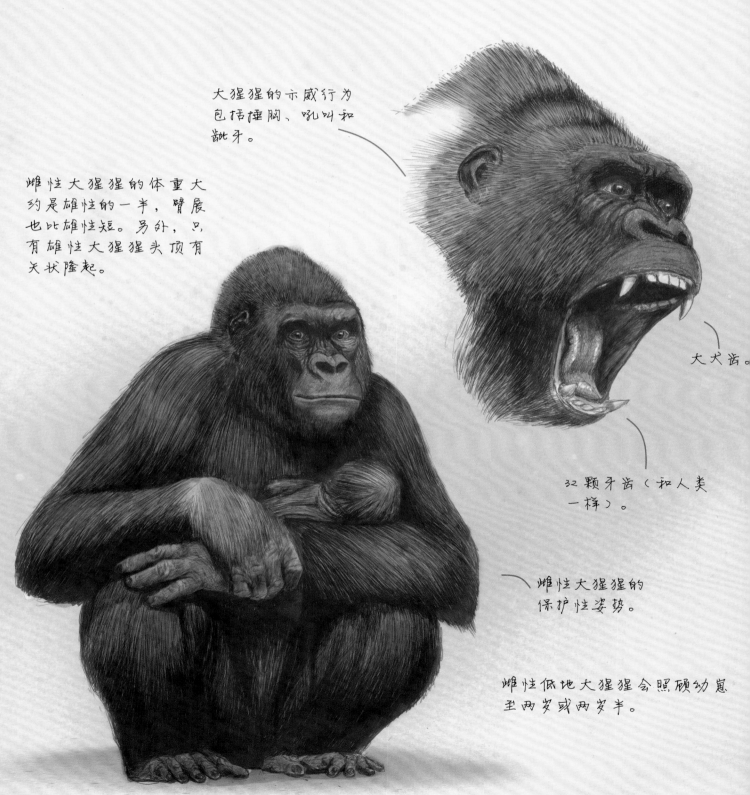

大猩猩的示威行为包括捶胸、吼叫和龇牙。
大犬齿。
32颗牙齿（和人类一样）。

雌性大猩猩的体重大约是雄性的一半，臂展也比雄性短。另外，只有雄性大猩猩头顶有尖状隆起。
雌性大猩猩的保护性姿势。
雌性低地大猩猩会照顾幼崽至两岁或两岁半。

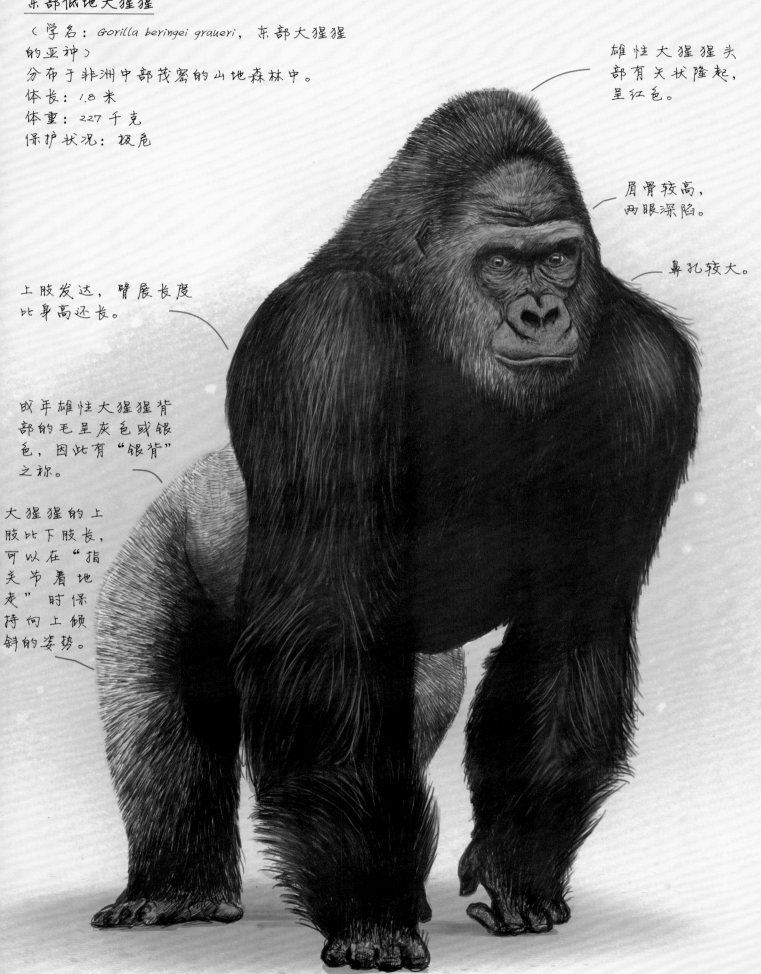

东部低地大猩猩

（学名：*Gorilla beringei graueri*，东部大猩猩的亚种）

分布于非洲中部茂密的山地森林中。

体长：1.8米

体重：227千克

保护状况：极危

雄性大猩猩头部有尖状隆起，呈红色。
眉骨较高，两眼深陷。
鼻孔较大。
上肢发达，臂展长度比身高还长。
成年雄性大猩猩背部的毛呈灰色或银色，因此有“银背”之称。
大猩猩的上肢比下肢长，可以在“指关节着地走”时保持向上倾斜的姿势。

猩猩

猩猩的英语（Orangutan）来自马来语，意思是“森林中的人”。猩猩有两个种*，分别为苏门答腊猩猩（学名：*Pongo abelii*）和婆罗洲猩猩（学名：*Pongo pygmaeus*）。其中苏门答腊猩猩更瘦一些，红色的毛发更长，毛色更浅，脸颊两侧长有凸起的肉颊。婆罗洲猩猩的毛发粗糙，毛色暗红，脸侧的颊垫更大，并长有很大的喉囊。这两个物种都很好地适应了沼泽和山地森林的树栖生活，它们在那里寻找树叶、花朵、水果、白蚁、蚂蚁和毛虫等作为食物。和它们的近亲大猩猩一样，雄性和雌性猩猩之间也有一些区别，最明显的就是它们的脸颊上的颊垫和体形。

长长的手臂便于在
树木之间穿行。
脸颊上无肉颊，
且脸更长。
雌性猩猩的体
形比雄性猩猩
小一些。
腿用于辅助攀爬，
脚用于抓握树枝。

婆罗洲猩猩（雌性）

（学名：*Pongo pygmaeus*）
分布于印尼加里曼丹岛的森林中。
体长：76厘米（头和身体）
体重：39千克
保护状况：极危

*注：最近发现第三个种，命名为塔巴努里猩猩（学名：*P. tapanuliensis*）。

脸部宽大的肉颊
也叫“西缘”，
可以用于它们相
互之间区分不同
个体，并确立其
在群体中的
等级地位。

全身覆盖着红毛，
面部呈黑色。

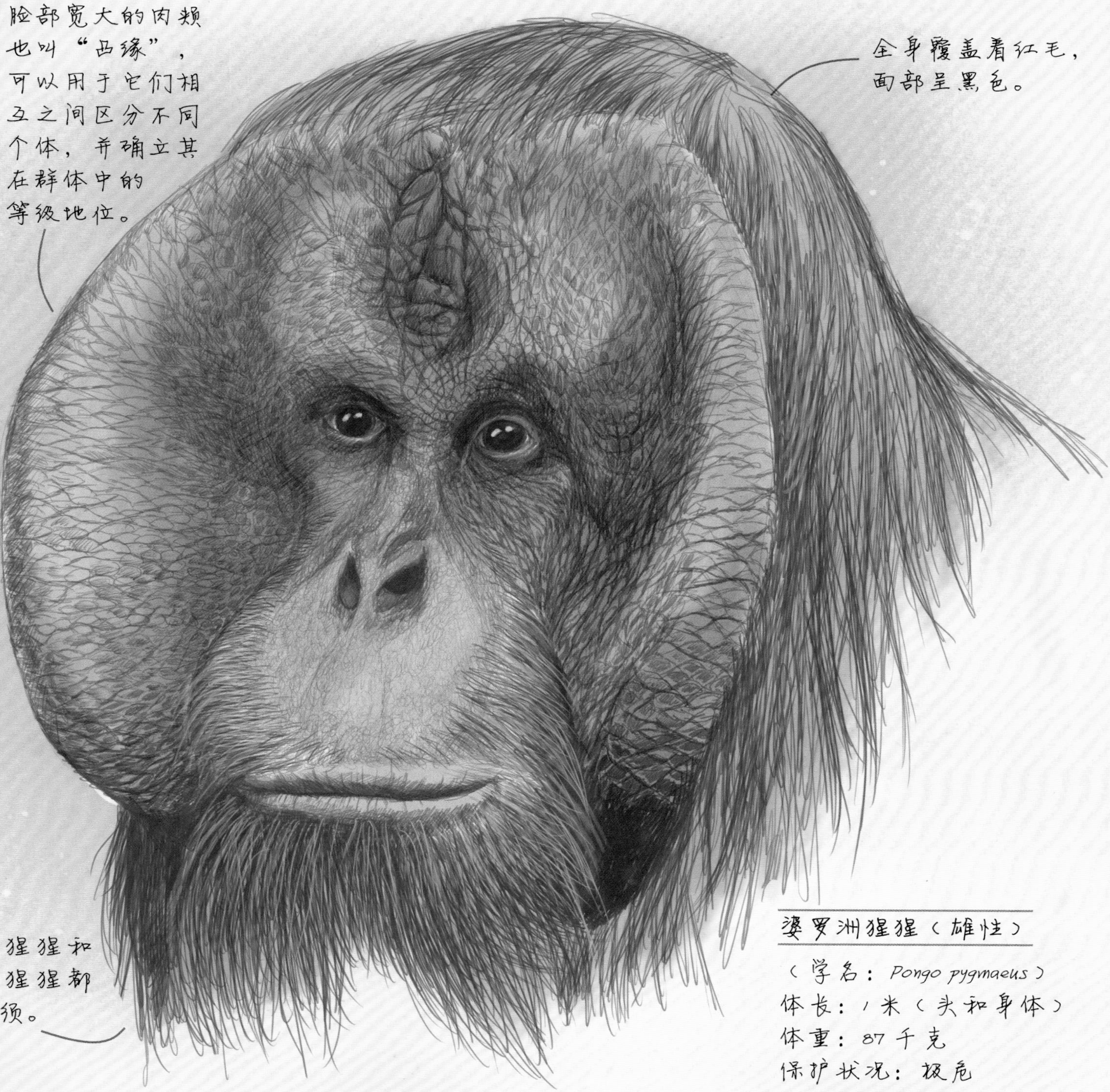

性猩猩和
性猩猩都
胡须。

婆罗洲猩猩（雄性）

（学名：*Pongo pygmaeus*）
体长：1米（头和身体）
体重：87千克
保护状况：极危

猩猩将手当作钩子，
用四根手指抓握树枝。

拇指短小。

猩猩左手特写

脚趾较大，相当于
对生拇指，用于抓
握树枝。

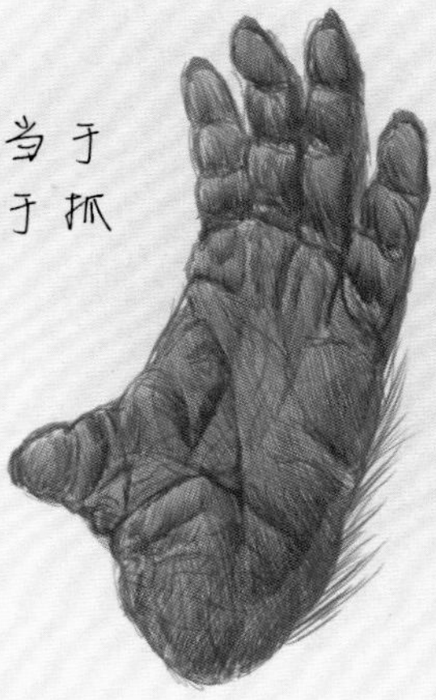

猩猩左脚特写

白颊长臂猿

（学名：*Nomascus leucogenys*）
分布于越南北部和老挝北部地区。
体长：60 厘米（头和身体）
体重：6 千克
保护状况：极危

雄性白颊长臂猿头顶有很高的尖状隆起。

雌性白颊长臂猿的毛色会从黑色逐渐变为金棕色。

雄性白颊长臂猿的皮毛呈黑色，面颊处有白色图案，因此得名。

合趾猴毛色乌亮，头部有抹额状白毛。

合趾猿

（学名：*Symphalangus syndactylus*）
分布于印尼苏门答腊岛以及马来西亚和泰国。
体长：76 厘米
体重：12 千克
保护状况：极危

合趾猿为长臂猿科中体形最大的品种。

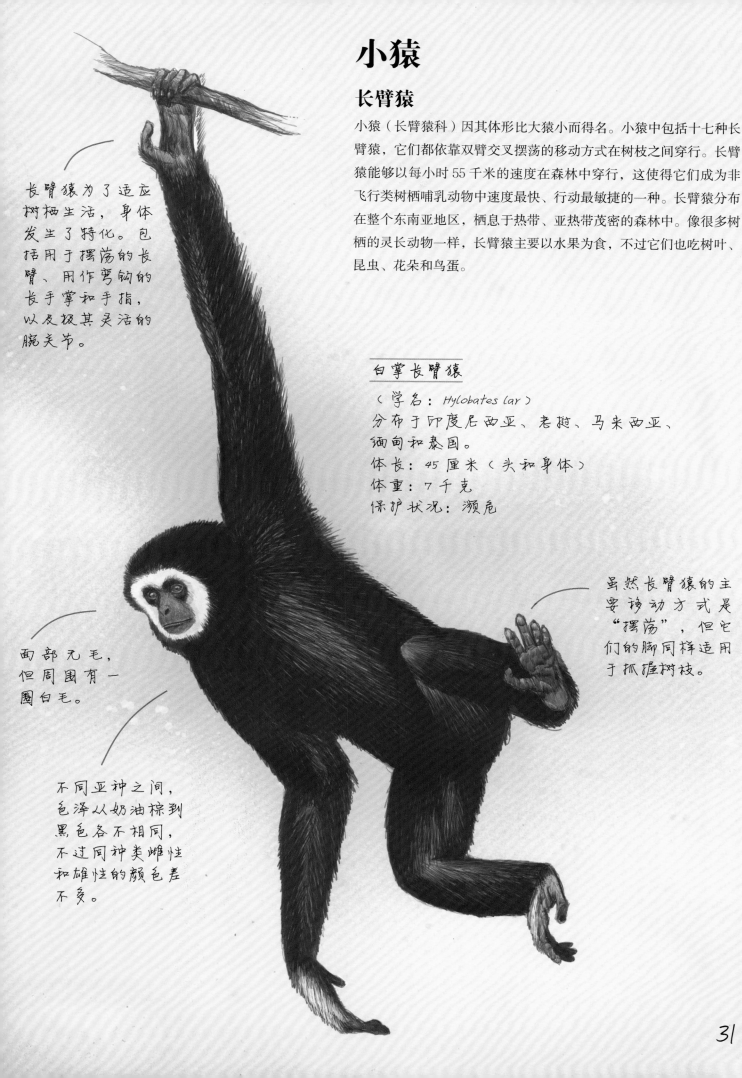

小猿

长臂猿

小猿（长臂猿科）因其体形比大猿小而得名。小猿中包括十七种长臂猿，它们都依靠双臂交叉摆荡的移动方式在树枝之间穿行。长臂猿能够以每小时55千米的速度在森林中穿行，这使得它们成为非飞行类树栖哺乳动物中速度最快、行动最敏捷的一种。长臂猿分布在整个东南亚地区，栖息于热带、亚热带茂密的森林中。像很多树栖的灵长动物一样，长臂猿主要以水果为食，不过它们也吃树叶、昆虫、花朵和鸟蛋。

长臂猿为了适应树栖生活，身体发生了特化。包括用于摆荡的长臂、用作弯钩的长手掌和手指，以及极其灵活的腕关节。
面部无毛，但周围有一圈白毛。
不同亚种之间，色泽从奶油棕到黑色各不相同，不过同种类雌性和雄性的颜色差不多。
虽然长臂猿的主要移动方式是“摆荡”，但它们的脚同样适用于抓握树枝。

白掌长臂猿

（学名：*Hylobates lar*）

分布于印度尼西亚、老挝、马来西亚、缅甸和泰国。

体长：45厘米（头和身体）

体重：7千克

保护状况：濒危

旧大陆猴

旧大陆猴是来自东南亚、非洲、中东以及西班牙南端等地不同种群的猴子，分为七十八个不同的物种。它们的生活环境从干旱的草原、热带森林到雪山，各不相同。不同于新大陆猴，旧大陆猴已经适应了地面上的生活。其中包括了体形最大的猴科动物：狒狒和山魈。虽然几乎所有的旧大陆猴都有尾巴，不过它们的尾巴都没有缠绕或抓握功能。旧大陆猴另一个有别于新大陆猴的特征是鼻孔朝下。

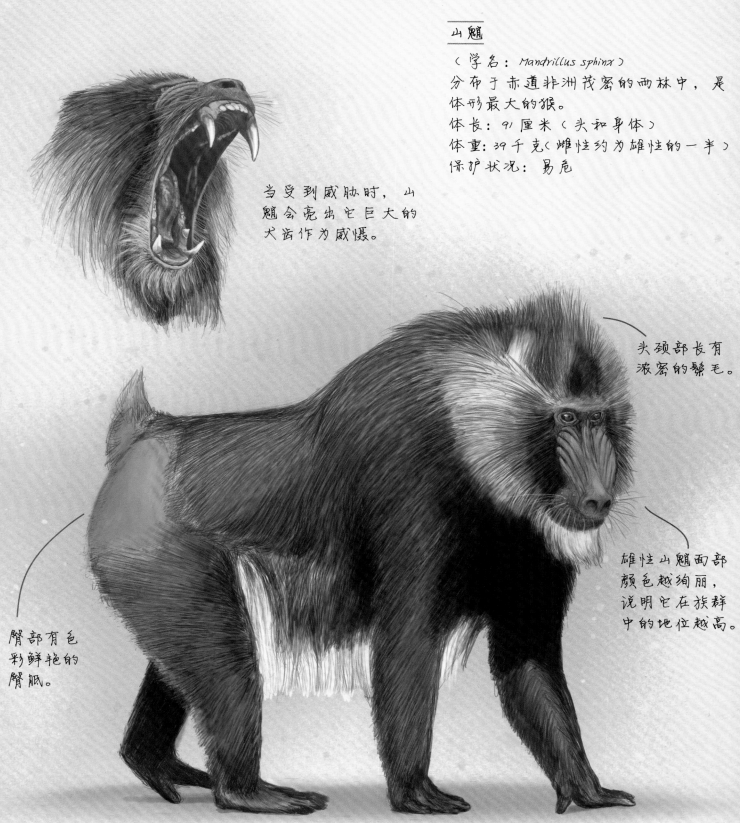

山魈

（学名：*Mandrillus sphinx*）
分布于赤道非洲茂密的雨林中，是体形最大的猴。
体长：91厘米（头和身体）
体重：39千克（雌性约为雄性的一半）
保护状况：易危

当受到威胁时，山魈会亮出它巨大的犬齿作为威慑。

头颈部长有浓密的鬃毛。
雄性山魈面部颜色越绚丽，说明它在族群中的地位越高。
臀部有色彩鲜艳的臀胝。

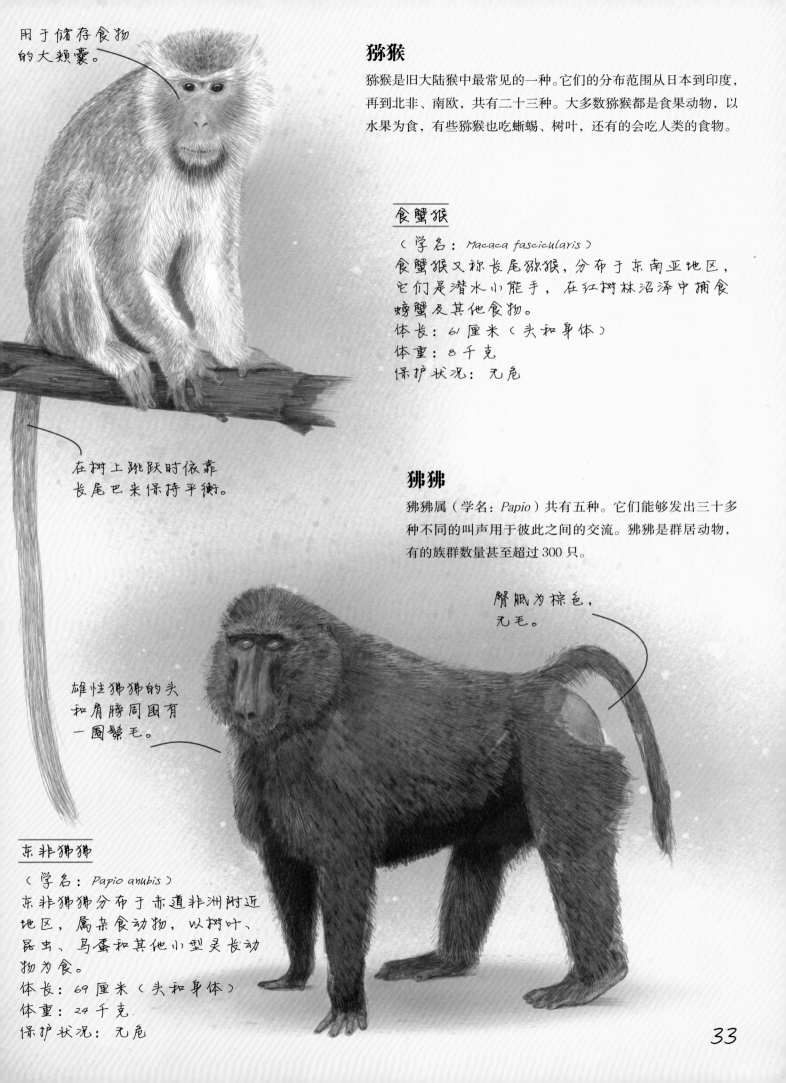

猕猴

猕猴是旧大陆猴中最常见的一种。它们的分布范围从日本到印度，再到北非、南欧，共有二十三种。大多数猕猴都是食果动物，以水果为食，有些猕猴也吃蜥蜴、树叶，还有的会吃人类的食物。

用于储存食物的大颊囊。
在树上跳跃时依靠长尾巴来保持平衡。

食蟹猴

（学名：*Macaca fascicularis*）

食蟹猴又称长尾猕猴，分布于东南亚地区，它们是潜水小能手，在红树林沼泽中捕食螃蟹及其他食物。

体长：61 厘米（头和身体）

体重：8 千克

保护状况：无危

狒狒

狒狒属（学名：*Papio*）共有五种。它们能够发出三十多种不同的叫声用于彼此之间的交流。狒狒是群居动物，有的族群数量甚至超过 300 只。

臀胝为棕色，无毛。
雄性狒狒的头和肩膀周围有一圈鬃毛。

东非狒狒

（学名：*Papio anubis*）

东非狒狒分布于赤道非洲附近地区，属杂食动物，以树叶、昆虫、鸟蛋和其他小型灵长动物为食。

体长：69 厘米（头和身体）

体重：24 千克

保护状况：无危

赤猴

赤猴共有三个亚种，不过只有一个物种。赤猴既适应地面生活也适应树栖生活。它们是杂食动物，在不同的季节选择不同的昆虫、水果和树叶为食。

成年雄性赤猴有很长的胡须。
在地面上的时候，赤猴用手掌走路。

赤猴

（学名：*Erythrocebus patas*）
赤猴广布于非洲北部和赤道附近，栖息在从热带雨林到干旱平原的不同环境中。
体长：76 厘米（头和身体
体重：20 千克
保护状况：无危

白眉猴

白眉猴分布于非洲，共有十种，均为高度社会化动物。雄性白眉猴因其洪亮的叫声而闻名。主要以种子和水果为食。

门齿较大，便于咬开坚果。

白领白眉猴

（学名：*Cercocebus torquatus*）
也因其头顶的红色毛发而被称为红帽白眉猴，分布于非洲东海岸。
体长：66 厘米（头和身体）
体重：10 千克
保护状况：易危

疣猴

疣猴在整个亚洲和非洲地区共有五十九种。它们的外形特征不一，具有一些独特的特化性状。它们是食叶动物，也就是说它们的主要营养来源是树叶。

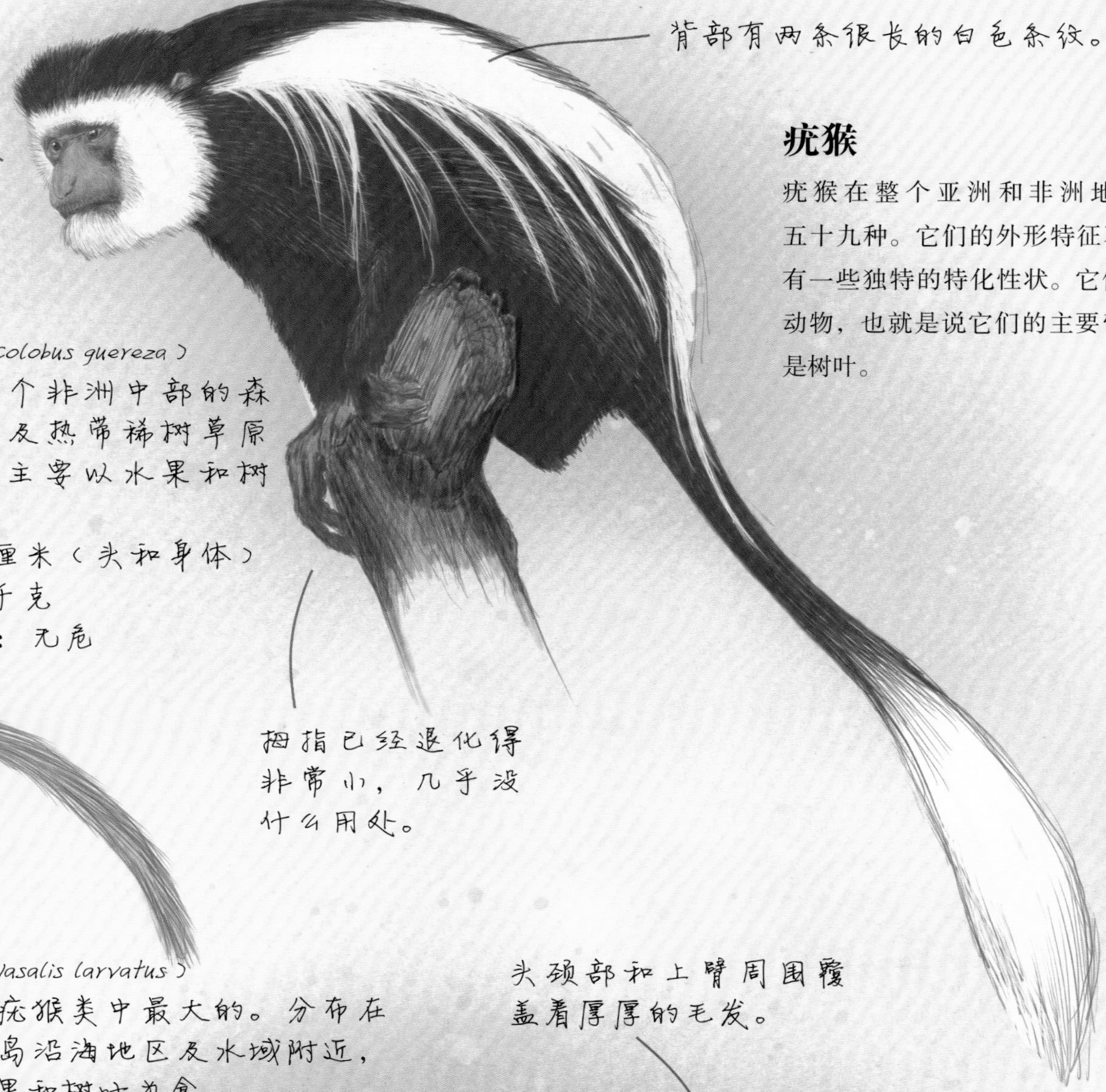
面部环绕着一圈白毛。
背部有两条很长的白色条纹。
拇指已经退化得非常小，几乎没什么用处。

东黑疣猴

（学名：*Colobus guereza*）

分布于整个非洲中部的森林地带以及热带稀树草原的林地，主要以水果和树叶为食。

体长：61厘米（头和身体）

体重：13千克

保护状况：无危

长鼻猴

（学名：*Nasalis larvatus*）

长鼻猴是疣猴类中最大的。分布在加里曼丹岛沿海地区及水域附近，主要以水果和树叶为食。

体长：76厘米（头和身体）

体重：20千克

保护状况：濒危

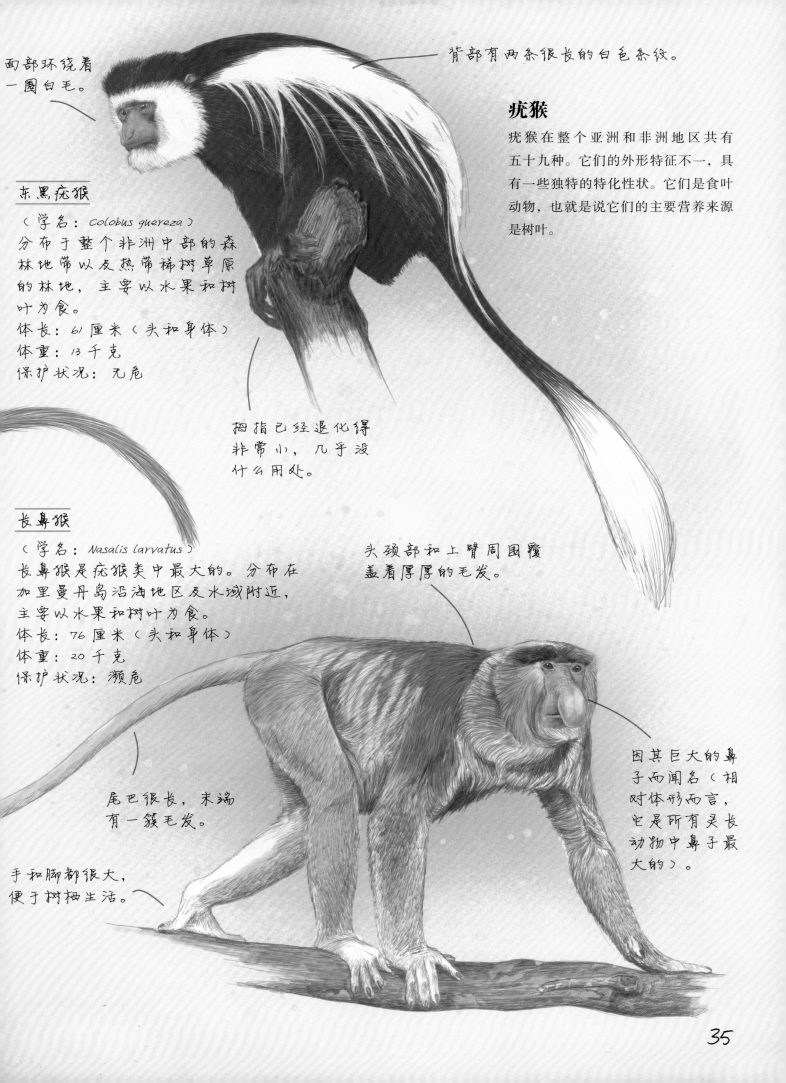

头颈部和上臂周围覆盖着厚厚的毛发。
尾巴很长，末端有一簇毛发。
因其巨大的鼻子而闻名（相对体形而言，它是所有灵长动物中鼻子最大的）。
手和脚都很大，便于树栖生活。

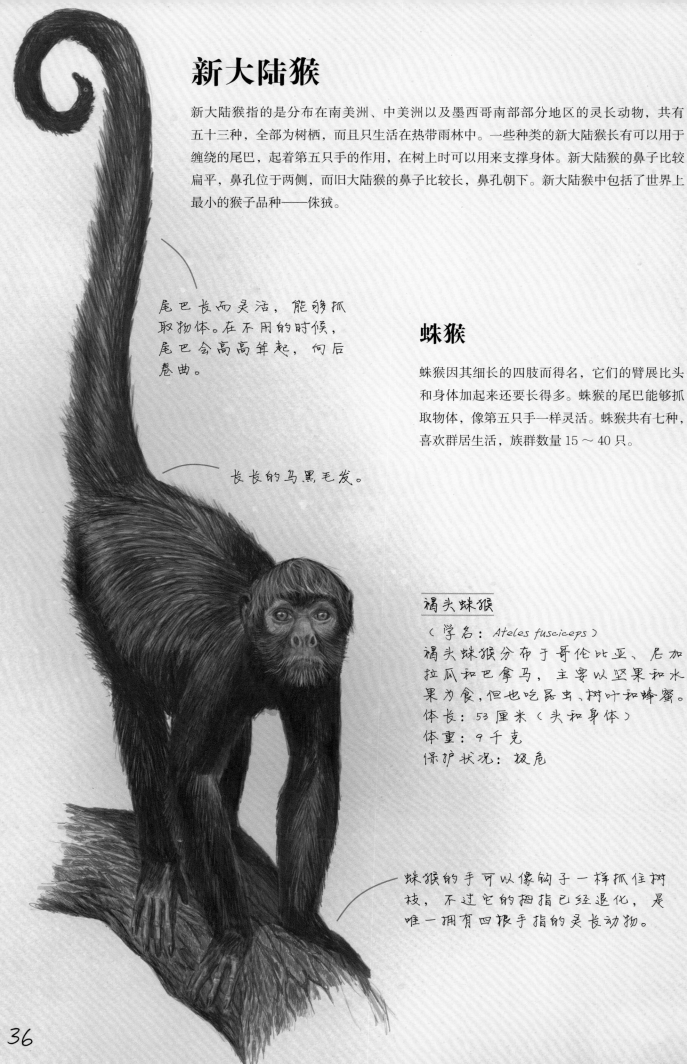

新大陆猴

新大陆猴指的是分布在南美洲、中美洲以及墨西哥南部部分地区的灵长动物，共有五十三种，全部为树栖，而且只生活在热带雨林中。一些种类的新大陆猴长有可以用于缠绕的尾巴，起着第五只手的作用，在树上时可以用来支撑身体。新大陆猴的鼻子比较扁平，鼻孔位于两侧，而旧大陆猴的鼻子比较长，鼻孔朝下。新大陆猴中包括了世界上最小的猴子品种——侏狨。

尾巴长而灵活，能够抓取物体。在不用的时候，尾巴会高高耸起，向后卷曲。
长长的乌黑毛发。
蛛猴的手可以像钩子一样抓住树枝，不过它的拇指已经退化，是唯一拥有四根手指的灵长动物。

蛛猴

蛛猴因其细长的四肢而得名，它们的臂展比头和身体加起来还要长得多。蛛猴的尾巴能够抓取物体，像第五只手一样灵活。蛛猴共有七种，喜欢群居生活，族群数量 15 ～ 40 只。

褐头蛛猴

（学名：*Ateles fusciceps*）

褐头蛛猴分布于哥伦比亚、厄瓜多尔和巴拿马，主要以坚果和水果为食，但也吃昆虫、树叶和蜂蜜。

体长：53 厘米（头和身体）

体重：9 千克

保护状况：极危

红冠伶猴

（学名：*Callicebus discolor*）
红冠伶猴分布于哥伦比亚、厄瓜多尔和秘鲁，以果肉、树叶、昆虫和种子为食。
体长：30厘米（头和身体）
体重：1千克
保护状况：无危

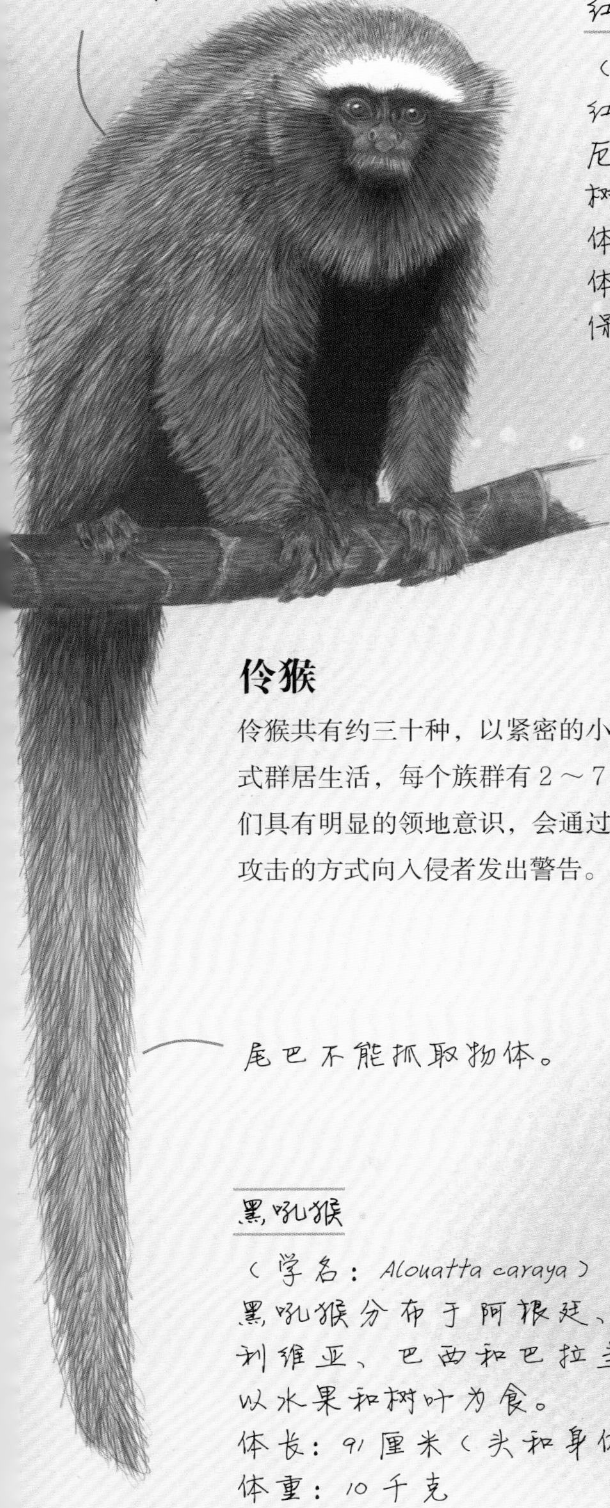

伶猴

伶猴共有约三十种，以紧密的小家庭形式群居生活，每个族群有2～7只。它们具有明显的领地意识，会通过吼叫或攻击的方式向入侵者发出警告。

黑吼猴

（学名：*Alouatta caraya*）
黑吼猴分布于阿根廷、玻利维亚、巴西和巴拉圭，以水果和树叶为食。
体长：91厘米（头和身体）
体重：10千克
保护状况：无危

尾巴粗大，可以抓取物体。
吼叫时大大的喉囊充气。

吼猴

吼猴是新大陆猴中体形最大的，顾名思义，吼猴非常善于吼叫，它们发出的吼声可以传到数千米之外。吼猴共有十五种，都非常擅长筑巢，是少数拥有此项技能的新大陆猴之一。

耳边有一簇
白色长毛。

长长的白色胡须。

皇柽柳猴

（学名：*Saguinus imperator*）

皇柽柳猴又名长须狨，分布于巴西、秘鲁和玻利维亚，因其有与德国皇帝威廉二世相似的胡须而闻名。

体长：25 厘米（头和身体）

体重：500 克

保护状况：无危

狨

（学名：*Callithrix jacchus*）

分布于巴西，以树汁和昆虫为食。

体长：20 厘米（头和身体）

体重：255 克

狨（绢毛猴）和柽柳猴

狨和柽柳猴都属于狨亚科，狨亚科被认为是新大陆猴中最原始的。不同于其他大多数猴类具有抓握功能的手，狨手上长有用于攀爬的爪子。狨亚科共有二十二种狨，其中包括最小的猴子，还有十五种柽柳猴，每种面部的毛发样式都不相同。

僧面猴

僧面猴共有五种，浓密的毛使它们的体形看起来比本身更大一些。僧面猴分布在巴西和委内瑞拉。

黄白色的短
茸毛布满僧
面猴的面部。
尾巴上覆盖
着厚实浓密
的毛发。

白脸僧面猴

（学名：*Pithecia pithecia*）

栖息于热带雨林的上层树冠区域，以水果、种子和昆虫为食。

体长：41 厘米（头和身体）

体重：2 千克

保护状况：无危

秃猴

秃猴共有两个种以及四个亚种。尾巴是识别秃猴的标志之一，它们的尾巴很短，通常不到身体的一半，尾毛浓密。所有种类的秃猴都分布在巴西、哥伦比亚、秘鲁和委内瑞拉的亚马孙河流域。它们都是食果动物。

鲜红无毛的头部。
短尾上覆盖着厚厚的毛发。

白秃猴

（学名：*Cacajao calvus*）
因为白秃猴头部靠近皮肤表面处布满了毛细血管，所以呈鲜红色。
体长：46厘米（头和身体）
体重：3千克
保护状况：易危

在不用的时候，将尾巴向内卷起来。
手相对较大，用于攀爬。

卷尾猴

卷尾猴共有九种，因头部的颜色酷似嘉布遣会*修士的尖顶风帽也被称为僧帽猴。它们以水果、树叶、种子、青蛙、贝类，甚至其他灵长动物为食。这种猴子被认为是高智商的新大陆猴之一。

白喉卷尾猴

（学名：*Cebus capucinus*）
分布于整个中美洲和南美洲的北海岸，群居生活，每个族群个体在40只左右。
体长：41厘米（头和身体）
体重：4千克
保护状况：无危

*编者注：嘉布遣会是意大利的一个修道会。“嘉布遣”意大利语意为“风帽”，是这一派修士所穿衣服的一部分。

原猴

原猴是最原始的灵长动物。它们主要栖息在树上，鼻子很长，嗅觉比猴灵敏得多。猴类面部有灵活的表情肌可以用来与同伴交流，但原猴没有。很多原猴用气味来标记领地。原猴是夜行性动物，有一双专门在弱光条件和黑暗环境中用来观察四周的大眼睛。原猴猎食蜥蜴、昆虫和小型哺乳动物等小动物，并不像大多数猴类那样依赖水果。它们是马达加斯加唯一的灵长动物，不过在非洲、印度和东南亚地区也有分布。

狐猴

狐猴是一百多种猴类的总称，它们的重量范围 28 克（皮氏倭狐猴）～9 千克（大狐猴）。狐猴通过叫声和气味进行交流，四肢均为五指，第二脚趾上带有长爪，主要用于梳理毛发。

大狐猴
（学名：Indri indri）
大狐猴分布于马达加斯加岛，头部占身体的比重较小，在树上时会保持直立状态，以嫩叶、种子和果实为食。
体长：66 厘米（头和身体）
体重：10 千克
保护状况：极危
耳朵周围各有一簇毛发使它们的耳朵看起来是圆的。
大狐猴身体上覆盖着黑色和白色的长毛，特别是在手臂周围。
环尾狐猴的手非常适合爬树，在接触地面时会弯曲起来。

环尾狐猴

（学名：*Lemur catta*）

环尾狐猴分布于马达加斯加岛，主要栖息在树上，不过它们比其他大多数狐猴待在地上的时间要长一些。环尾狐猴是杂食动物，从水果到昆虫，再到蜘蛛和蜥蜴，它们几乎什么都吃。

体长：41厘米（头和身体）

体重：3千克

保护状况：近危

红领狐猴

（学名：*Varecia rubra*）

红领狐猴分布于马达加斯加岛，因其浓密的红色皮毛而闻名。它们以水果为食，特别爱吃无花果。红领狐猴是群居动物，种群数量从2只到32只不等，族群首领为雌性。

体长：53厘米（头和身体）

体重：4千克

保护状况：极危

因其尾巴上带有黑白条纹，因此得名环尾狐猴。
躯干和四肢覆盖着浓密的灰色短毛。
尾巴上覆盖着浓密的黑色毛发。
厚实柔软的红棕色毛发。
手脚均为黑色。

指猴有两层毛发，一层为粗糙的，整体为黑色、末端为白色的毛发，还有一层是短一些、轻一些、柔软一些的内层毛发。

指猴

指猴是一种非常独特的灵长动物，它是本科中唯一的一种。指猴是最大的夜行性灵长动物，此外，它们有一种其他灵长动物所不具备的特化：特殊的中指。这根手指主要用来挖掘和搜寻藏在树洞里的昆虫。

指猴

（学名：*Daubentonia madagascariensis*）
分布于马达加斯加岛。
体长：33 厘米（头和身体）
体重：2 千克
保护状况：近危

指猴右手特写

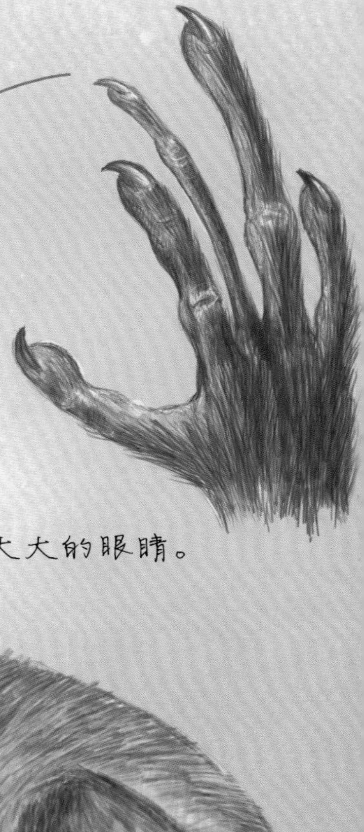

第三根手指可以单独活动，主要用于觅食。

圆圆的、扁平的脸，大大的眼睛。

蜂猴

（学名：*Nycticebus coucang*）
分布于印度尼西亚的热带雨林中。
体长：38 厘米（头和身体）
体重：567 克
保护状况：易危

蜂猴

蜂猴是小型灵长动物，共九种。蜂猴又名懒猴，体形较小且行动迟缓。蜂猴的独特之处就在于它们有毒，被其咬伤非常危险。毒腺位于手肘部，在舔舐了毒腺分泌的物质后，唾液就变成了有毒物质。它们将这种唾液涂在自己和幼崽身上，保护自己及幼崽。蜂猴以昆虫、水果、花蜜、树叶和树液为食。

眼镜猴

眼镜猴大约有十种，都生活在文莱、印度尼西亚、马来西亚和菲律宾的热带雨林及红树林中。总的来说，眼镜猴是最小的原猴。眼镜猴拥有特殊的脊柱，它们的头部可以分别向左右转动180°。这个功能非常实用，因为它们的眼睛不能转动。眼镜猴的后腿很长，可以帮助它们从一棵树跳到另一棵树上。

菲律宾眼镜猴

（学名：*Carlito syrichta*）

菲律宾眼镜猴分布于菲律宾东南部，几乎只以昆虫为食。它们可以发出几种不同的叫声互相交流。

体长：10 厘米（头和身体）

体重：142 克

保护状况：易危

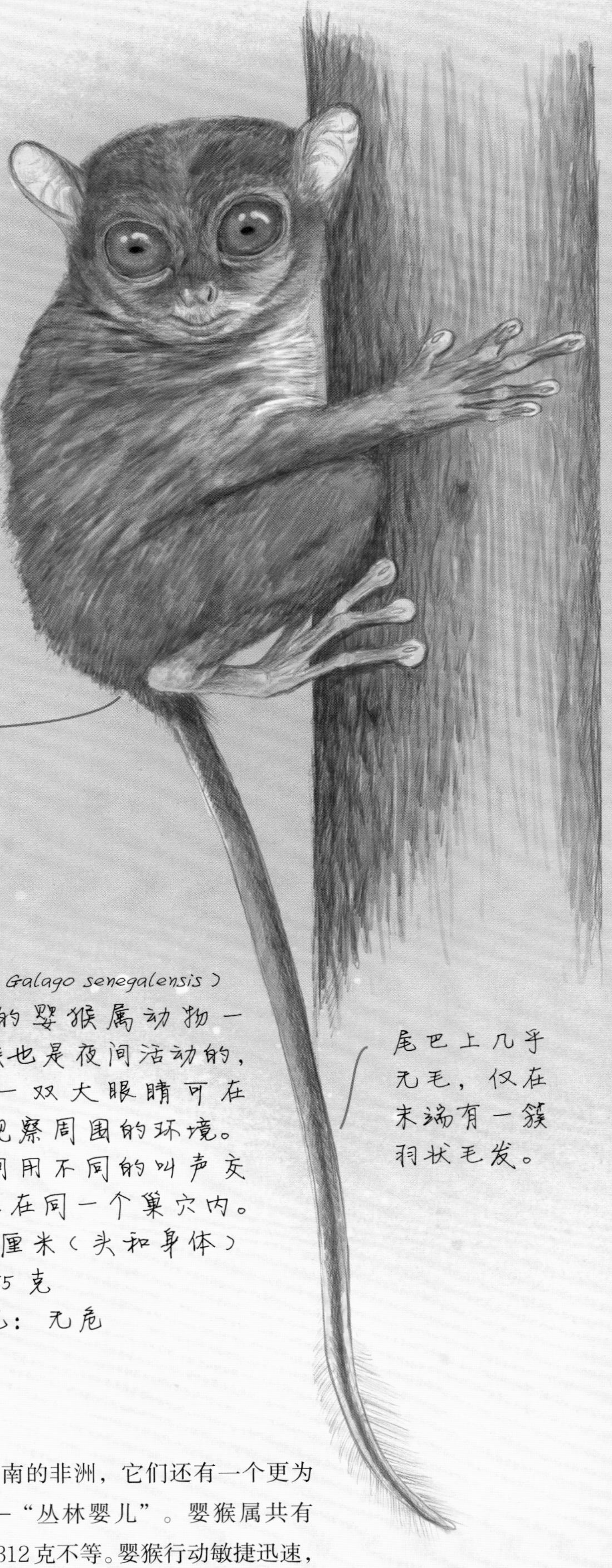
后腿细长，跳起来就像从树上发射出来的弹弓。
尾巴上几乎无毛，仅在末端有一簇羽状毛发。

耳朵非常柔软，在跳跃的时候会向后折叠。

婴猴

（学名：*Galago senegalensis*）

像所有的婴猴属动物一样，婴猴也是夜间活动的，它们的一双大眼睛可在黑暗中观察周围的环境。它们之间用不同的叫声交流，并住在同一个巢穴内。

体长：13 厘米（头和身体）

体重：255 克

保护状况：无危

婴猴

婴猴原产于撒哈拉以南的非洲，它们还有一个更为人所熟知的名字——“丛林婴儿”。婴猴属共有十四种，体重从 71～312 克不等。婴猴行动敏捷迅速，通过从一棵树跳到另一棵树的方式在茂密的森林中移动，可跳 2.4～2.7 米高。婴猴的耳朵像蝙蝠一样，能够用来追踪空中的昆虫，它们主要以昆虫、青蛙、水果和树胶为食。

异关节总目（食蚁兽、树懒和犰狳）

异关节总目是一个起源于美洲的哺乳动物总目。异关节总目还分为两个目：以食蚁兽和树懒为代表的披毛目，以及以犰狳为代表的有甲目。异关节总目动物的脊柱十分特殊，因此强化了它们的后肢，使它们可以用前肢挖掘或获取食物。

目：异关节总目（包括披毛目与有甲目）

种类：31种

体长：从10厘米（红毛犰狳）到1.8米（大食蚁兽）

体重：110克（倭犰狳）到41千克（大食蚁兽）

地理分布：南美洲、北美洲

栖息地：热带雨林及干旱沙漠

概述：异关节总目成员的头骨是所有哺乳动物中结构最简单的，另外，它们的牙齿呈钉状或无牙。腔静脉是一种供血液回流入心脏的血管，异关节总目的腔静脉是由两根血管组成的，而其他哺乳动物则只有一根。

披毛目

食蚁兽

食蚁兽的头骨和嘴都很特别，是专门用来吃蚂蚁和白蚁的。它们的舌头能伸得比头骨还长，并且带有钩子状的丝状乳头。食蚁兽用这些丝状乳头来抓住蚂蚁，把它们带进嘴里，整个吞下去。食蚁兽是无齿动物。食蚁兽共有四种，都分布在美洲。

为防止长爪磨损，大食蚁兽用指关节行走。

食蚁兽

（学名：*Myrmecophaga tridactyla*）

食蚁兽分布于中美洲、南美洲，它们利用嗅觉寻找蚂蚁和白蚁的巢穴，再用爪子挖开蚁巢，用舌头将蚂蚁或白蚁送入口中。食蚁兽的舌头长达61厘米。

体长：1.8米（从鼻子到尾巴）

体重：41千克

保护状况：易危，数量减少中

侏食蚁兽

（学名：*Cyclopes didactylus*）

分布于墨西哥和中南美洲的侏食蚁兽是食蚁兽中体形最小的。侏食蚁兽一直栖息在树上，只在晚上进食，而且它们只吃树上的蚂蚁。

体长：23 厘米（头和身体）

体重：227 克

保护状况：无危

卷尾。
前肢上有两个爪子。

墨西哥小食蚁兽

（学名：*Tamandua mexicana*）

墨西哥小食蚁兽分布于墨西哥和中美洲，它们的卷尾可以辅助爬树。

体长：76 厘米（头和身体）

体重：5 千克

保护状况：无危

毛发较长，
躯干上常有
明显的图案。
弯曲的爪用于攀爬和挖开
蚁穴。

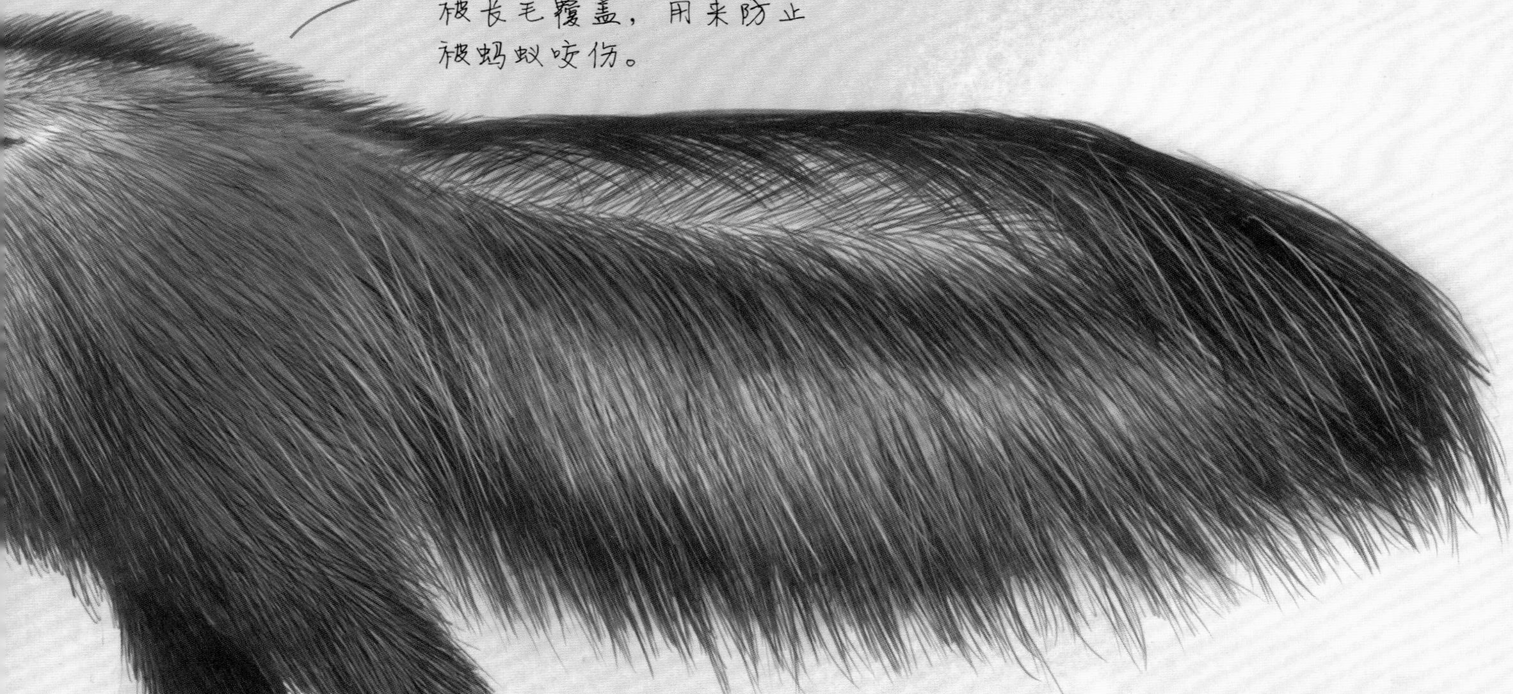
身体又高又窄，大部分
被长毛覆盖，用来防止
被蚂蚁咬伤。

大食蚁兽是夜行性动物，与其他品种的食蚁兽不同，它们一直生活在地面上。

树懒

树懒因动作迟缓而得名，它们几乎一生都生活在热带雨林的树冠上，只在一周一次的排便时才会爬下树。树懒新陈代谢率很低，消化食物很慢，所以它们缓慢行动以减少能量消耗。树懒平均每天睡二十个小时，以树叶、嫩芽和树芽为食。树懒的胃消化缓慢，不过食物进入胃内之后，胃里的细菌可以辅助分解植物。树懒大部分时间是倒挂着的，因此，它们的脖子变得非常灵活，头部可以旋转 180°。树懒共有六种，分为三趾树懒和二趾树懒两大类。

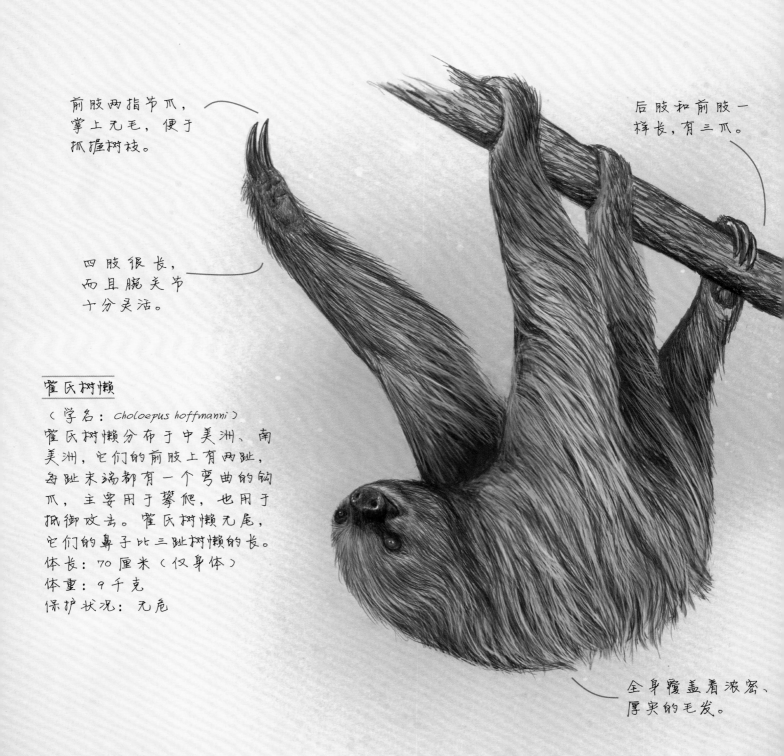

前肢两指节爪，掌上无毛，便于抓握树枝。
后肢和前肢一样长，有三爪。
四肢很长，而且腕关节十分灵活。
全身覆盖着浓密、厚实的毛发。

霍氏树懒

（学名：*Choloepus hoffmanni*）
霍氏树懒分布于中美洲、南美洲，它们的前肢上有两趾，每趾末端都有一个弯曲的钩爪，主要用于攀爬，也用于抵御攻击。霍氏树懒无尾，它们的鼻子比三趾树懒的长。
体长：70 厘米（仅身体）
体重：9 千克
保护状况：无危

褐喉树懒

（学名：*Bradypus variegatus*）

褐喉树懒分布于中南美洲，它们的皮毛上大多覆盖着绿色的藻类。褐喉树懒是独居动物，每胎一崽，雌性会在生育后照顾幼崽五个月左右。

体长：76厘米（仅身体）

体重：6千克

保护状况：无危

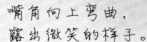

头部呈椭圆形，眼睛较小。
眼周有黑色图案。
嘴角向上弯曲，露出微笑的样子。

四肢均为三指。
前肢比后肢长。
短尾。
耳朵被长毛遮住。
成年树懒身上附有藻类。

有甲目

犰狳

犰狳的背部有一层坚韧的外壳，很容易辨认。虽然犰狳的壳可以用来抵御捕食者，但大部分犰狳都是靠速度逃脱的，除了其中的一种——三带犰狳，这种犰狳在受到威胁时能够将身体蜷缩成球状。所有犰狳前肢上都有大爪子，用于挖掘和觅食。有些犰狳生活在七八米深的洞穴里。它们主要以昆虫、昆虫幼虫和小型无脊椎动物为食。一些种类的犰狳演变成只以蚂蚁和白蚁为食。犰狳的视力很差，依靠发达的嗅觉寻找食物。像异关节总目下的很多物种一样，犰狳的颌骨两侧长有简单的钉状牙齿。犰狳共有二十一种，全部分布在北美洲、中美洲和南美洲。

红毛犰狳

（学名：*Chlamyphorus truncatus*）

红毛犰狳分布于阿根廷，是所有犰狳中最小的一种。它们一生都生活在洞穴内。红毛犰狳主要以蚂蚁和昆虫幼虫为食，偶尔也吃蠕虫和蜗牛。

体长：10厘米（仅身体）

体重：113千克

保护状况：数据缺乏

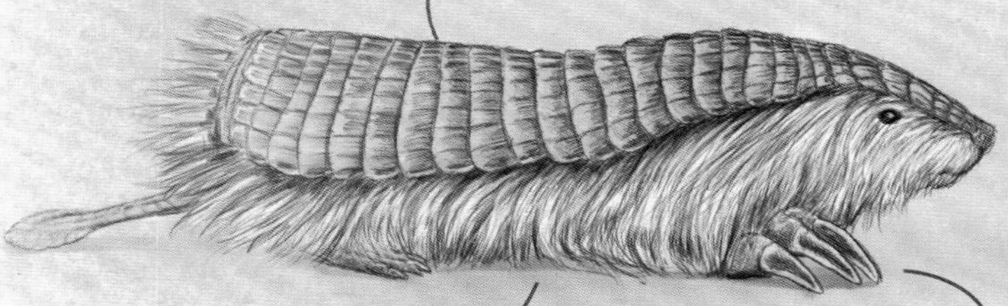
只有背部有甲。
白色的皮毛覆盖着身体的大部分。
巨大的爪子，适于挖掘。

大犰狳

（学名：*Priodontes maximus*）

大犰狳分布于整个南美，是所有种类的犰狳中体形最大的一种。它用巨大的前爪挖掘洞穴，寻找白蚁、蚂蚁、蠕虫和其他无脊椎动物作为食物。

体长：99厘米（身体）

体重：33千克

保护状况：受威胁，易危

背部隆起。
小块背甲。
长长的尾巴上也带有鳞甲。
强壮的四肢上长有长爪。

懒犰狳

（学名：*Tolypeutes matacus*）

懒犰狳分布于阿根廷、巴西、巴拉圭和玻利维亚，它们主要以蚂蚁和白蚁为食，但也吃水果和蔬菜。

体长：25 厘米（仅身体）

体重：1 千克

保护状况：近危

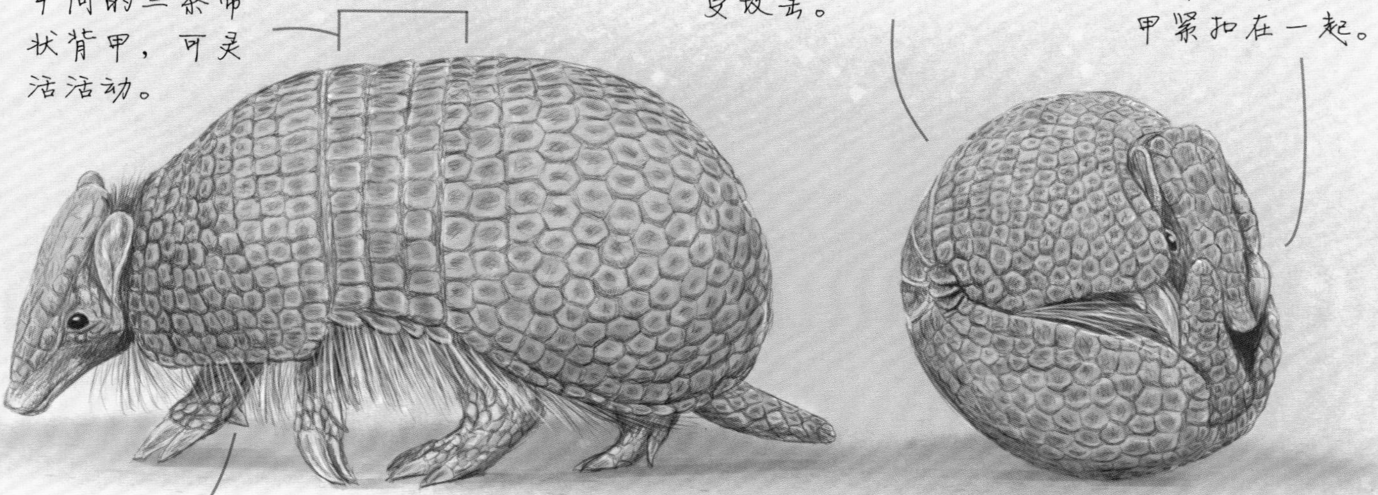
中间的三条带状背甲，可灵活活动。
将身体蜷缩成球状，坚硬的背甲能很好地保护前后肢和头部免受攻击。
头部和尾巴的两个三角形盔甲紧扣在一起。
腹部没有鳞甲的保护，但有毛发覆盖在上面。

九带犰狳

（学名：*Dasypus novemcinctus*）

九带犰狳分布于北美洲、中美洲和南美洲，因其盔甲中部有九个可动带连接前后两部分盔甲而得名。与其他犰狳一样，它们会以迅速移动的方式来躲避捕食者，另外，它们也会在受到威胁时向上跳跃，高度可达一米。九带犰狳一般以昆虫为食，擅长深入地下挖掘洞穴。

体长：51 厘米（仅身体）

体重：6 千克

保护状况：无危

长耳朵。
长尾大约和身体一样长。
前肢上有四个长爪。

鳞甲目（穿山甲）

虽然鳞甲动物被称为有鳞片的食蚁兽，但它们和食蚁兽并无亲缘关系。穿山甲是鳞甲目下仅有的成员。如食蚁兽一样，它们长有长长的舌头，主要用来吃蚂蚁和白蚁。穿山甲最显著的特征是，它们重叠的鳞片是由角蛋白构成的，这种物质也是指甲的主要成分。当受到威胁时，穿山甲会蜷缩成一团，将鳞片作为盔甲，保护自己免受攻击。穿山甲的鳞片十分坚硬，据说连狮子也对它们无可奈何。

目： 鳞甲目

种类： 8种

体长： 从30厘米（长尾穿山甲）到1.3米（大穿山甲）

体重： 从2千克（长尾穿山甲）到33千克（大穿山甲）

地理分布： 亚洲和撒哈拉以南非洲

栖息地： 热带稀树草原以及草原、森林中的洞穴或树木上

概述： 穿山甲最大的天敌是人类；在亚洲人们认为穿山甲的鳞片有药用价值，所以它们因鳞片而被猎杀，穿山甲的鳞片约占体重的20%。

大穿山甲

（学名：*Smutsia gigantea*）

大穿山甲分布于撒哈拉以南非洲，是所有穿山甲中体形最大的。大穿山甲是陆生动物，它们生活在地面上，有时用两条腿行走。

体长：1.3米（身体）

体重：33千克

保护状况：易危

重叠着的巨大鳞片组成的盔甲。
粗壮的长尾巴上全部覆盖着鳞片。
用于挖掘白蚁和蚂蚁的巨爪。

管齿目（土豚）

虽然土豚看起来像是猪和食蚁兽的结合体，但它们与猪和食蚁兽都没有亲缘关系，土豚是管齿目下唯一的物种。土豚主要以白蚁和蚂蚁为食，它们有厚厚的皮肤可保护自己免受蚂蚁的叮咬。像食蚁兽一样，土豚有长长的舌头用来舔食小昆虫。土豚的爪子大而有力，主要用来挖深深的洞穴，它们在洞穴里生活和抚育幼崽。土豚是夜行性动物。

目： 管齿目

种类： 1种（17个亚种）

地理分布： 撒哈拉以南非洲

栖息地： 热带稀树草原、草原、林地和灌木丛中的洞穴

概述： 土豚与大象的亲缘关系比食蚁兽更近。土豚可以关闭鼻孔以阻挡灰尘或昆虫的进入。

土豚

（学名：*Orycteropus afer*）

土豚通常被称为非洲食蚁兽，分布在非洲大陆三分之二的区域内。

体长：1.2米（仅身体）

体重：68千克

保护状况：无危

身体上覆盖着短毛，有一部分土豚随着年龄的增大会脱毛。
大耳朵。
又粗又长的尾巴，长度可达71厘米。
前肢上长有四个三角形爪，适于挖掘。

食肉目（猫型动物和犬型动物）

食肉目是陆地哺乳动物中物种最多样化的目，体重在 28 克～ 544 千克之间。食肉目分为两个亚目：猫型亚目和犬型亚目。食肉目的名称来源于拉丁语，但食肉目中不乏一些既吃肉又吃植物的杂食动物，以及一些只吃树叶和嫩芽的动物。所有食肉动物的牙齿构成都是相同的，专门用于捕猎和吃肉，其中包括用于捕获猎物的犬齿以及能够将猎物皮肉撕裂的裂齿。狗、猫、熊和浣熊等很多非常受人类喜爱的动物都属于食肉目。

目： 食肉目

种类： 280余种

体长： 从18厘米（伶鼬）到2.4米（科迪亚克棕熊）

体重： 从28克（伶鼬）到544千克（科迪亚克棕熊）

地理分布： 世界各地

栖息地： 从热带森林到冻土地带

概述： 不是所有的食肉哺乳动物都属于食肉目，也不是所有的食肉目动物都是肉食性的。人们普遍认为食肉目是很聪明的动物，它们能够通过叫声、气味标记、动作和面部表情等进行交流。

食肉目动物族谱

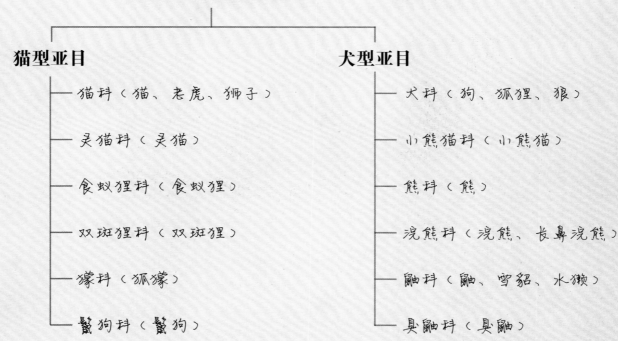

猫型亚目

- 猫科（猫、老虎、狮子）
- 灵猫科（灵猫）
- 食蚁狸科（食蚁狸）
- 双斑狸科（双斑狸）
- 獴科（狐獴）
- 鬣狗科（鬣狗）

犬型亚目

- 犬科（狗、狐狸、狼）
- 小熊猫科（小熊猫）
- 熊科（熊）
- 浣熊科（浣熊、长鼻浣熊）
- 鼬科（鼬、雪貂、水獭）
- 臭鼬科（臭鼬）

我们可以通过牙齿的排列方式来识别食肉目动物。

犬齿是最长的牙齿，牙体坚固，牙根深长，是专门用来捕获猎物的。

裂齿是由八颗前臼齿（上下颌的左右两侧各长有两颗）构成的。它们像剪刀一样锋利，负责剪碎食物。

美洲狮

（学名：*Puma concolor*）

美洲狮分布于美洲，共有六个亚种。它有很多名字，除了“美洲狮”外，又被称为美洲金猫、山狮。更多美洲狮相关信息，请参考本书65页。

猫科

虎

老虎（学名：*Panthera tigris*）是世界上最大的猫科动物，它们的体长可达 3.4 米，体重可达 299 千克，现存六个亚种，全部生活在东南亚地区、中国和俄罗斯东部。老虎是独居动物，是夜间行动的猎食者，其猎物包括鹿、羚羊、野猪、豹子以及鳄鱼。依靠着发达的肌肉和强壮的体格，老虎能够击败比它们大得多的猎物。老虎具有很强的领地意识，领地范围可达 77 ～ 155 平方千米，其领地内排斥其他老虎或入侵者。

苏门答腊虎
（学名：*Panthera tigris sumatrae*）
分布于印度尼西亚苏门答腊岛森林深处，以猕猴、豪猪、貘、野猪和麂鹿为食。
体长：2.5 米（头和身体）
体重：145 千克
保护状况：极危
每只老虎的条纹图案独一无二，就像人类的指纹一样，能够起到伪装的作用。
长长的尾巴，长度约为体长（头加上身体）的一半。
后肢比前肢长，利于弹跳。
粗壮的前肢和脚掌。

小而圆的耳朵。

夜视能力是人类的六倍。

巨大的牙齿以及强有力的上下颌。

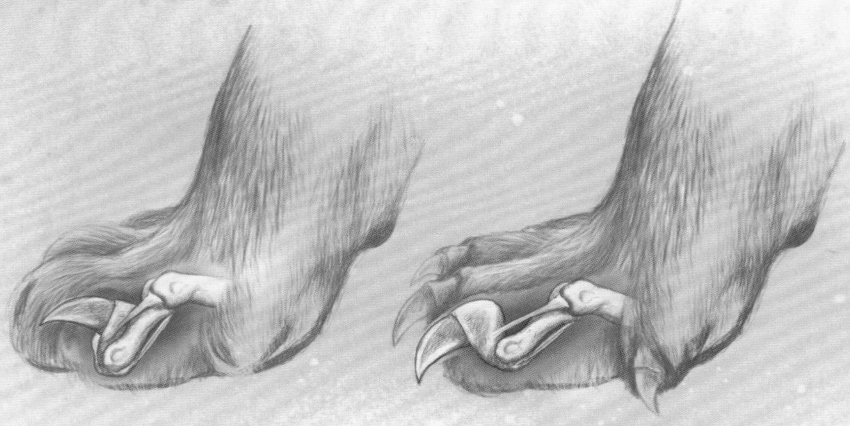

蜷缩状态的虎爪　　伸展状态的虎爪

前掌与爪部特写

像大多数的猫科动物一样，老虎的爪子不用时缩起，需要时可以在专门的肌腱的作用下，使爪子从爪鞘内露出。

狮

狮（学名：*Panthera leo*）是第二大猫科动物，以其力量和巨大的体形著称，并因此获得了“森林之王”的美誉。狮共有八个亚种，全部分布在非洲撒哈拉沙漠以南的热带稀树草原及印度。狮子是群居动物，生活在一个由一或两头雄狮、四到六只雌狮及其后代组成的族群内。雌狮通常比雄狮体形小，也没有雄狮那样引人注目的鬃毛。在狮群中，雌狮负责在夜间狩猎，雄狮负责在领地巡查，防止外来者侵入，保护族群的安全。狮子喜欢捡食腐肉（食腐），不过它们也是顶级猎食者，善于利用集体围猎的方式捕获大型猎物。它们的猎物包括角马、斑马、羚羊、野猪、水牛和长颈鹿。

眼睛很大，
视力敏锐。
雌狮比雄狮体形小，
体重轻。
肌肉发达的
四肢，及锋
利的爪子。

西南非洲狮

（学名：*Panthera leo bleyenberghi*）

西南非洲狮分布于非洲西南部以及刚果民主共和国，也被称为加丹加狮，是狮子亚种中最大的。雄狮鬃毛的颜色较其他亚种的淡一些。

体长：2.4～3米（头和身体）

体重：249千克

保护状况：易危，数量减少中

雄狮浓密的鬃毛从头顶一直延伸到躯干下方，在它们为了保护族群与其他狮子打斗时，起保护脖子的作用。

全身覆盖着短毛。
尾巴末端有一簇毛发。

豹通常会把猎物拖到树上，
因为在那里它可以不受打扰
一口气将猎物吃光。

一只被雌豹捕
获的小高角羚。

在追踪猎物时它
们缩起耳朵。
修长的躯干。
短短的腿上长有
宽大的爪子。

豹

豹（学名：*Panthera pardus*）属于豹属，是大型猫科动物中体形最小的。豹分布于非洲、东亚和东南亚地区，共有九个亚种，栖息在热带稀树草原和茂密的热带森林内。豹是独居动物，是机会主义猎食者，猎食范围很广，啮齿动物、灵长动物、高角羚和疣猪都是它们的食物。

一旦捕捉到猎物，豹就会把猎物拖走，它们经常爬上树以防其他捕食者抢夺猎物。豹身上的花纹是由一个个叫作玫瑰斑的斑点构成的。这些玫瑰斑排列紧密，共同组成了保护色，有助于它们狩猎时隐藏身体。豹身体轻盈，行动敏捷，跳跃高度可达 6.1 米，奔跑时速可达 56 千米。

非洲豹

（学名：*Panthera pardus pardus*）

非洲豹分布于撒哈拉以南非洲的热带雨林以及干旱平原。毛色多样，既有黄色皮毛带黑色斑点的，也有浑身都是黑色的。

体长：0.9～1.5 米（头和身体）

体重：27 千克

保护状况：易危，数量减少中

三角形的大耳朵。
朝向前方的眼睛。
长长的尾巴用于保持平衡。
圆头短吻。

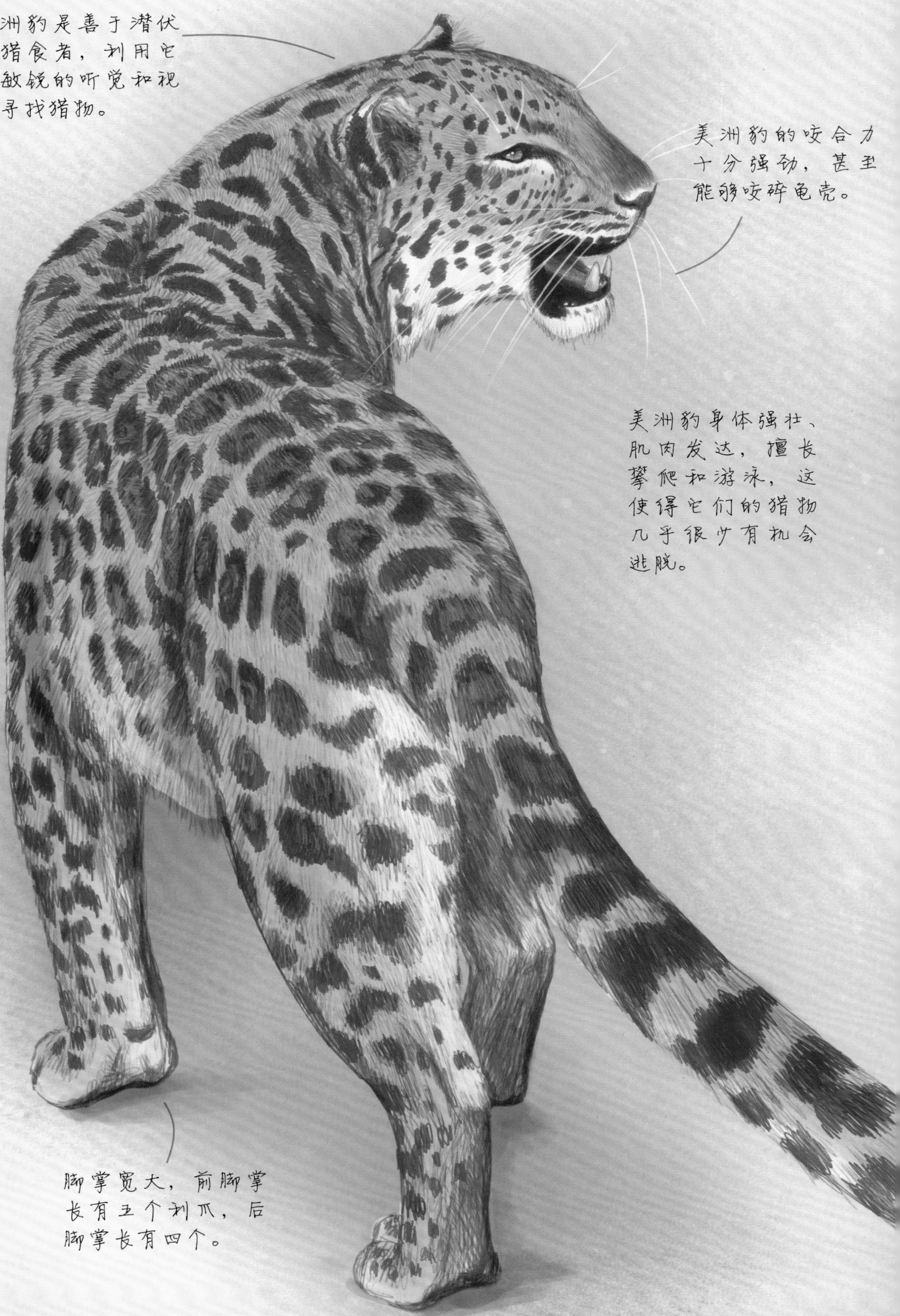
美洲豹是善于潜伏的猎食者，利用它们敏锐的听觉和视觉寻找猎物。
美洲豹的咬合力十分强劲，甚至能够咬碎龟壳。
美洲豹身体强壮、肌肉发达，擅长攀爬和游泳，这使得它们的猎物几乎很少有机会逃脱。
脚掌宽大，前脚掌长有五个利爪，后脚掌长有四个。

美洲豹

美洲豹是现存第三大猫科动物，也是唯一一个生活在新大陆的豹属成员。虽然乍一看，美洲豹与同属豹属分布在非洲的豹长得几乎一模一样，但其实还是有区别的。美洲豹身上的花纹是由与豹类似的玫瑰斑组成的，但其斑内有一两个斑点。而且美洲豹比豹更强壮、更高大一些。美洲豹毛色各异，有全黑色的，也有深棕色的。因为体形的优势，它们有能力捕获任何猎物，这使它们成为生态系统的顶级捕食者。美洲豹以包括水豚、鹿、鳄鱼、貘及水蟒在内的八十多种物种为食。美洲豹共有三个亚种。

美洲豹

（学名：*Panthera orca*）

分布于墨西哥北部以及南美洲。

体长：1.8 米（头和身体）

体重：90 ～ 136 千克

保护状况：近危

玫瑰斑图案中间有斑点。
全身覆盖着斑点。
粗壮的腿。
黑色的美洲豹也被叫作“黑豹”，但其实它们身上也有斑点，不过近距离才可以看到。

猎豹

猎豹（学名：*Acinonyx jubatus*）以奔跑速度快而闻名，它是陆地上奔跑最快的动物，不过考虑到它为奔跑而生的身体结构便不足为奇。它与其他大型猫科动物有许多不同之处，如苗条的身形、长长的躯干、壮硕的胸部，以及短小的脸部。猎豹虽然属于猫型动物，但从一些生理特征看更像犬型动物，例如，只能半伸缩的爪子以及长而柔韧的脊柱，这为它们提供了很强的牵引力。猎豹能够在几秒钟内将时速提升至 110 千米，不过最高时速只能维持最多 550 米。猎豹的这种短距离极速奔跑可用于追捕瞪羚、高角羚、小苇羚、跳羚。猎豹也以猎捕如林羚、羚羊、小岩羚和扭角林羚等大型猎物而闻名。猎豹共有三种。

头部较小。
通过伸展和弯曲长长的脊柱，为奔跑提供强大的助力。
鼻子扁宽，可以在需要时增加氧气摄入量。
奔跑时露出爪子，以增加牵引力。

猎豹

（学名：*Acinonyx jubatus*）

分布于非洲东部、南部的热带稀树草原和草原地带。

体长：1.5 米（头和身体）

体重：73 千克

保护状况：受威胁，易危

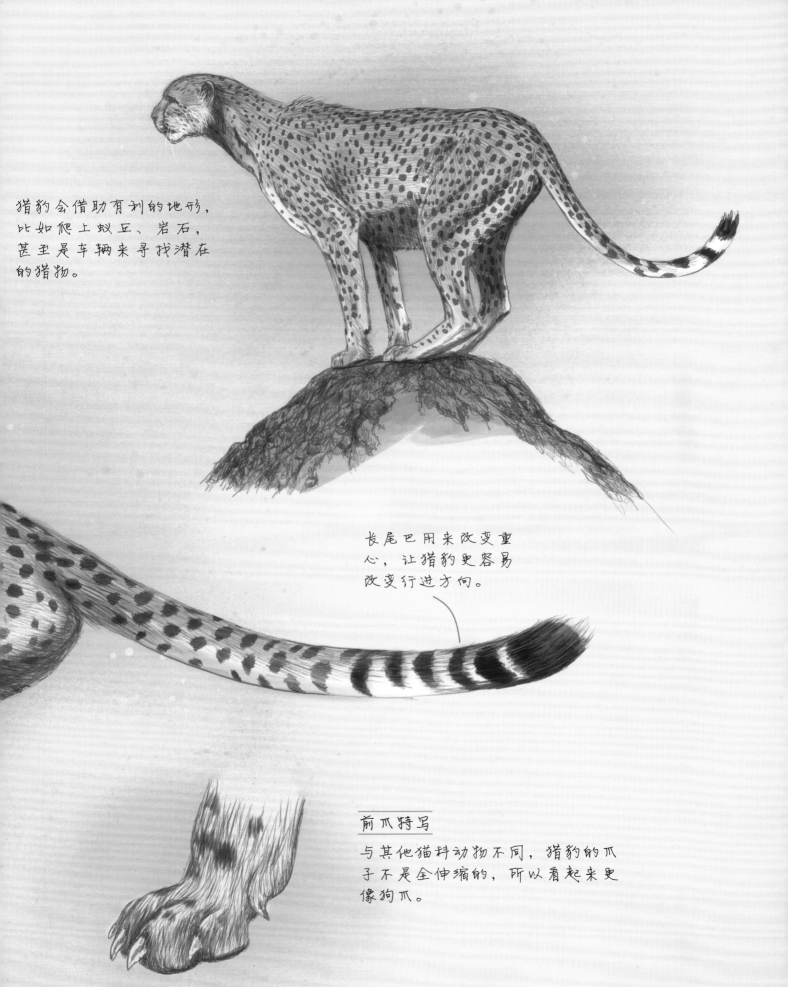

猎豹会借助有利的地形，比如爬上蚁丘、岩石，甚至是车辆来寻找潜在的猎物。

长尾巴用来改变重心，让猎豹更容易改变行进方向。

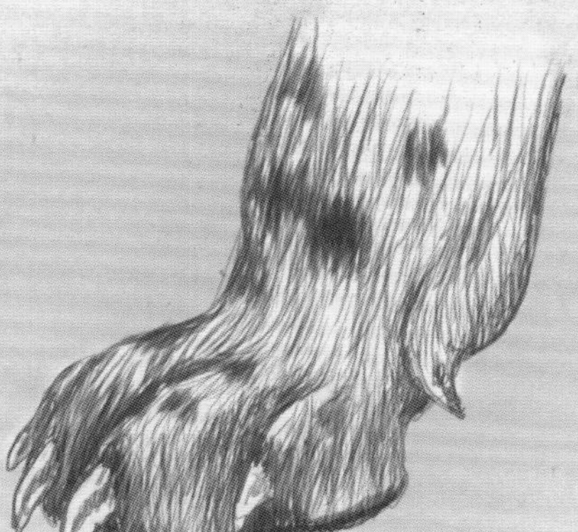

前爪特写

与其他猫科动物不同，猎豹的爪子不是全伸缩的，所以看起来更像狗爪。

大大的眼睛，
敏锐的视力。
短而粗壮的腿。

雪豹

雪豹（学名：*Panthera uncia*）比大多数大型猫科动物都矮，身上覆盖着厚厚的皮毛，用来御寒。雪豹是凶猛的猎食者，它们可以追捕比其大得多的猎物，包括骆驼和西伯利亚羱羊。

雪豹

（学名：*Panthera uncia*）
分布在中亚和南亚的山区。
体长：1.2 米（头和身体）
体重：54 千克
保护状况：濒危

云豹

（学名：*Neofelis nebulosa*）
分布于东南亚、中国的热带和亚热带林区。
体长：1 米（头和身体）
体重：23 千克
保护状况：易危

云豹

云豹是一种很好地适应了寒冷气候的中型猫科动物。擅长攀爬，猎食猪、鹿、懒猴和帚尾豪猪。

长长的尾巴，
用于奔跑和跳
跃时保持平衡。

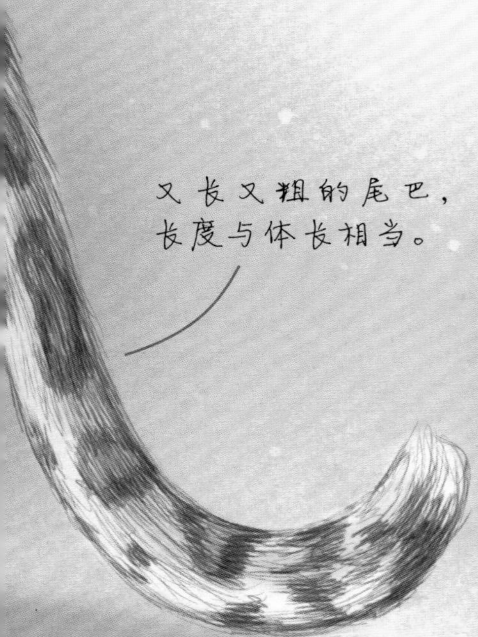
毛发浓密，上面布满了斑点以及颜色更深一些的玫瑰斑。
又长又粗的尾巴，长度与体长相当。

短毛，毛色从黄棕色到棕色。
大耳朵。
宽大的脚掌，适于攀爬和在雪地上活动。

美洲狮

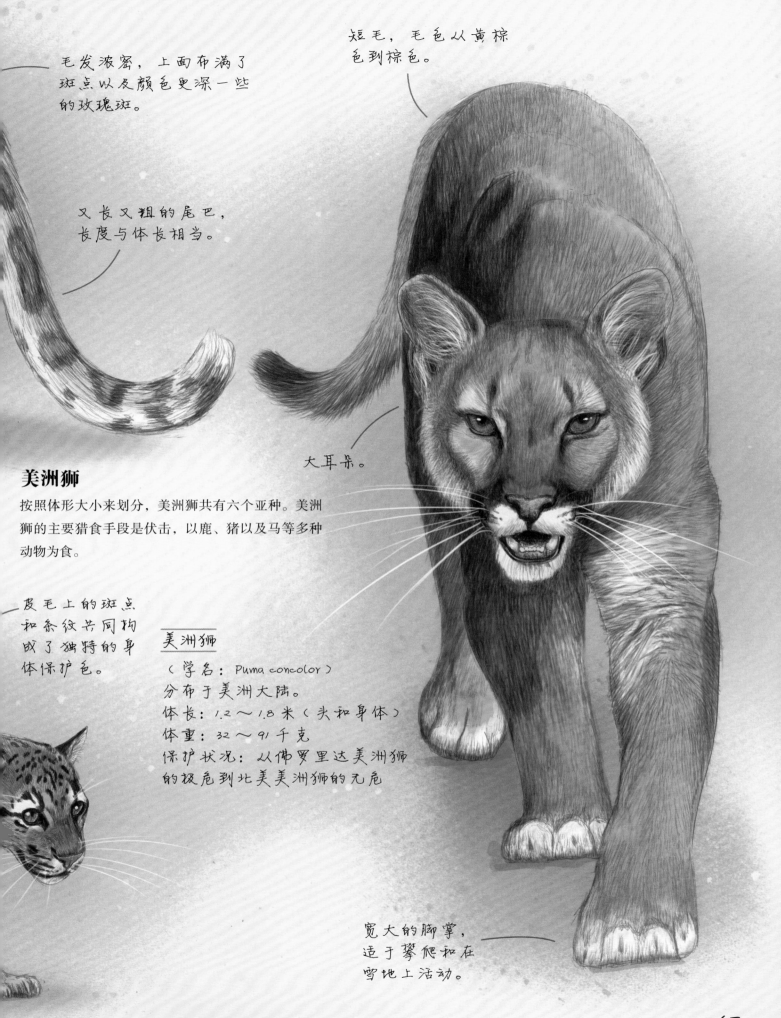

按照体形大小来划分，美洲狮共有六个亚种。美洲狮的主要猎食手段是伏击，以鹿、猪以及马等多种动物为食。

皮毛上的斑点和条纹共同构成了独特的身体保护色。

美洲狮

（学名：*Puma concolor*）

分布于美洲大陆。

体长：1.2～1.8米（头和身体）

体重：32～91千克

保护状况：从佛罗里达美洲狮的极危到北美美洲狮的无危

冬季皮毛颜色较浅。
耳尖长有
黑色簇毛。
短躯干和长腿。

猞猁

（学名：Lynx lynx）

猞猁分布于欧洲、西伯利亚、中亚、东亚和南亚，是体形最大的一种猞猁属动物。它们的皮毛在温暖的季节为浅红色或棕色，冬季则变为浅棕色或银色。

体长：1.3 米（头和身体）

体重：30 千克

保护状况：无危

猞猁

猞猁是中型野生猫科动物，包括猞猁（欧亚猞猁）、短尾猫、加拿大猞猁和拟虎猫（伊比利亚猞猁）共四种。同其他猫科动物一样，它们也是优秀的猎食者，捕食包括鹿、兔子、鱼、狐狸、绵羊和火鸡在内的各种猎物。

修长的躯干上覆盖着短毛。
长尾的长度与
躯干相当。
短腿。

细腰猫

（学名：Puma yagouaroundi）

分布于墨西哥北部和中南美洲。

体长：76 厘米（头和身体）

体重：9 千克

保护状况：无危

细腰猫

细腰猫是一种头小、腿短、躯干和尾巴修长的小型猫科动物。它们栖息在树上，但通常会在地面上捕食兔子、啮齿动物、鸟类、鱼类和狨猴。

虎猫

虎猫是一种从头到尾布满条纹和斑点的中型野生猫科动物。它们是夜行性动物，捕食犰狳、负鼠、兔子、啮齿动物、小鸟和鱼类。

虎猫

（学名：*Leopardus pardalis*）

分布于墨西哥北部及整个中南美洲茂密的热带森林中。

体长：1米（头和身体）

体重：16千克

保护状况：无危

于夜间狩猎
大眼睛。
短而有力的腿
上长着小脚掌。

小头短吻。
细长的腿。

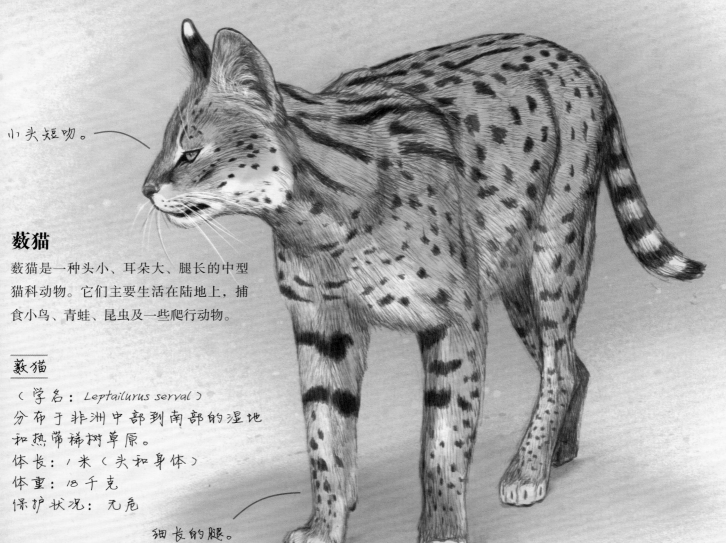

薮猫

薮猫是一种头小、耳朵大、腿长的中型猫科动物。它们主要生活在陆地上，捕食小鸟、青蛙、昆虫及一些爬行动物。

薮猫

（学名：*Leptailurus serval*）

分布于非洲中部到南部的湿地和热带稀树草原。

体长：1米（头和身体）

体重：18千克

保护状况：无危

灵猫科

灵猫属、獛属、林狸属

灵猫科包括了三十八种生活在欧洲南部、非洲和亚洲的中小型哺乳动物。灵猫科是食肉目猫型亚目中最原始的一科，它们的共同点是躯干较长，相对来说腿较短。灵猫科因其强大的气味腺而闻名，一些品种的灵猫科动物将这种腺体作为抵御猎食者的防御武器。灵猫科动物的体长在 33 厘米（非洲林狸）～ 84 厘米（非洲灵猫）之间，它们栖息在热带稀树草原、林地、森林以及山区。

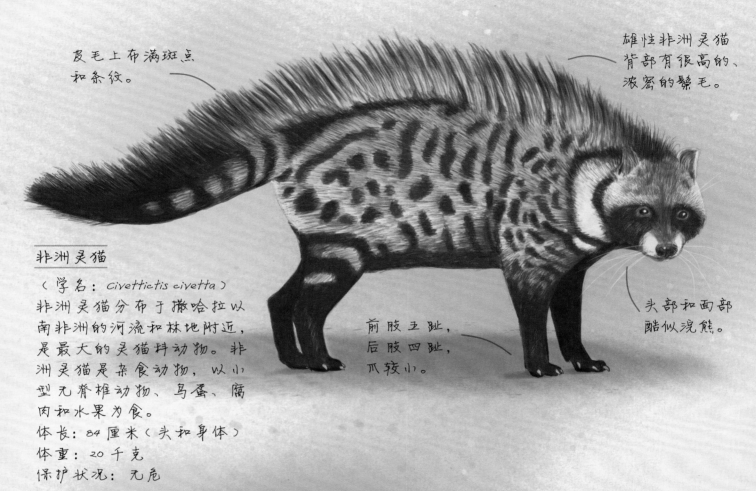

皮毛上布满斑点和条纹。
雄性非洲灵猫背部有很高的、浓密的鬃毛。
头部和面部酷似浣熊。
前肢五趾，后肢四趾，爪较小。

非洲灵猫

（学名：*Civettictis civetta*）

非洲灵猫分布于撒哈拉以南非洲的河流和林地附近，是最大的灵猫科动物。非洲灵猫是杂食动物，以小型无脊椎动物、鸟蛋、腐肉和水果为食。

体长：84 厘米（头和身体）

体重：20 千克

保护状况：无危

毛茸茸的长尾巴，长度与体长相当。
脚掌与猫的类似，不过爪子只能半伸缩。

小斑獛

（学名：*Genetta genetta*）

小斑獛分布于非洲和南欧，身体细长，外形与猫类似，但嘴部较尖。它们是夜行性动物，也是独居的猎食者，以鱼、昆虫、鸟类和两栖动物为食，同时也吃无花果等水果。

体长：56 厘米（头和身体）

体重：1.8 ～ 2.3 千克

保护状况：无危

耳朵上有
一簇毛发。
浓密的黑色皮
毛可以防止皮
肤被淋湿。
脚上有爪，并且长
有可以辅助攀爬的
肉垫。
尾巴有抓握功能，
长度与体长相当。
尾巴末端具
“防滑垫”。

熊狸

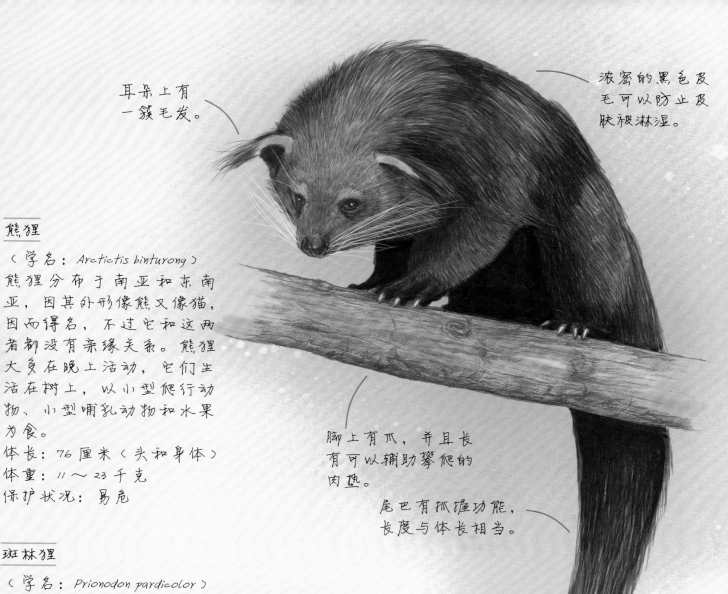

（学名：*Arctictis binturong*）
熊狸分布于南亚和东南亚，因其外形像熊又像猫，因而得名，不过它和这两者都没有亲缘关系。熊狸大多在晚上活动，它们生活在树上，以小型爬行动物、小型哺乳动物和水果为食。
体长：76 厘米（头和身体）
体重：11～23 千克
保护状况：易危

斑林狸

（学名：*Prionodon pardicolor*）
斑林狸分布于从印度到越南一带的南亚、东亚与东南亚。它们身体细长，腿较短。斑林狸几乎只生活在树上，主要捕食鸟类、啮齿动物、青蛙和蛇等小型脊椎动物。
体长：38 厘米（头和身体）
体重：454 克
保护状况：无危

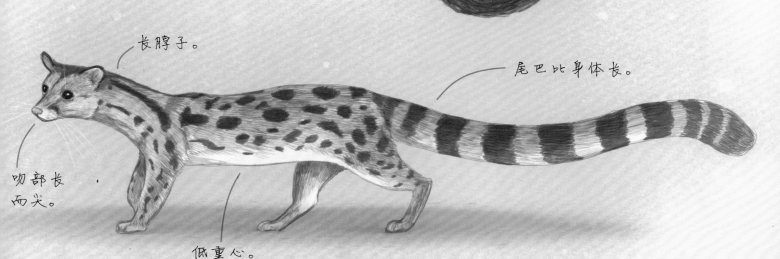

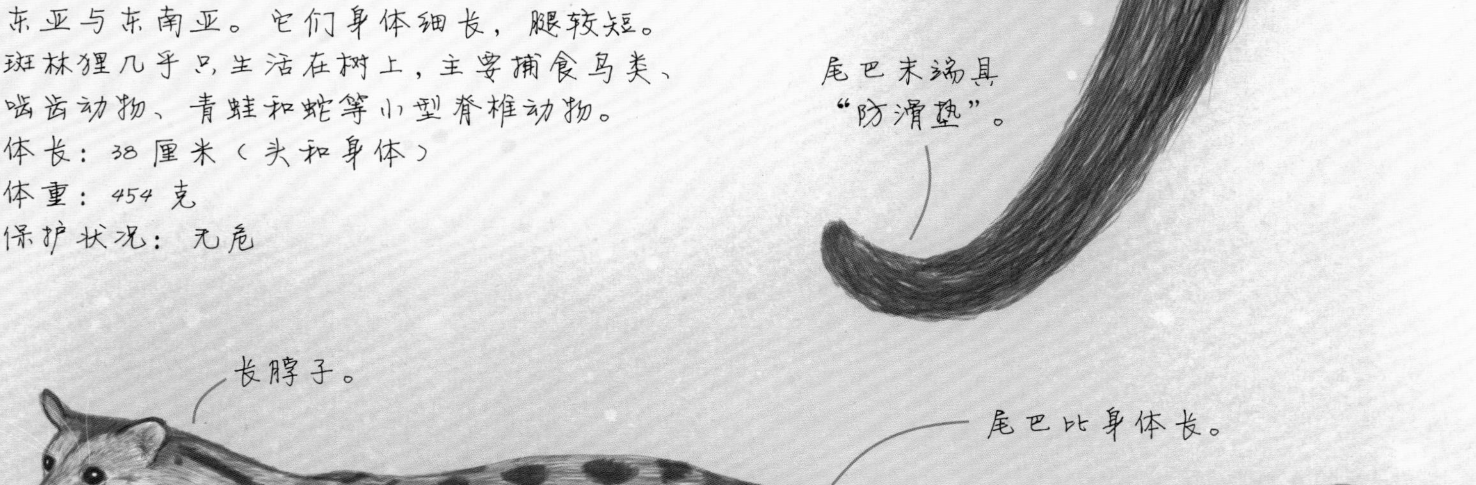
长脖子。
尾巴比身体长。
吻部长
而尖。
低重心。

鬣狗科

鬣狗

鬣狗虽然属于食肉目猫型亚目，但有很多与狗相似的生理特征。例如它们的脚上都有肉垫、爪子不能伸缩，而且它们都是完全的陆生动物，都用嘴而不是爪子来捕捉猎物。鬣狗共有四种，主要分布在非洲和亚洲，它们是会捡食腐肉的“投机分子”，不过有些种的鬣狗也是优秀的捕食者，食物中的95%来自捕猎。除土狼以外的鬣狗科动物都具有粗壮的前臼齿，专门用于磨碎骨头，使其可以被完全消化。鬣狗的体长在79厘米～1.5米之间，它们还能发出类似人类笑声般的叫声。

强壮的颈部。
背部向下倾斜。
头短而圆，和狗的头类似。
牙齿很大，可以咬碎骨头，颌骨强劲有力。
前肢比后肢长得多。
爪子与狗相似，有四趾。

斑鬣狗

（学名：*Crocuta crocuta*）

斑鬣狗分布于非洲南部，是体形最大的鬣狗科动物。它们是群居动物，尤其擅长集体围猎。它们不仅会为了保护食物而厮杀，而且还喜欢抢夺其他捕食者的食物。鬣狗主要捕食瞪羚、角马和斑马等，它们通常会设法将猎物幼崽或身体较弱的个体与兽群分离后进行捕杀。

体长：1.3米（头和身体）

体重：54千克

保护状况：无危

在受到威胁时，高高的鬃毛会竖起，显得体形更大。
超大的耳朵。
前肢比后肢长。

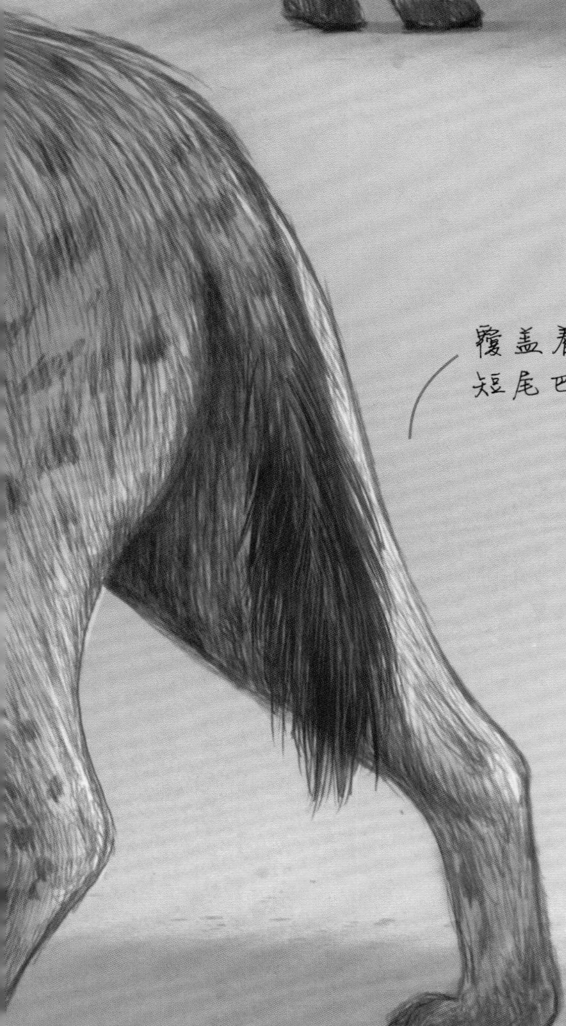
覆盖着长毛的短尾巴。

土狼

（学名：*Proteles cristata*）

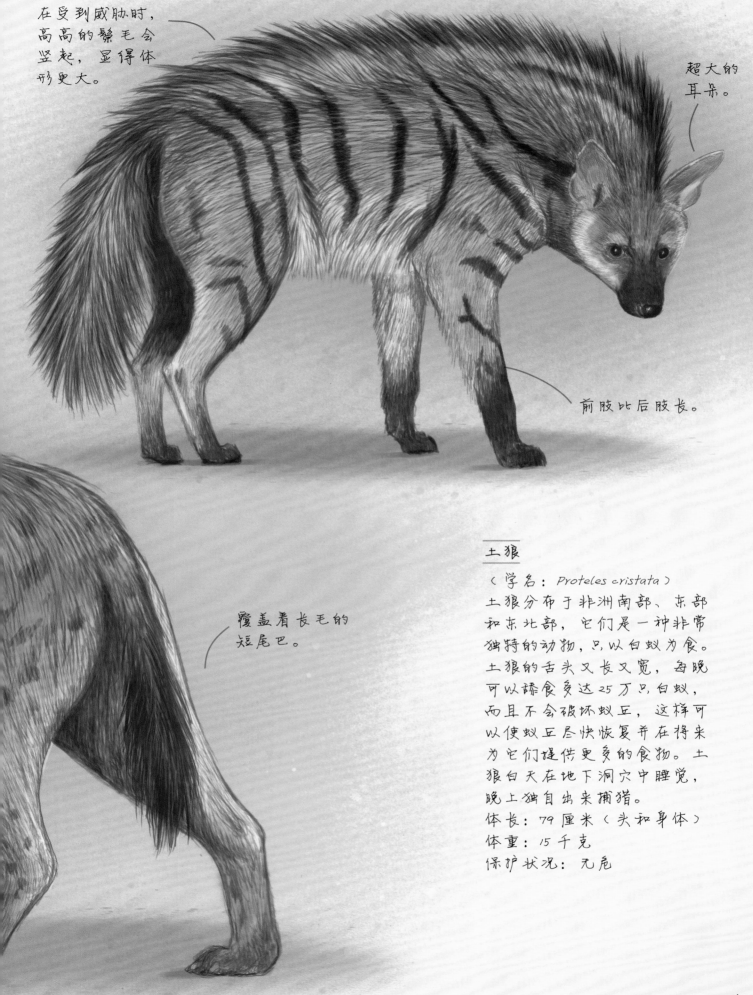

土狼分布于非洲南部、东部和东北部，它们是一种非常独特的动物，只以白蚁为食。土狼的舌头又长又宽，每晚可以舔食多达25万只白蚁，而且不会破坏蚁丘，这样可以使蚁丘尽快恢复并在将来为它们提供更多的食物。土狼白天在地下洞穴中睡觉，晚上独自出来捕猎。

体长：79厘米（头和身体）

体重：15千克

保护状况：无危

獴科

獴和狐獴

獴是小型猫科哺乳动物，属于猫型亚目，共有三十四种，原产自亚洲、非洲和南欧，不过为了减轻鼠患，獴被引入到了夏威夷、斐济和加勒比地区，并在当地大量繁殖起来。獴主要以昆虫、螃蟹、鸟类、蜥蜴和啮齿动物为食。一些种的獴科动物，如印度灰獴，以捕杀眼镜王蛇之类的大型毒蛇而闻名。獴科动物的体长在 23 厘米（侏獴）～ 71 厘米（白尾獴）之间。

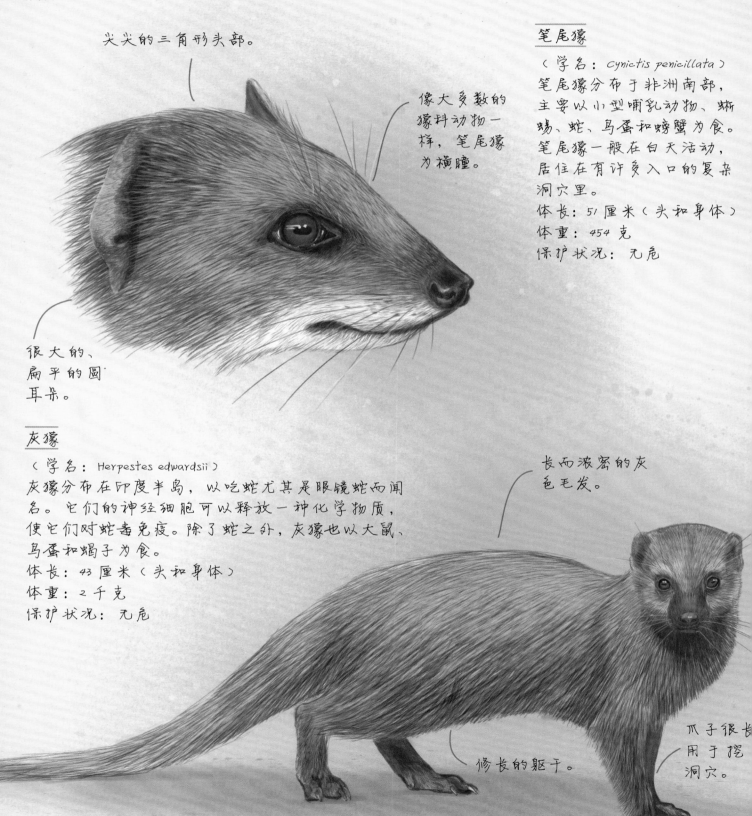

尖尖的三角形头部。
像大多数的獴科动物一样，笔尾獴为横瞳。
很大的、扁平的圆耳朵。

笔尾獴

（学名：*Cynictis penicillata*）
笔尾獴分布于非洲南部，主要以小型哺乳动物、蜥蜴、蛇、鸟蛋和螃蟹为食。笔尾獴一般在白天活动，居住在有许多入口的复杂洞穴里。
体长：51 厘米（头和身体）
体重：454 克
保护状况：无危

灰獴

（学名：*Herpestes edwardsii*）
灰獴分布在印度半岛，以吃蛇尤其是眼镜蛇而闻名。它们的神经细胞可以释放一种化学物质，使它们对蛇毒免疫。除了蛇之外，灰獴也以大鼠、鸟蛋和蝎子为食。
体长：43 厘米（头和身体）
体重：2 千克
保护状况：无危

长而浓密的灰色毛发。
修长的躯干。
爪子很长
用于挖
洞穴。

狐獴

狐獴是一种高度社会化的动物，它们生活在群体中，每个族群有 20 ～ 50 只狐獴，族群非常有组织性，在其他成员觅食时，会有哨兵站岗放哨。狐獴在地下挖掘洞穴，形成广阔的隧道网络，它们大部分时间都生活在这些洞穴内。狐獴一般在白天觅食，它们的食物包括蛇、昆虫、鸟蛋、小型哺乳动物、植物和真菌。

狐獴

（学名：Suricata suricatta）
分布于非洲南部。
体长：46 厘米（头和身体）
体重：2 千克
保护状况：无危

狐獴哨兵笔直地站立着，警戒周围的猎食者。
眼睛朝向前方，周围有黑色暗斑。
中等长度的毛发，躯干背侧带有条纹。
尖吻圆耳。
像所有的獴科动物一样，狐獴也有修长的躯干。
前肢五指，后肢四趾。
细尾。

犬科

灰狼

灰狼（学名：*Canis lupus*），也被称为森林狼，是世界上最大的犬科动物。灰狼广布于北半球的新旧大陆，是高度社会化的群居动物，族群通常是由一只雄狼、一只雌狼以及它们的后代共同组成，幼狼成年后，灰狼族群规模可能会扩大至30只，接下来幼狼会脱离原族群，组建新的族群。狼彼此之间有很多种交流方式，包括叫声、面部表情和气味标记，每一种都有不同的用途。灰狼有很多亚种，共分为两大类：新大陆灰狼和旧大陆灰狼。所有品种的家犬（学名：*Canis lupus familiaris*）都是灰狼的近亲，它们被认为是灰狼的亚种，有着与灰狼相同的身体和行为特征。

欧亚狼

（学名：*Canis lupus lupus*）
欧亚狼即普通的狼，广布于亚欧大陆，是旧大陆最大的狼。它们猎食鹿、驼鹿、野山羊和野猪。由于人类侵占了狼的栖息地，因此许多狼开始围猎家畜、捡食垃圾（食腐）。
体长：1.3米（头和身体）
体重：45千克
保护状况：无危

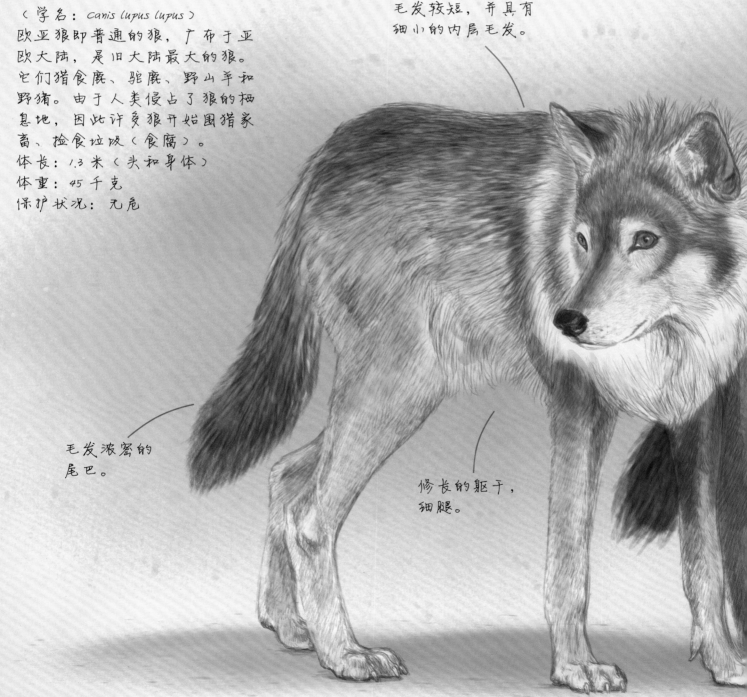

毛发较短，并具有细小的内层毛发。
毛发浓密的尾巴。
修长的躯干，细腿。

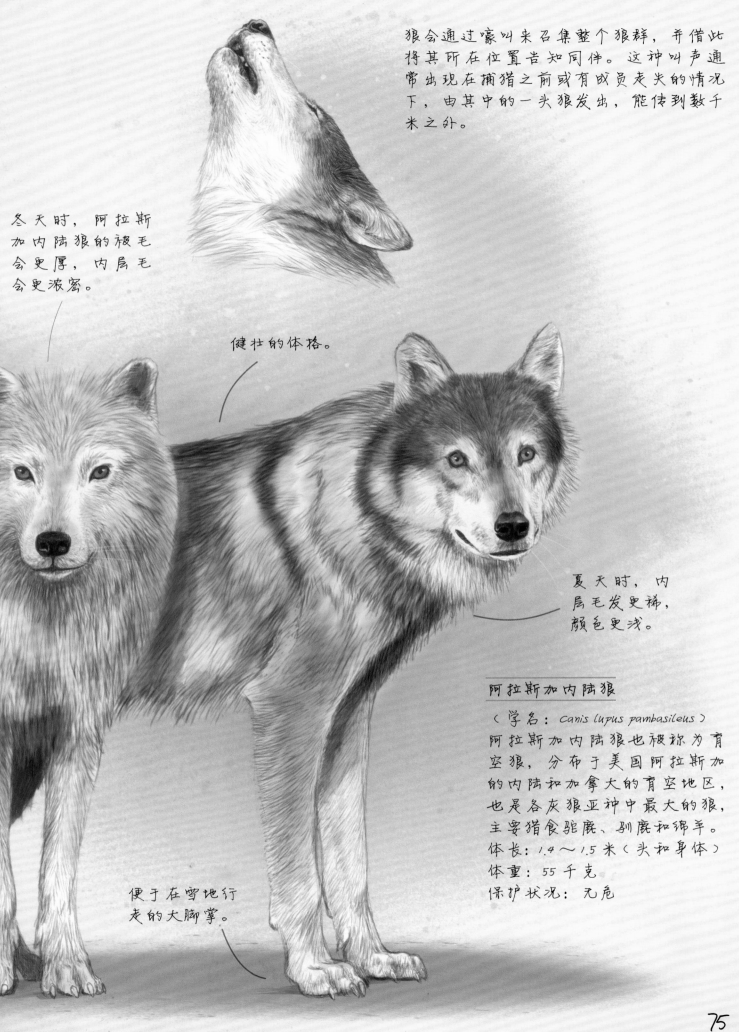

狼会通过嚎叫来召集整个狼群，并借此将其所在位置告知同伴。这种叫声通常出现在捕猎之前或有成员走失的情况下，由其中的一头狼发出，能传到数千米之外。

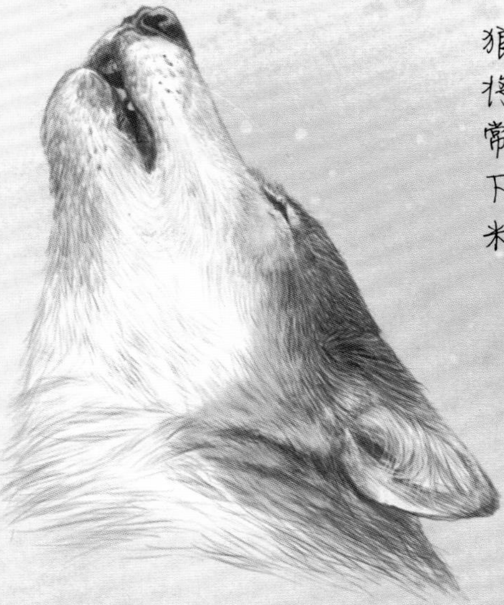

冬天时，阿拉斯加内陆狼的被毛会更厚，内层毛会更浓密。
健壮的体格。
夏天时，内层毛发更稀，颜色更浅。
便于在雪地行走的大脚掌。

阿拉斯加内陆狼

（学名：*Canis lupus pambasileus*）
阿拉斯加内陆狼也被称为育空狼，分布于美国阿拉斯加的内陆和加拿大的育空地区，也是各灰狼亚种中最大的狼，主要猎食驼鹿、驯鹿和绵羊。
体长：1.4～1.5 米（头和身体）
体重：55 千克
保护状况：无危

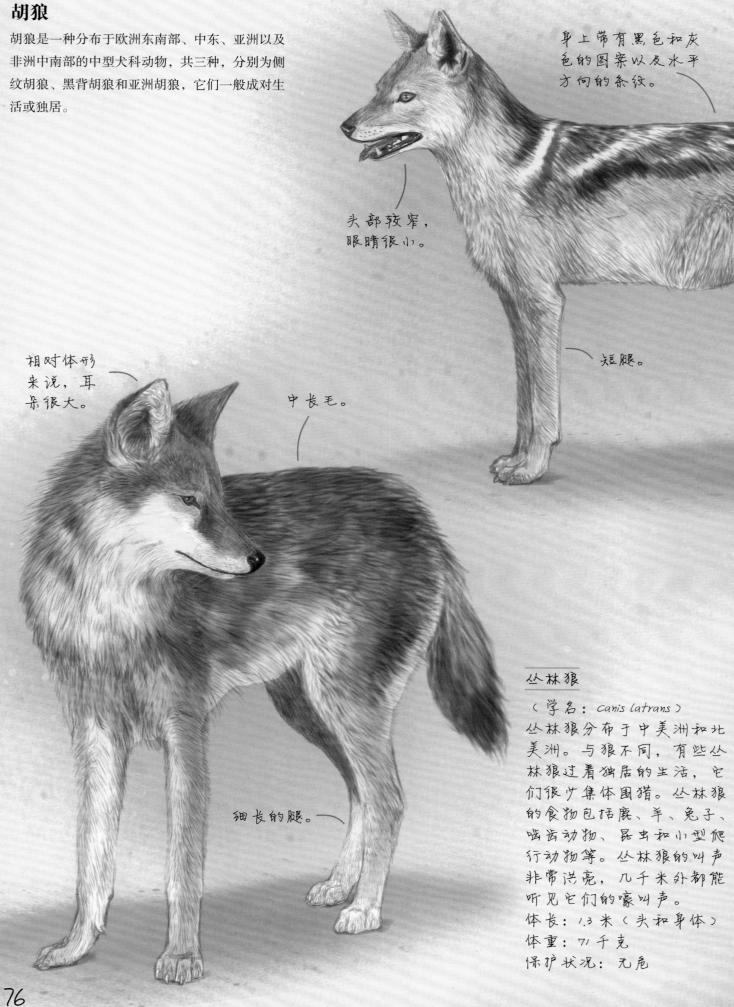

胡狼

胡狼是一种分布于欧洲东南部、中东、亚洲以及非洲中南部的中型犬科动物，共三种，分别为侧纹胡狼、黑背胡狼和亚洲胡狼，它们一般成对生活或独居。

身上常有黑色和灰色的图案以及水平方向的条纹。
头部较窄，眼睛很小。
短腿。

相对体形来说，耳朵很大。
中长毛。
细长的腿。

丛林狼

（学名：*Canis latrans*）

丛林狼分布于中美洲和北美洲。与狼不同，有些丛林狼过着独居的生活，它们很少集体围猎。丛林狼的食物包括鹿、羊、兔子、啮齿动物、昆虫和小型爬行动物等。丛林狼的叫声非常洪亮，几千米外都能听见它们的嚎叫声。

体长：1.3 米（头和身体）

体重：71 千克

保护状况：无危

黑背胡狼

（学名：*Canis mesomelas*）

黑背胡狼分布于非洲的中部和南部，是所有种类的胡狼中攻击性最小的一种。它们是一种“机会主义”杂食动物，喜欢猎食容易获得的猎物。黑背胡狼以小型哺乳动物和无脊椎动物等多种动物为食，它们还经常从其他肉食动物那里偷取食物。

体长：81厘米（头和身体）

体重：14千克

保护状况：无危

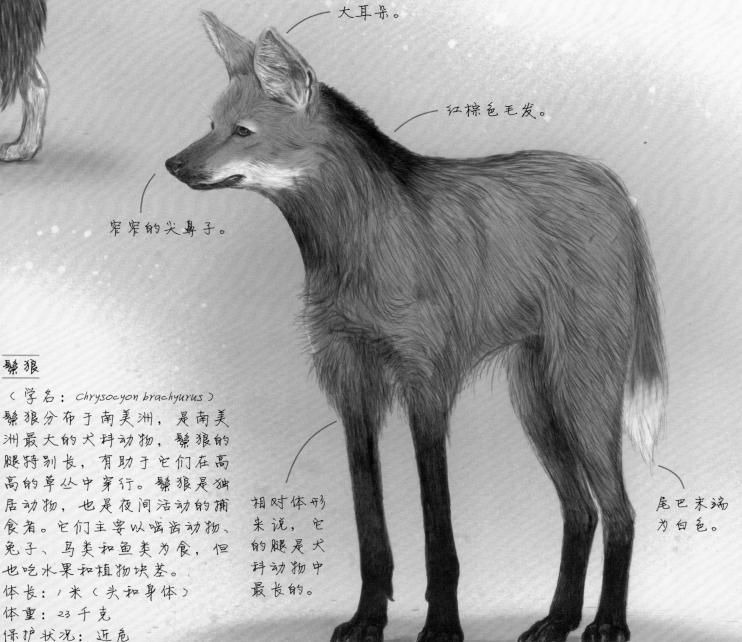

大耳朵。
红棕色毛发。
窄窄的尖鼻子。
相对体形来说，它的腿是犬科动物中最长的。
尾巴末端为白色。

鬃狼

（学名：*Chrysocyon brachyurus*）

鬃狼分布于南美洲，是南美洲最大的犬科动物，鬃狼的腿特别长，有助于它们在高高的草丛中穿行。鬃狼是独居动物，也是夜间活动的捕食者。它们主要以啮齿动物、兔子、鸟类和鱼类为食，但也吃水果和植物块茎。

体长：1米（头和身体）

体重：23千克

保护状况：近危

非洲野犬

（学名：*Lycaon pictus*）
非洲野犬分布于撒哈拉以南非洲，是高度社会化的动物，它们喜欢群居和集体围猎，种群数量大多在 2～27 只之间。它们的毛发质地坚硬，类似鬃毛，无内层毛发。非洲野犬擅长围猎，捕食中型的羚羊、野猪以及小型哺乳动物。
体长：1 米（头和身体）
体重：25 千克
保护状况：濒危

大大的圆耳朵。
头部较大，黑吻。

狐狸

狐狸是一种小到中型的犬科动物，分布于除南极洲以外的各个大陆上。狐属共有十二个不同的品种，体重在 1 千克（耳廓狐）～9 千克（赤狐）之间。与其他犬科动物一样，狐狸也可以用叫声互相交流。除北极狐为独居动物外，其他狐狸品种都是群居动物，种群多为小种群。

赤狐

（学名：*Vulpes vulpes*）
赤狐广布于从北极圈到北美洲、中美洲、亚洲以及非洲北部的整个北半球，是所有狐狸品种中体形最大的。它有很多种毛色，除了名字中的红色，还有银色和琥珀色。赤狐主要以小型啮齿动物和其他小型哺乳动物为食，也吃鸟类、浆果和水果。
体长：0.9 米
体重：9 千克
保护状况：无危

三角形的耳朵。
毛发浓密的长尾巴。
尖尖的吻。
长腿，黑脚掌

非洲野犬身上有褐色、棕色、黑色和白色的斑点，这使其皮毛的颜色看起来较为杂乱。
毛茸茸的尾巴，末端为白色。

尾毛厚而浓密。
比头还大的耳朵。
适于挖掘的大脚掌。

耳廓狐

（学名：*Vulpes zerda*）

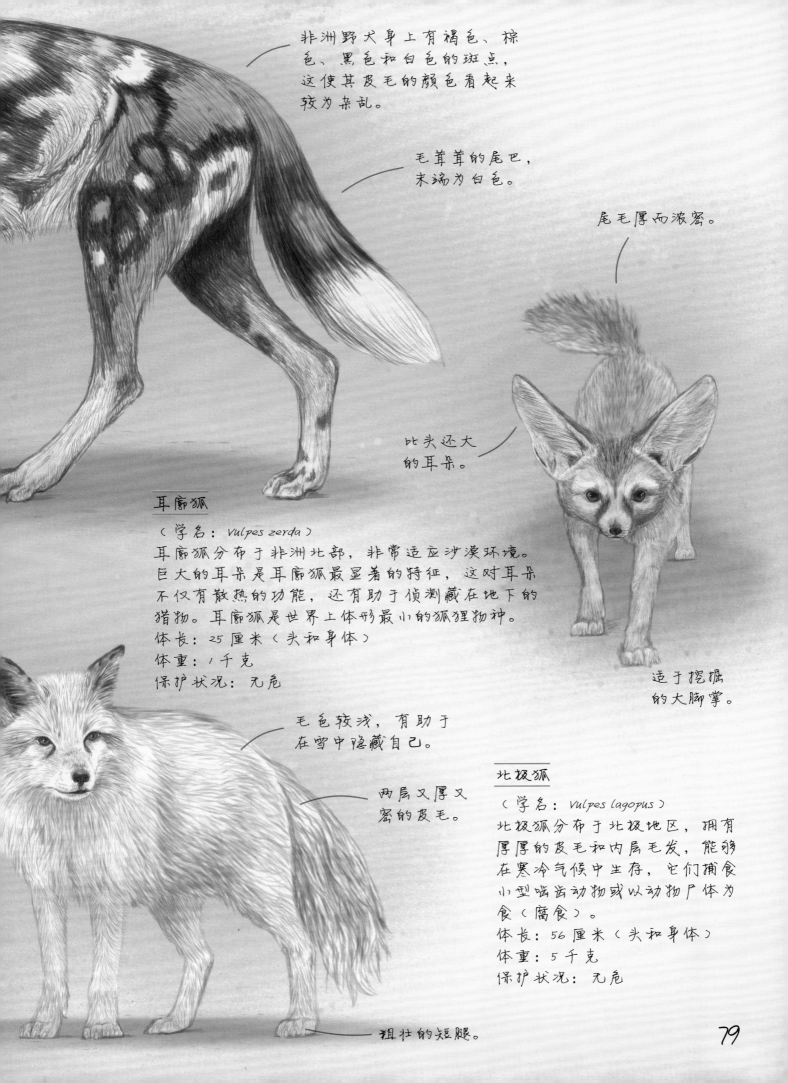

耳廓狐分布于非洲北部，非常适应沙漠环境。巨大的耳朵是耳廓狐最显著的特征，这对耳朵不仅有散热的功能，还有助于侦测藏在地下的猎物。耳廓狐是世界上体形最小的狐狸物种。

体长：25 厘米（头和身体）

体重：1 千克

保护状况：无危

毛色较浅，有助于在雪中隐藏自己。
两层又厚又密的皮毛。
粗壮的短腿。

北极狐

（学名：*Vulpes lagopus*）

北极狐分布于北极地区，拥有厚厚的皮毛和内层毛发，能够在寒冷气候中生存，它们捕食小型啮齿动物或以动物尸体为食（腐食）。

体长：56 厘米（头和身体）

体重：5 千克

保护状况：无危

熊科

棕熊

棕熊（学名：*Ursus arctos*）是陆地上体形最大的食肉动物，其次就是北极熊（被归类为海洋哺乳动物）。棕熊广布于从欧洲到亚洲、北美洲的整个北半球，有十六个亚种，其中包括北美灰熊、科迪亚克岛棕熊、欧洲棕熊等知名亚种。冬天的时候，棕熊会在它用长长的爪子挖掘的洞穴里面冬眠。雌性通常会在怀孕期间进入洞穴冬眠，并在冬眠中产下幼崽，每胎最多三只。刚出生的棕熊幼崽会本能地爬到妈妈身边吸吮乳汁，它们刚出生的时候体重约为 450 克，在春天离开洞穴时体重可达 9 千克。棕熊是杂食动物，而且食谱广泛，在任何季节都能找到适合的食物。它们以浆果、草、橡子、真菌、昆虫及其幼虫、昆虫幼虫、蜜蜂、蜂蜜、鱼及一百多种不同的哺乳动物为食，其中包括一些啮齿动物和野牛。

叙利亚棕熊

（学名：*Ursus arctos syriacus*）

叙利亚棕熊分布于中东至喜马拉雅山脉西部区域，是棕熊亚种中体形最小的，毛色比其他分布在新大陆的棕熊要浅一些，它们大多栖息在高海拔山区。

体长：1.4 米（头和身体）

体重：249 千克

保护状况：易危

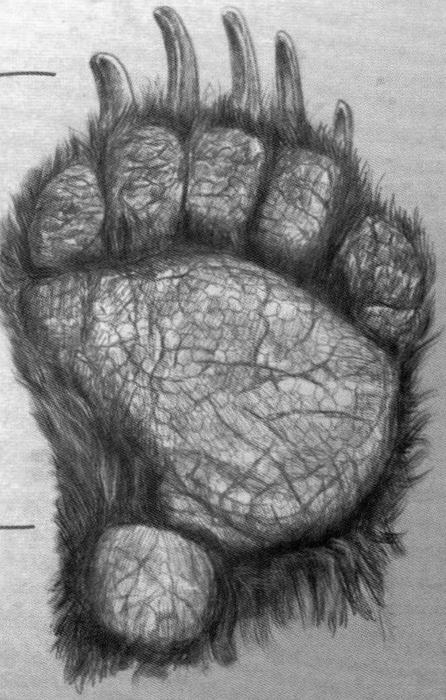
有五爪，爪长达10厘米。
脚掌长达41厘米。

棕熊前掌

相对较大的耳朵。
体形较小，毛色为浅棕色。
浅色的爪子。

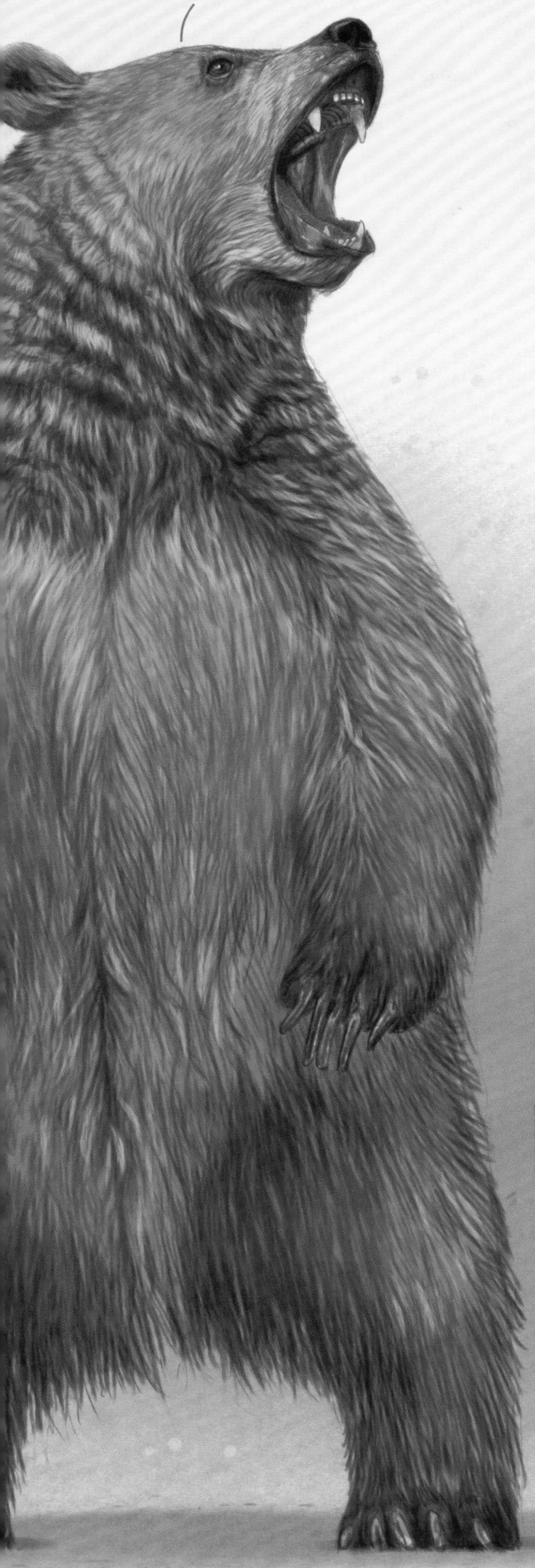
头颅巨大，长度可达64厘米，
牙齿也非常大。

科迪亚克棕熊

（学名：*Ursus arctos middendorffi*）

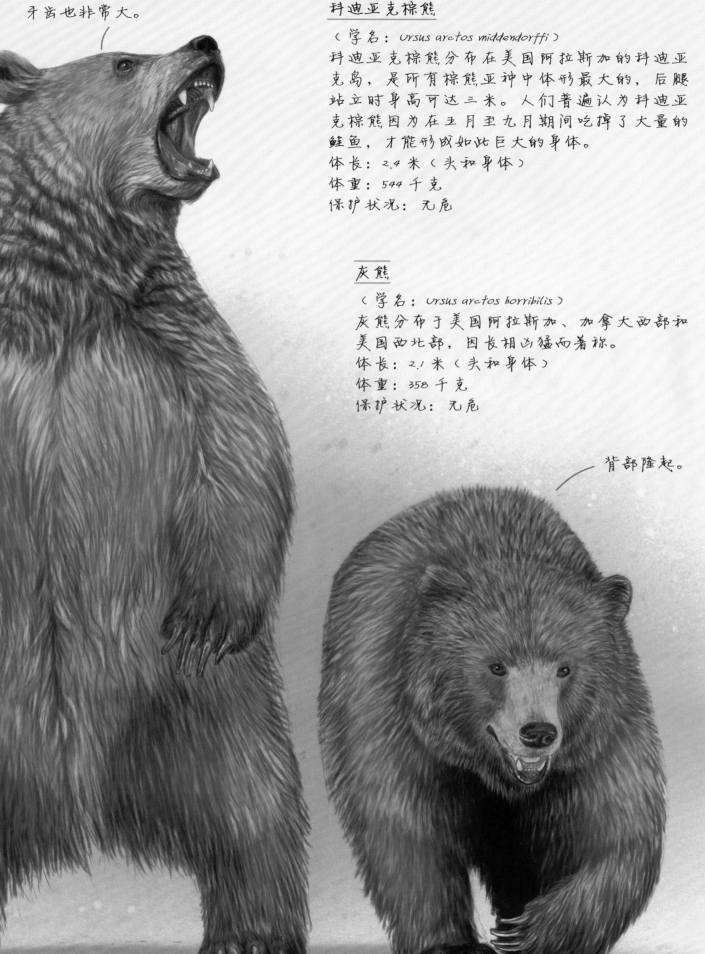

科迪亚克棕熊分布在美国阿拉斯加的科迪亚克岛，是所有棕熊亚种中体形最大的，后腿站立时身高可达三米。人们普遍认为科迪亚克棕熊因为在五月至九月期间吃掉了大量的鲑鱼，才能形成如此巨大的身体。

体长：2.4米（头和身体）

体重：544千克

保护状况：无危

灰熊

（学名：*Ursus arctos horribilis*）

灰熊分布于美国阿拉斯加、加拿大西部和美国西北部，因长相凶猛而著称。

体长：2.1米（头和身体）

体重：358千克

保护状况：无危

背部隆起。

头部和耳朵周围有很长的鬃毛。
瘦长的身体上覆盖着毛发。
用来挖开蚁丘和寻找昆虫幼虫的长爪子。

懒熊

（学名：*Melursus ursinus*）
懒熊分布于南亚次大陆，是夜行性动物，拥有特化的下唇，专门用来吸食白蚁和蜂巢。
体长：1.8米（头和身体）
体重：132千克
保护状况：易危

熊

美洲黑熊

（学名：*Ursus americanus*）
美洲黑熊广布于北美大陆，不同于它们的名字，美洲黑熊拥有白色、棕色以及黑色等多种毛色。美洲黑熊是“机会主义”杂食动物，它们会捡食腐肉或捕食小型哺乳动物和昆虫，但它们主要以草、坚果、水果和浆果为食。美洲黑熊不论白天黑夜都会出来活动，它们非常擅长攀爬树木。
体长：2米（头和身体）
体重：249千克
保护状况：无危

圆脸。
嗅觉能力是狗的四倍。
用于攀爬的爪子，短而弯曲。

马来熊

（学名：*Helarctos malayanus*）

马来熊分布于东南亚的热带森林中，别名“太阳熊”，是世界上体形较小的熊科动物之一。它们会用长长的舌头舔食蜂巢中的蜂蜜，也以白蚁、蚂蚁和甲虫幼虫为食。马来熊非常擅长攀爬，它们会花大量的时间待在容易取食水果和无花果的树上。

体长：1.4米（头和身体）

体重：77千克

保护状况：易危

短短的吻。
小且圆的耳朵。
前胸长有“U”形图案。
主要用于挖掘的前掌很大，爪子很长并向内弯曲。
后肢较短，爪子向内弯曲。

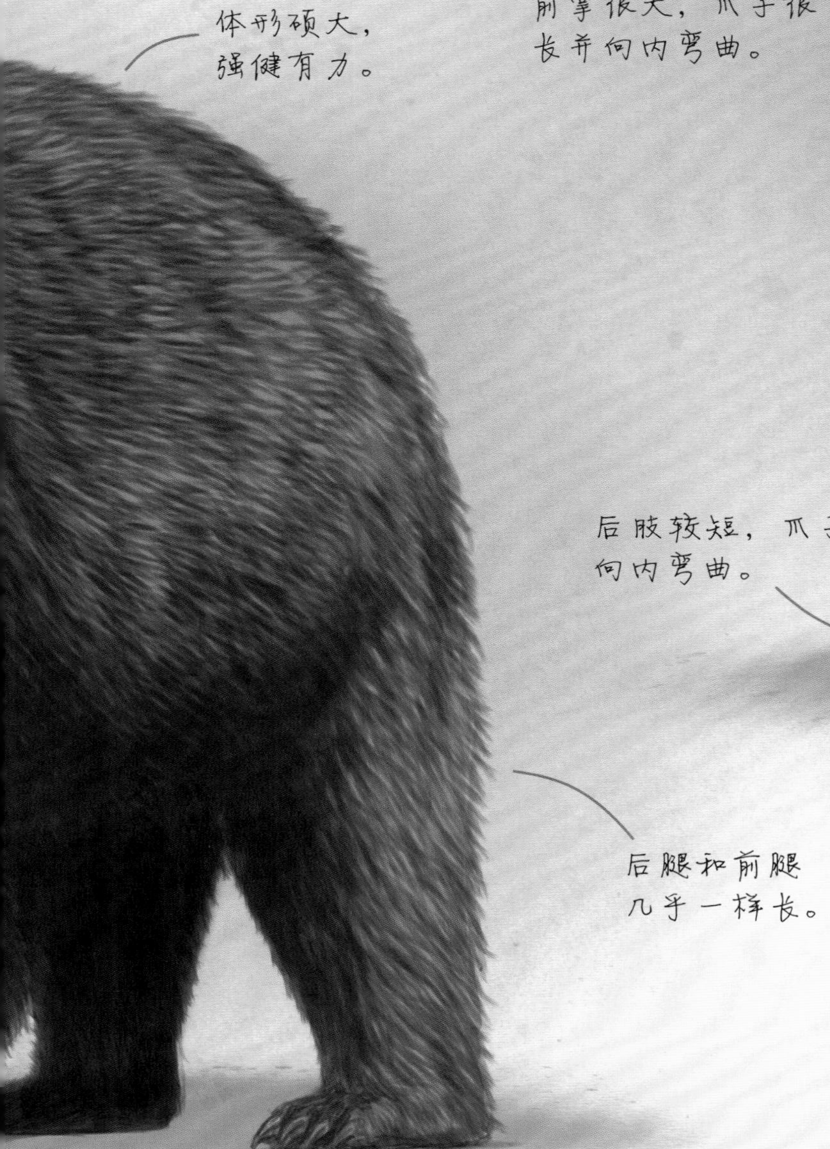

体形硕大，强健有力。
后腿和前腿几乎一样长。

大熊猫

大熊猫，有时也被称为猫熊，是世界上最稀有的熊科动物，几乎为纯素食性动物。它们平均每天要花 14 个小时进食，吃掉重达 36 千克的竹笋和竹叶。作为营养补充，大熊猫偶尔也吃一些昆虫、鸟蛋和小型啮齿动物。熊猫幼崽出生时的体重仅 85 ～ 198 克，一岁时可以长到 45 千克左右，成年后的熊猫体重可以达到出生时的 900 倍。

大熊猫

（学名：*Ailuropoda melanoleuca*）
分布于中国中南部。
体长：1.8 米（头和身体）
体重：159 千克
保护状况：易危

前掌上的籽骨形成一根伪拇指，让大熊猫能够像人手一样抓握食物。

皮毛上带有独特的黑白图案。

厚实浓密的毛发可以抵御夜晚的寒冷。

加上籽骨（伪拇指），大熊猫共有六指。

小熊猫科

小熊猫

虽然小熊猫和大熊猫的名字相似，但是它们之间并没有亲缘关系。小熊猫与浣熊的亲缘关系比跟熊更近一些，小熊猫是小熊猫科仅存的成员。小熊猫和大熊猫的分布范围大致相同，而且它们也以竹笋和竹叶为食，除此之外，还吃水果、橡子、树根和鸟蛋。小熊猫大部分时间都待在树上，只在觅食的时候才会下来。小熊猫是独居动物，会用尿液和气味腺标记领地，并且只在交配季节才与其他小熊猫接触。

小熊猫

（学名：*Ailurus fulgens*）

分布于中国中南部和喜马拉雅山脉东部。

体长：64厘米（头和身体）

体重：11千克

保护状况：濒危

尖耳朵上长有一簇白毛。
浓密的红色皮毛。
在寒冷的天气里，毛茸茸的长尾巴（长度与体长相当）可以当作毛毯使用。
眼睛下方毛色较深。
和大熊猫一样，小熊猫也进化出了用来抓竹子的第六指（伪拇指）。

浣熊科

浣熊、蜜熊、长鼻浣熊

食肉目浣熊科是由尾巴上带有环纹或面部有标志性图案的小到中型哺乳动物组成的。浣熊科动物都是杂食性的，它们的爪子大多无法伸缩，主要用于爬树和进食。浣熊科是新大陆动物，栖息范围非常广泛。

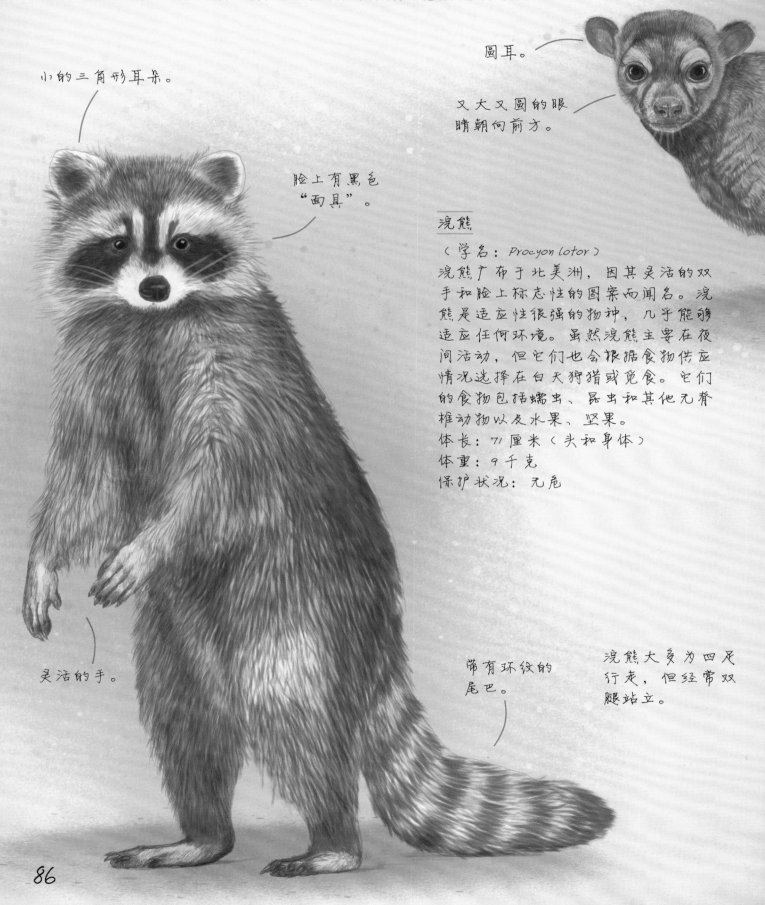

圆耳。
又大又圆的眼睛朝向前方。

小的三角形耳朵。
脸上有黑色“面具”。
灵活的手。
带有环纹的尾巴。
浣熊大多为四足行走，但经常双腿站立。

浣熊

（学名：*Procyon lotor*）

浣熊广布于北美洲，因其灵活的双手和脸上标志性的图案而闻名。浣熊是适应性很强的物种，几乎能够适应任何环境。虽然浣熊主要在夜间活动，但它们也会根据食物供应情况选择在白天狩猎或觅食。它们的食物包括蠕虫、昆虫和其他无脊椎动物以及水果、坚果。

体长：71厘米（头和身体）

体重：9千克

保护状况：无危

蜜熊

（学名：*Potos flavus*）

蜜熊分布于中美洲和南美洲北部，是生活在热带雨林中的树栖动物。与一些新大陆的灵长动物一样，它们的尾巴具有抓握功能，四肢灵活，适于攀爬。蜜熊主要以水果为食，有时也会吃昆虫和鸟蛋。

体长：61厘米（头和身体）

体重：5千克

保护状况：易危

身上覆盖的毛发较短。

毛茸茸、带有条纹的尾巴。

具有抓握功能的尾巴，起到了第五肢的作用。

南美浣熊

南美浣熊，也称长鼻浣熊，主要分布于墨西哥、中美洲和南美洲，是昼行性动物。南美浣熊共有四种，它们的吻部很长，末端类似猪鼻，主要用于捕食小昆虫、蜘蛛、蜥蜴和鸟蛋。

白鼻浣熊

（学名：*Nasua narica*）

白鼻浣熊分布于墨西哥和中美洲，它们晚上住在树上，白天下来觅食。

体长：56厘米（头和身体）

体重：9千克

保护状况：无危

鼻子扁平，和猪鼻很像。

鼬科

鼬、獾、水獭、貂

鼬科是食肉目中较大的科之一，共有五十多种。体长最小的有 13 ～ 25 厘米的伶鼬（最小的食肉动物），最大的有 1.8 米的大水獭。虽然体形各异，不过鼬科动物都具有长长的躯干、短腿、小而圆的耳朵、厚皮毛等共同特征。鼬科动物大多喜欢夜间活动，全年都很活跃，它们还具有用于吸引配偶、标记领地及抵御入侵者的气味腺。

颈部较长，
与头同宽。
短尾。
短腿。
躯干较长。

伶鼬

（学名：*Mustela nivalis*）

伶鼬也称银鼠，广布于北半球，是个胃口很大的猎食者，能够捕杀兔子等比自己大很多的猎物。因为伶鼬需要频繁的活动，所以它们每天必须捕食约为体重 40% ～ 60% 的食物。

体长：13 ～ 25 厘米（头和身体）

体重：30 克

保护状况：无危

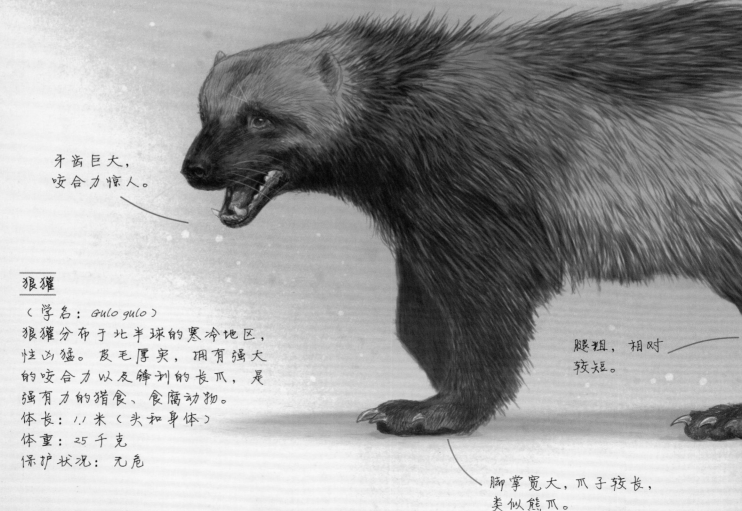

牙齿巨大，
咬合力惊人。
腿粗，相对
较短。
脚掌宽大，爪子较长，
类似熊爪。

狼獾

（学名：*Gulo gulo*）

狼獾分布于北半球的寒冷地区，性凶猛。皮毛厚实，拥有强大的咬合力以及锋利的长爪，是强有力的猎食、食腐动物。

体长：1.1 米（头和身体）

体重：25 千克

保护状况：无危

扁平的身躯，
体形健壮。
宽脸短吻。
低重心。
5厘米长的爪子，
适于挖掘。

美洲獾

（学名：*Taxidea taxus*）

美洲獾分布于美国西部和中部、墨西哥北部以及加拿大中南部，是独居型猎食者，大多在夜间活动。美洲獾的猎物范围十分广泛，包括老鼠、草原犬鼠、蛇、臭鼬、昆虫和蜥蜴，它们还以玉米、葵花籽和蜂蜜为食。

体长：74厘米（头和身体）

体重：9千克

保护状况：无危

黑足鼬

（学名：*Mustela nigripes*）

黑足鼬分布于美国中部部分地区。黑足鼬90%的时间都待在洞穴内，它们在里面筑巢并抚育幼崽。黑足鼬主要以草原犬鼠为食，也吃鸟类、老鼠和蜥蜴。

体长：53厘米（头和身体）

体重：1千克

保护状况：濒危

眼周有黑
色图案。
细长的尾巴，
长度大约为躯
干的一半。
短腿，长长
的、适于挖
掘的爪子。

小而圆的头。
小耳朵。
长长的逐渐收窄的尾巴。
长长的胡须有助于在脏水中觅食。
蹼足短爪。

水獭

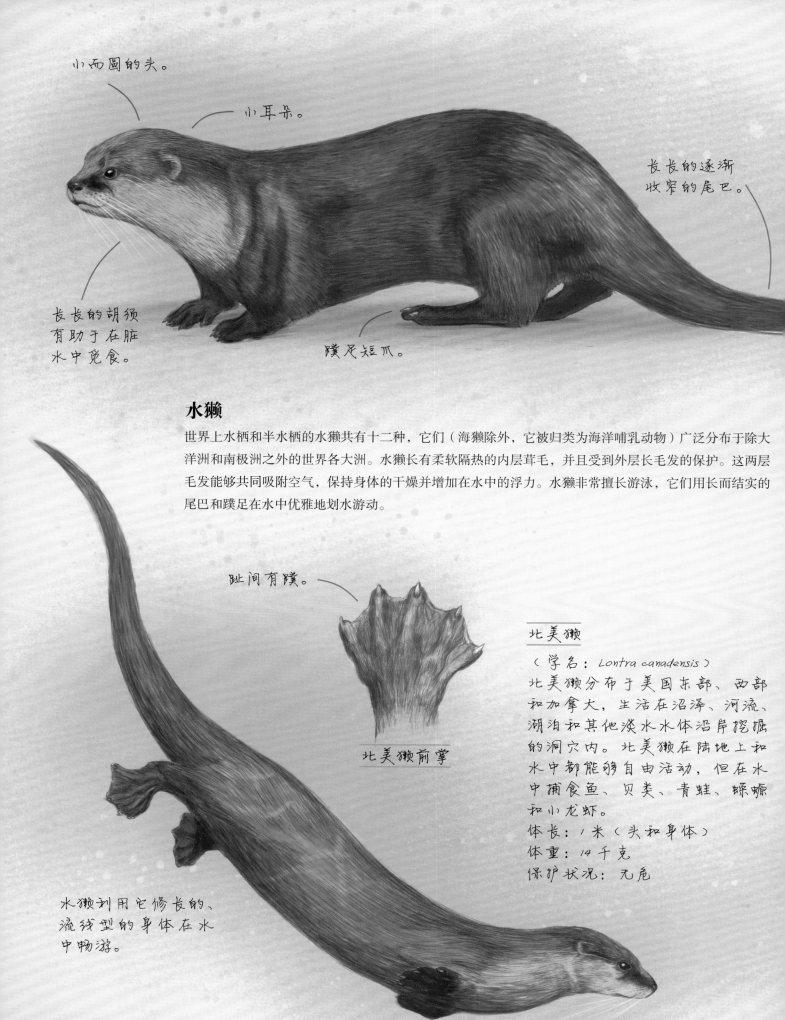

世界上水栖和半水栖的水獭共有十二种，它们（海獭除外，它被归类为海洋哺乳动物）广泛分布于除大洋洲和南极洲之外的世界各大洲。水獭长有柔软隔热的内层茸毛，并且受到外层长毛发的保护。这两层毛发能够共同吸附空气，保持身体的干燥并增加在水中的浮力。水獭非常擅长游泳，它们用长而结实的尾巴和蹼足在水中优雅地划水游动。

趾间有蹼。
水獭利用它修长的、流线型的身体在水中畅游。
北美獭前掌

北美獭

（学名：*Lontra canadensis*）
北美獭分布于美国东部、西部和加拿大，生活在沼泽、河流、湖泊和其他淡水水体沿岸挖掘的洞穴内。北美獭在陆地上和水中都能够自由活动，但在水中捕食鱼、贝类、青蛙、蝾螈和小龙虾。
体长：1米（头和身体）
体重：14千克
保护状况：无危

臭鼬科

臭鼬

臭鼬是一种小型哺乳动物，臭鼬科共有十二种，它们因在受到威胁时会从尾巴底部的腺体中释放出一种难闻的分泌液而闻名。这种分泌液有强烈的刺激性气味，眼睛接触后会产生刺痛感。臭鼬是夜行性动物，它们在岩石下、木头中或地下挖掘筑巢并居住。臭鼬会在夜间出来捕猎或觅食，一般挖掘昆虫幼虫和蚯蚓作为食物，也以蜥蜴、青蛙和蛇为食。臭鼬特别爱吃蜜蜂，它会抓起蜂巢，当蜜蜂从巢中出来时吃掉它们。它们的皮毛很厚，可以保护自身免受蜜蜂蜇咬。

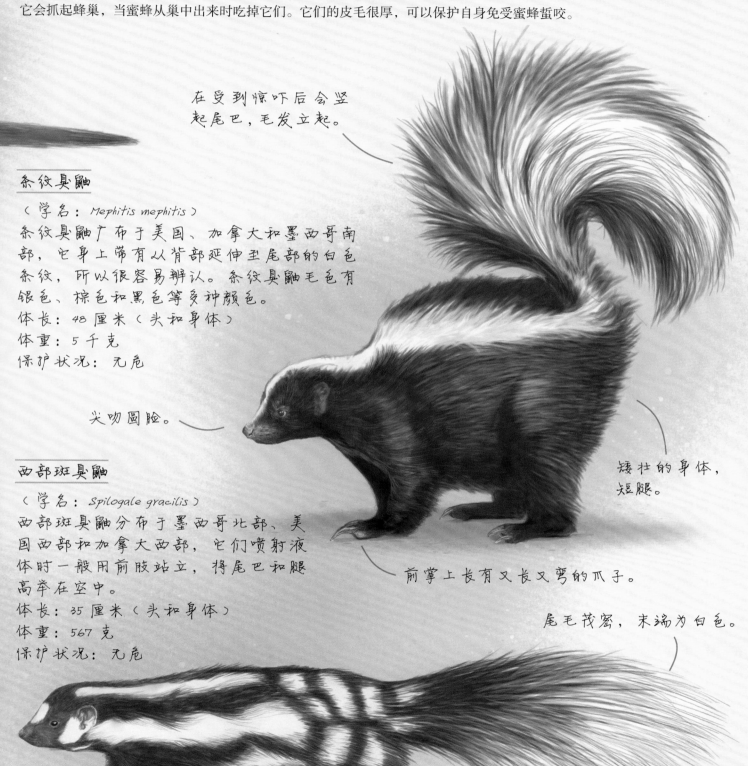

条纹臭鼬

（学名：*Mephitis mephitis*）

条纹臭鼬广布于美国、加拿大和墨西哥南部，它身上常有从背部延伸至尾部的白色条纹，所以很容易辨认。条纹臭鼬毛色有银色、棕色和黑色等多种颜色。

体长：48 厘米（头和身体）

体重：5 千克

保护状况：无危

在受到惊吓后会竖起尾巴，毛发立起。
尖吻圆脸。
矮壮的身体，短腿。
前掌上长有又长又弯的爪子。

西部斑臭鼬

（学名：*Spilogale gracilis*）

西部斑臭鼬分布于墨西哥北部、美国西部和加拿大西部，它们喷射液体时一般用前肢站立，将尾巴和腿高举在空中。

体长：35 厘米（头和身体）

体重：567 克

保护状况：无危

尾毛茂密，末端为白色。
背部布满了黑白条纹和斑点。

真盲缺目（鼩鼱、鼹鼠、刺猬）

真盲缺目是由包含三百多种鼩鼱的鼩鼱科，包含四十二种鼹鼠的鼹科以及包含十七种刺猬的刺猬科组成的。真盲缺目动物以无脊椎动物、昆虫、蚯蚓和植物为食。它们的共同特征是：吻部多细尖，能灵活地活动，用于定位和捕获猎物。

目：真盲缺目

种类：约442种

体长：从2.5厘米（小臭鼩）到25厘米（刺猬）

体重：从2克（小臭鼩）到907克（刺猬）

地理分布：北美洲、欧洲、亚洲、非洲

栖息地：寒冷温和的气候

概述：之前真盲缺目动物因其饮食习惯一直被归为食虫目，真盲缺目动物占所有陆地哺乳动物种类的10%。

刺猬科

刺猬

刺猬是一种喜欢在夜间活动的小型哺乳动物，背上长有刺。这些刺是它们保护自己的工具，与豪猪的刺很相像，但不同的是，刺猬的刺不带倒钩，而且即使与捕食者接触也不易脱落。当刺猬受到威胁时，会蜷成一团，让刺都朝向外侧。

刺猬

（学名：*Erinaceus europaeus*）

刺猬分布于欧洲和俄罗斯东部的部分地区，是独居动物。它们的栖息地范围很广，包括草地、牧场，甚至是人类居住区。

体长：25厘米（头和身体）

体重：907克

保护状况：无危

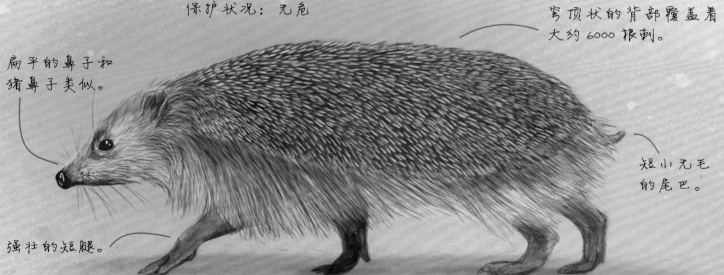

穹顶状的背部覆盖着大约6000根刺。
扁平的鼻子和猪鼻子类似。
短小无毛的尾巴。
强壮的短腿。

鼹科

鼹鼠

鼹鼠是一种小型穴居哺乳动物，擅长挖掘，并完全适应地下的生活方式。由于长期生活在地下，很少用到眼睛，因此大多数种类的鼹鼠眼睛退化，前肢变大，长长的爪子适于挖掘。鼹鼠主要分布于北美洲、欧洲和亚洲。

星鼻鼹

（学名：*Condylura cristata*）
星鼻鼹分布于北美洲东部，它们利用鼻子周围的肉质触手“查看”周围的环境。
体长：18 厘米（头和身体）
体重：57 克
保护状况：无危

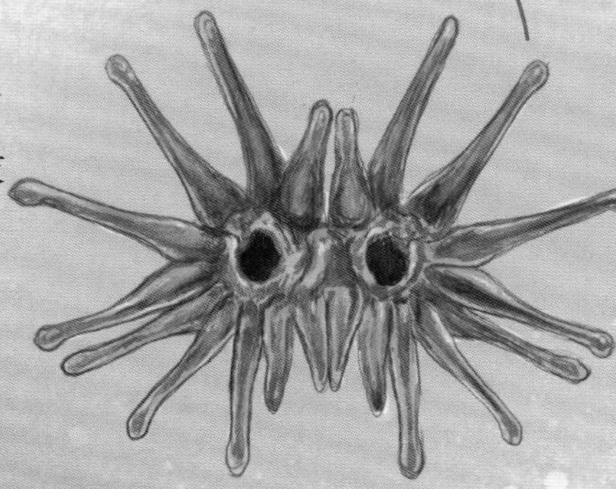
吃东西时柔软的肉质触手会盖住鼻孔。

星鼻鼹鼻子特写

星形的鼻子上覆盖着很多微小的触觉感受器，被称为“爱莫尔器官（Eimer's organs）”，可以用来感知周围环境、搜寻食物。

欠发达的小眼睛，视力较差。
后肢细小。
前肢较大，爪子适于挖掘。

鼩鼱科

鼩鼱

鼩鼱是一种类似老鼠（虽然它们之间没有亲缘关系）的毛茸茸的小型哺乳动物，生活在森林、灌木丛和草原等各种潮湿环境中。鼩鼱科中的小臭鼩（学名：*Suncus etruscus*）是世界上最小的哺乳动物，体长仅为 2.5 厘米，鼩鼱大多为独居动物，因为新陈代谢十分旺盛，所以非常活跃，一直处于外出觅食的状态。鼩鼱分布在全世界气候温暖的地区。

北短尾鼩鼱

（学名：*Blarina brevicauda*）
北短尾鼩鼱广布于北美洲中部和东部地区，是为数不多的有毒的哺乳动物之一。它们的唾液腺能分泌毒素，用于麻痹猎物。北美短尾鼩鼱每天的食量是自身体重的三倍。它们像蝙蝠一样，利用回声定位来寻找猎物。
体长：10 厘米（头和身体）
体重：28 克
保护状况：无危

小眼睛，且视力较差。
厚实的皮毛。
短尾。

兔形目（兔子、鼠兔）

兔形动物与啮齿动物相似，都有用于啃咬的门齿。与啮齿动物的不同之处在于，兔形动物的上颌有四颗门齿，而啮齿动物只有两颗。兔形目由兔子、野兔、鼠兔等共八十多个物种共同组成，它们都是陆栖动物。

目： 兔形目

种类： 约80种

体长： 从15厘米（极北鼠兔）到75厘米（欧洲野兔）

体重： 从100克（极北鼠兔）到7千克（欧洲野兔）

地理分布： 除大洋洲和南极洲外的世界各大洲

栖息地： 从山区到草原，适合各种气候条件

概述： 20世纪之前，兔形动物曾一度被归类为啮齿动物。

兔子

兔子是兔科小型哺乳动物。它们大多以群体的形式居住在洞穴中，栖息地范围广泛，包括林地、草地、沙漠。兔子分布在南美洲、北美洲、东南亚和日本。像它们的近亲野兔一样，强健的后肢是兔子跳跃的利器，而前肢可以帮助它们平稳着陆。

佛罗里达棉尾兔

（学名：*Sylvilagus floridanus*）
佛罗里达棉尾兔分布于北美洲，是新大陆数量最多的兔子物种。被追逐时，它能够以每小时32千米的速度按照“之”字形路线奔跑。
体长：48厘米（头和身体）
体重：907克
保护状况：无危

又长又高的耳朵，用于侦察周围的环境。
皮毛又软又厚。
因其毛茸茸的白色尾巴而得名。

野兔

野兔和兔子非常相似，不同之处在于，刚出生的野兔幼崽全身有毛，眼睛也能看见，而兔子刚出生时，眼睛未睁，全身无毛。与兔子相比，野兔通常体形较大，独居生活。野兔属于兔科，共有三十二种。

草兔

（学名：*Lepus capensis*）
草兔分布于非洲、阿拉伯和印度，它们栖息在从沿海平原到山地的干旱地区。草兔是夜行性动物，主要以草和灌木为食。
体长：56 厘米（头和身体）
体重：2 千克
保护状况：无危

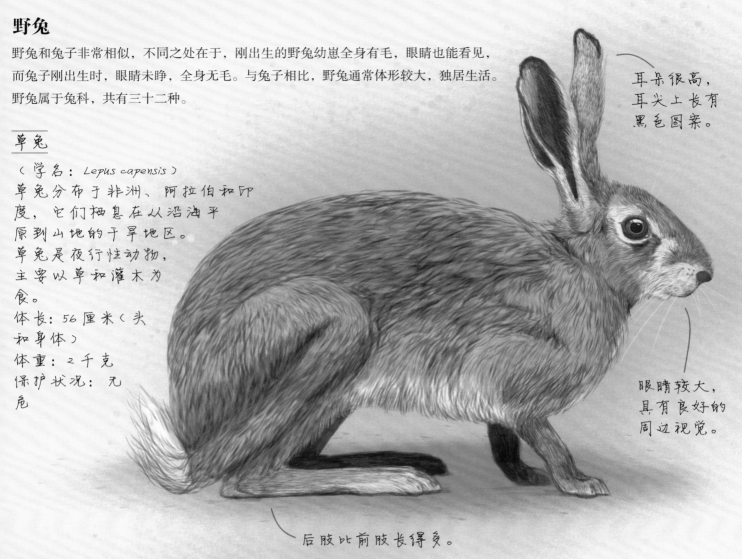

耳朵很高，耳尖上长有黑色图案。
眼睛较大，具有良好的周边视觉。
后肢比前肢长得多。

鼠兔

鼠兔是兔形目中最小的动物，体长只有 20 厘米。鼠兔分布在北美洲、东欧和亚洲的高海拔山地地区（它们偏爱岩质山坡）。鼠兔是食草动物，它们以草、苔藓、林木的嫩枝、地衣为食。鼠兔是群居动物，它们用一系列高分贝的尖叫声来发出警告或告知同伴自己所在的位置。鼠兔共有三十种。

圆耳。
矮胖的、椭圆形的躯干。
短腿，低重心。

魅鼠兔

（学名：*Ochotona princeps*）
魅鼠兔分布于美国西北部和加拿大西南部，喜欢在白天活动。它们在碎石堆下或倒下的树木中筑巢，并将过冬的食物储存在那里。
体长：20 厘米（头和身体）
体重：170 克
保护状况：无危

奇蹄目（奇蹄动物）

奇蹄动物属于奇蹄目，因其趾（蹄）数多为单数而得名。另外，奇蹄动物还有一个重要特征，就是它们的胃构造简单，为单室胃，它们的胃只用来消化草、叶和其他植物部分。奇蹄目可分为三科：包括马、斑马和驴在内的马科，包含貘的貘科，包含犀的犀科。

目：奇蹄目

种类：17种

体长：从1.3米（卡波马尼貘）到4.2米（白犀）

体重：从109千克（卡波马尼貘）到2268千克（白犀）

地理分布：中美洲和南美洲，非洲东部和南部，中亚和南亚

栖息地：热带雨林、干旱的热带稀树草原以及开阔的平原

概述：白犀是陆地上仅次于大象的第二大哺乳动物。另外，实际上，斑马是长着白条纹的黑马，而不是长着黑条纹的白马。

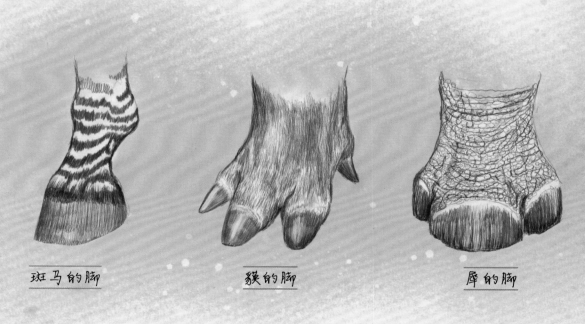

斑马的脚

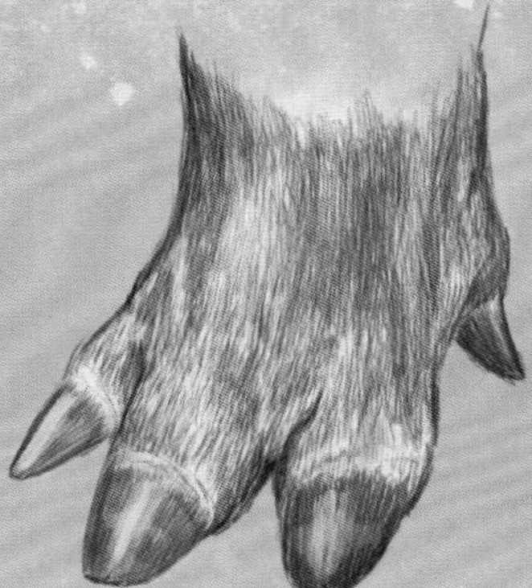

貘的脚

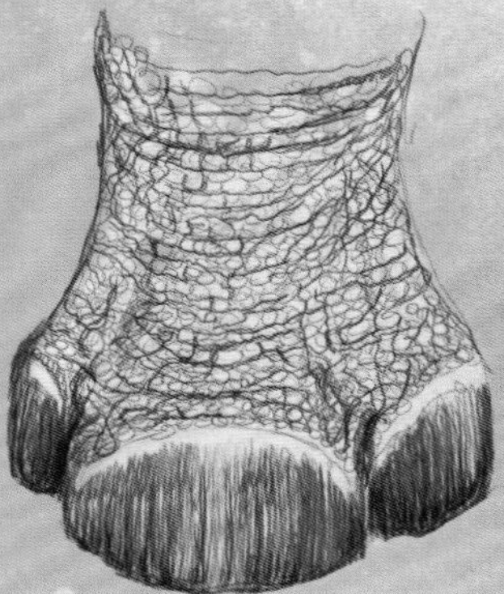

犀的脚

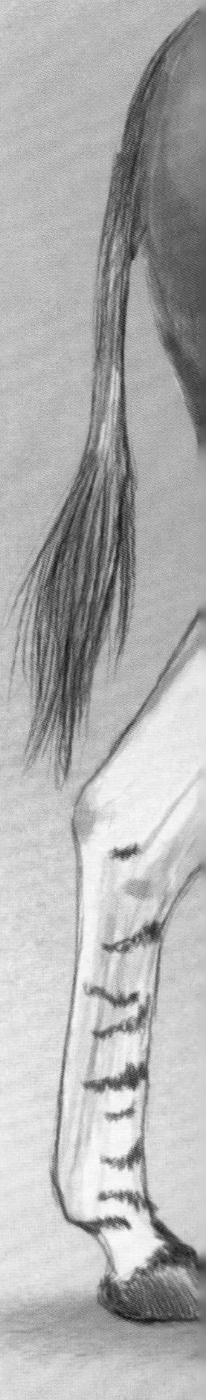

奇蹄动物的脚

奇蹄动物的趾数是奇数，为一个或三个，不过貘除外，它的前肢有四趾，第四趾不着地。动物大部分的重量由位于中间较大的脚趾承担，外侧的脚趾起辅助支撑作用。

马科

驴

包括马、驴和斑马在内的很多广为人知的动物都属于有蹄类动物中的马科，它们每只脚都有一个脚趾，特化为蹄。它们分布于非洲、阿拉伯半岛和中亚。包括马在内的很多物种被引进到了新大陆并适应了那里的野外生活。马科动物共有七种，都属于马属。

非洲野驴

（学名：*Equus africanus*）

非洲野驴产于厄立特里亚、埃塞俄比亚和索马里等非洲国家，它被认为是家驴的祖先。非洲野驴曾经广泛分布于非洲的大部分地区，但现在仅存活于极少数地区，野外仅存500匹。它们以草和树叶为食。

体长：1.6米（头和身体）

体重：272千克

保护状况：极危

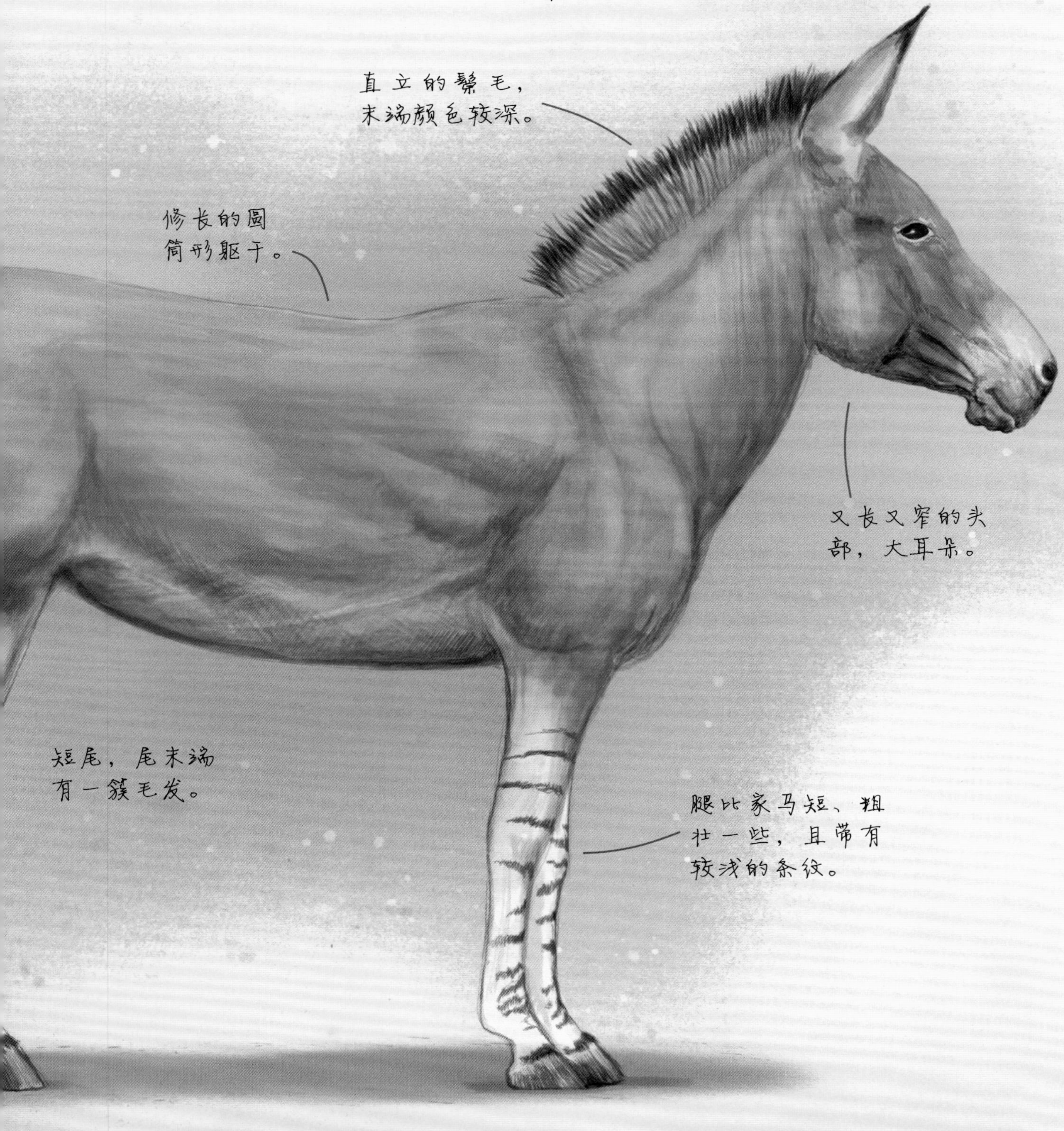

直立的鬃毛，末端颜色较深。
修长的圆筒形躯干。
又长又窄的头部，大耳朵。
短尾，尾末端有一簇毛发。
腿比家马短、粗壮一些，且常有较浅的条纹。

斑马

现存的斑马分为三种：山斑马、普通斑马和狭纹斑马。每一匹斑马的条纹都是独特的，类似于人类的指纹。据说，斑马身上的黑白斑纹可以用来迷惑接近斑马群的捕食者，让它们难以选择攻击的对象。斑马是群居动物，通常是由一匹雄性和几匹雌性组成小群体共同迁徙。这些小群体又一起组成了数以千计的大斑马群，提供数量上的保护。斑马几乎只吃草，它们站着睡觉，轮流警戒捕食者。

格兰特斑马

（学名：*Equus quagga boehmi*）

格兰特斑马分布于撒哈拉以南非洲和东非，是平原斑马（学名：*Equus quagga*）的一个亚种，也被称为普通斑马。这种斑马与其他亚种的区别在于，它们是塞伦盖蒂—马拉生态系统的一部分。格兰特斑马身上的条纹比其他品种宽一些。

体长：2.1米（头和身体）

体重：299千克

保护状况：无危

条纹一直延伸到鬃毛上。
短尾。
腿上的斑纹颜色逐渐变浅，到脚踝处变成纯白色。
腿比其他种类斑马的短。
深色的蹄。

狭纹斑马

（学名：*Equus grevyi*）

狭纹斑马分布于肯尼亚和埃塞俄比亚，是所有斑马中体形最大的一种。它们因一直延伸到蹄部的繁复密集的条纹而闻名。狭纹斑马与其他斑马的不同之处在于，它们不成群，很少与其他斑马形成固定的社会关系。

体长：2.7 米（头和身体）

体重：449 千克

保护状况：濒危

细细的黑白条纹。
大头圆耳。
躯干下侧
没有斑纹。
斑纹从长腿一直延
伸到脚踝。
浅色的蹄。

貘科

貘

貘因其庞大的体形以及可以抓握的较短的鼻而著称。貘共有五种，其中四种在南美洲，一种在亚洲。貘生活在干燥的森林环境里，但通常邻近淡水体，因为它们需要在水中游泳以保持凉爽，并以其中的水生植物为食。貘也吃水果、浆果和树叶，它们一天可以吃 39 千克的植物。貘大多在夜间活动，倚仗庞大的身躯和厚实的皮肤，它们几乎没有天敌。

亚洲貘

（学名：*Tapirus indicus*）

亚洲貘别称马来貘、印度貘，分布于印度尼西亚、泰国和马来西亚。亚洲貘身上带有独特的鞍形黑白图案，因此很容易辨认。它们是貘中体形最大的物种，也是亚洲唯一幸存的成员。貘生活在茂密的热带雨林中，它们利用敏锐的嗅觉在那里寻找水果和树叶作为食物。

体长：2.6 米（头和身体）

体重：454 千克

保护状况：濒危

所有成年貘身上都有鞍形图案。
身体上覆盖着短而浓密的毛发。
圆耳，耳尖为白色。
长而多肉的吻覆盖在门齿上面，很像上唇。
分开的蹄能够走在多岩石、不平坦的路上。

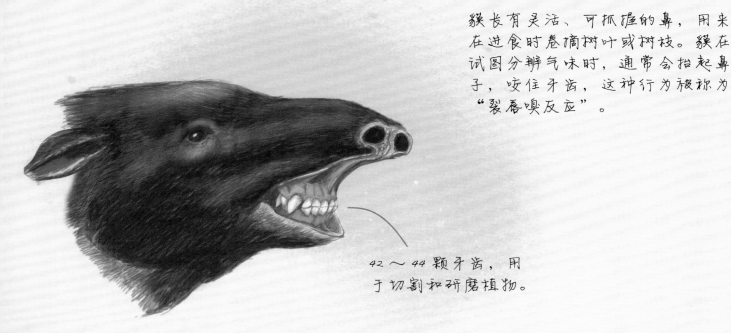

貘长有灵活、可抓握的鼻，用来在进食时卷摘树叶或树枝。貘在试图分辨气味时，通常会抬起鼻子，咬住牙齿，这种行为被称为“裂唇嗅反应”。

42～44颗牙齿，用于切割和研磨植物。

南美貘

（学名：*Tapirus terrestris*）

南美貘分布于亚马孙热带雨林和南美洲的江河流域，它们又被称为低地貘和巴西貘，非常擅长游泳。它们大部分时间生活在河流和湖泊中，并在水中觅食。南美貘离开水后在陆地上也能奔走自如。

体长：2.4米（头和身体）

体重：222千克

保护状况：易危

脖子上长有短鬃毛。

所有种类貘的幼崽在出生时身上都带有条纹和斑点状的花纹，可以起到伪装、保护的作用。随着长大，这些花纹会逐渐消失。

犀科

犀牛

犀牛最容易辨认的特征就是它们巨大的身躯以及从头上长出的大角。犀牛是陆地上的第二大哺乳动物（仅次于大象），非洲有两种（白犀和黑犀），亚洲有三种（爪哇犀、印度犀和苏门答腊犀）。犀牛的角是由角蛋白而非骨头组成的，与趾甲的组成成分相同。犀牛在求偶或自我防卫时，会将角作为武器进行争斗。不幸的是，犀牛因为角而遭到捕杀，这导致它们濒临灭绝。

白犀

（学名：*Ceratotherium simum*）

白犀分布于非洲南部，是所有犀牛中体形最大的。不过虽然名为白犀，但并不意味着它们是白色的，据悉，这是对荷兰语“宽”的误读，指的是它们又宽又方的口部。

体长：3.9米（头和身体）

体重：2268千克

保护状况：近危

垂直的头部，方便吃到低矮树枝上的叶子。
又长又尖的角，长度可达127厘米。
短粗有力的腿。
头部的位置较低，长有呈方形的宽嘴唇，方便吃草。

黑犀

（学名：*Diceros bicornis*）

黑犀分布于非洲东南部，如此命名只是为了与白犀区分，并不代表它的颜色是黑色。黑犀的栖息环境与白犀很相似。两者的不同之处在于，黑犀的嘴唇形状呈三角形，专门用于从树上取食树叶。

体长：3.6 米（头和身体）

体重：1361 千克

保护状况：极危

印度犀

（学名：*Rhinoceros unicornis*）

印度犀分布于印度次大陆北部，又名大独角犀，是体形第二大的犀牛。与非洲犀的区别在于印度犀的躯干周围包裹着厚厚的、凹凸不平的“盔甲”。它们只有一个角。

体长：3.8 米（头和身体）

体重：2177 千克

保护状况：易危

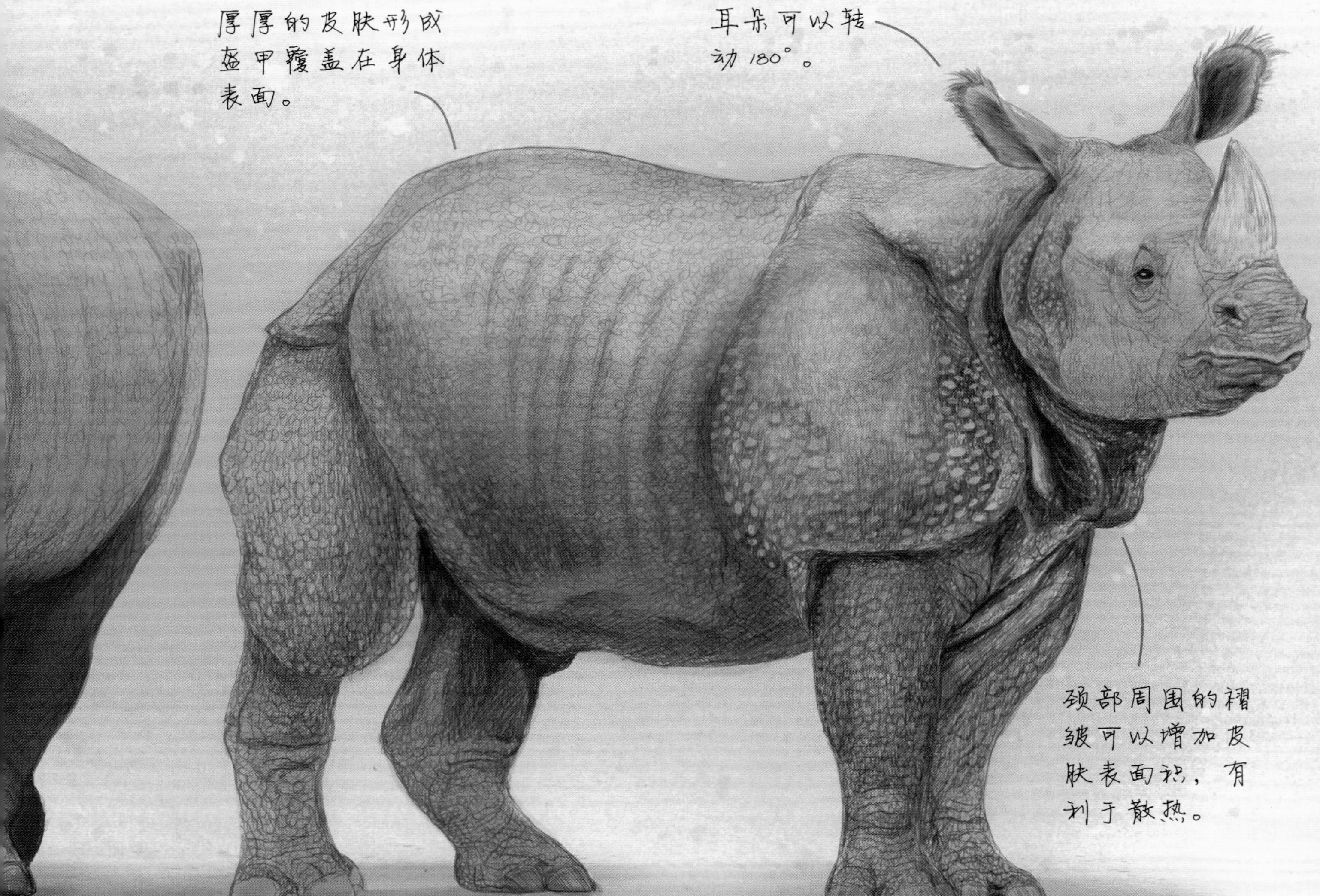

厚厚的皮肤形成盔甲覆盖在身体表面。
耳朵可以转动 180°。
颈部周围的褶皱可以增加皮肤表面积，有利于散热。

啮齿目（啮齿动物）

啮齿目是陆地哺乳动物中最大的目，其特征是上下颌各有两颗会持续生长的门齿，它们必须不断地将门齿磨短以防其过度生长。啮齿动物一般具有敏锐的视觉、嗅觉和听觉，以收集食物和躲避捕食者，它们都有一种名为“触须”的长胡须，作为附加的感觉器官用来感知嘴部周围的环境。啮齿动物可以分为三大类：类似老鼠的啮齿动物为鼠形亚目，类似松鼠的啮齿动物为松鼠形亚目，类似豪猪的啮齿动物为豪猪亚目。

目： 啮齿目

种类： 约2277种

体长： 从4.3厘米（俾路支侏儒跳鼠）到1.2米（水豚）

体重： 从4克（俾路支侏儒跳鼠）到66千克（水豚）

地理分布： 除南极洲外的世界各大洲

栖息地： 从冻土带到干燥的沙漠，它们几乎适应所有的环境

概述： 啮齿动物的种数占哺乳动物的40%。啮齿动物已经适应了包括人类居住地在内的所有栖息环境。

小鼠

老鼠的特征是小而尖的鼻子以及长而无毛的尾巴，主要分为新大陆和旧大陆两类，共有一百多种。

大鼠

虽然大鼠常用来泛指小到中型的啮齿动物，但真正的大鼠属于鼠科，共有约七十种，它们的食物范围十分广泛，几乎可以吃任何有机物质。

林姬鼠

（学名：*Apodemus sylvaticus*）

分布于欧洲和非洲西北部。

体长：8.9厘米（头和身体）

体重：14克

保护状况：无危

褐家鼠

（学名：*Rattus norvegicus*）

分布于除南极洲外的世界各大洲。

体长：20厘米（头和身体）

体重：340克

保护状况：无危

鼠形亚目（类似老鼠的啮齿动物）

鼠形亚目动物通常体形较小，颌骨结构独特，咀嚼肌发达，擅长啃咬。鼠形亚目包括小鼠、大鼠、仓鼠、沙鼠、囊鼠、田鼠，共有约一千一百种。

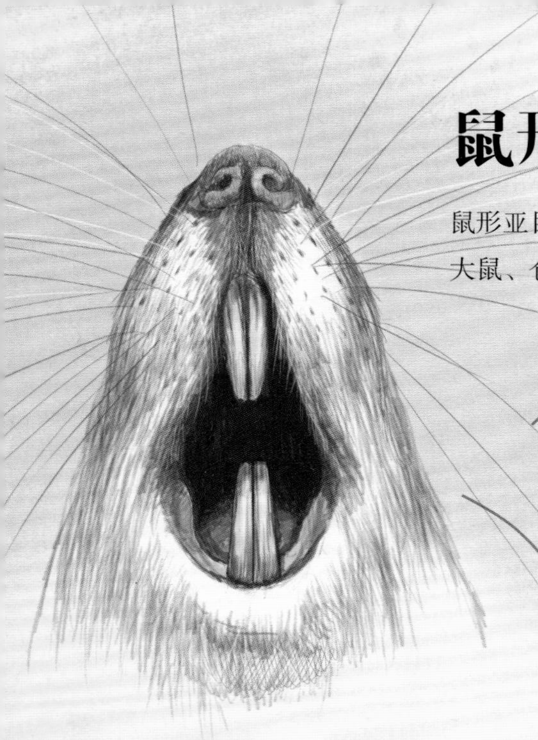
触须，用于感知嘴部周围的环境和搜寻食物。
长长的门齿是啮齿动物的典型特征。

跳鼠

跳鼠因其像袋鼠一样跳跃行动而闻名。它们是生活沙漠里的夜行性动物，白天在炎热的洞穴中，晚上才会出来。跳鼠以草、树叶和柔软的种子为食。

四趾跳鼠

（学名：*Allactaga tetradactyla*）
分布于埃及和利比亚干燥的沙漠环境。
体长：20 厘米
体重：170 克
保护状况：易危

囊鼠

囊鼠是小型穴居哺乳动物，皮毛通常为棕色，与土壤颜色相同，方便它们伪装自己并躲避猎食者。

博塔囊鼠

（学名：Thomomys bottae）
博塔囊鼠分布于北美洲西部，它们大部分时间都待在洞穴内，它们用牙齿挖洞，其洞穴深度可达 1.5 米，有多个“房间”分别用来居住和储存食物。
体长：27 厘米（头和身体）
体重：340 克
保护状况：无危

大耳朵。
用来跳跃的长而有力的腿。

相对体形来说牙齿很大。
短而无毛的尾巴。

松鼠形亚目（类似松鼠的啮齿动物）

啮齿目松鼠形亚目包括三个科：松鼠科、山河狸科和睡鼠科。它们具有相似的头骨结构，颌骨上都有咀嚼肌附着。松鼠形亚目动物的体形不一，体长在 7.5 厘米（非洲侏儒松鼠）～ 89 厘米（美洲河狸）之间。

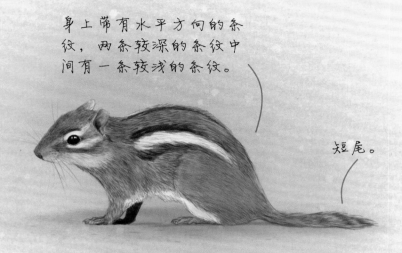

身上带有水平方向的条纹，两条较深的条纹中间有一条较浅的条纹。
短尾。

花鼠

花鼠也称花栗鼠，因其在栖息地储存食物和播撒种子而闻名。它们在地面上觅食，也会爬到树上寻找食物，主要以种子、坚果和水果为食，也吃昆虫、小青蛙和鸟蛋。

东美花鼠

（学名：*Tamias striatus*）

东美花鼠分布于北美洲东部，生活在树木繁茂的地区，也喜欢岩石地带，因为它们可以在那里找到躲避猎食者的隐身之所。

体长：15 厘米（头和身体）

体重：142 克

保护状况：无危

松鼠

除旱獭以外，松鼠大多是树栖的啮齿动物。它们主要以种子和坚果为食，也吃一些昆虫和小型爬行动物作为营养补充。松鼠共有二百八十五种。

毛茸茸的大尾巴的长度与体长相当。
眼睛较大，具有良好的周边视觉。
踝关节十分灵活，可以转动 180°。

北美灰松鼠

（学名：*Sciurus carolinensis*）

北美灰松鼠分布于北美洲东部，是晨昏性动物，在清晨和傍晚更为活跃。它们通过尾巴进行交流，如挥动尾巴是向同伴发出的危险警报。如果它们在被猎食者追捕时被抓住，为了避免被俘获，它们可以断离部分皮毛或椎骨。

体长：28 厘米（头和身体）

体重：567 克

保护状况：无危

身体笨重，
腿较短。
毛茸茸的短尾。

旱獭

旱獭共有十五种，属于松鼠科，与犬鼠（土拨鼠）、花鼠等为近亲。它们是完全的陆栖动物，栖息在山地地区。旱獭一般生活在洞穴中，是高度社会化动物。它们通过类似口哨声的叫声进行交流，因此也叫“口哨猪”。

黄腹旱獭

（学名：*Marmota flaviventris*）
黄腹旱獭分布于美国西部和加拿大西南部，以草、谷物、蚱蜢和鸟蛋为食。
体长：51 厘米（头和身体）
体重：5 千克
保护状况：无危

河狸

河狸是啮齿目松鼠形亚目中体形最大的动物，它们分为两类：美洲河狸和欧亚河狸。河狸因其半水栖的生活方式以及用来咬断树木的强有力的颌和牙齿而闻名。河狸建造的水坝可以保护自己免受猎食者的伤害，还能用来储存食物。河狸是高度社会化的哺乳动物。

牙齿含铁，
因此呈橙色。
防水的
皮毛。
扁平的桨状长尾巴，
可以辅助游泳。

美洲河狸

（学名：*castor canadensis*）
美洲河狸分布于美国和加拿大，以草、树皮、水生植物和蕨类植物为食。
体长：89 厘米（头和身体）
体重：36 千克
保护状况：无危

豪猪亚目（类似豪猪的啮齿动物）

豪猪亚目的啮齿动物共有二百三十种，其中包括最大的啮齿动物水豚。但并不是所有的豪猪亚目动物都是大体形的，其中豚鼠、裸鼹鼠、南美洲栗鼠就是小型啮齿动物。豪猪亚目动物广布于北美洲、南美洲、非洲和亚洲。

刺豚鼠

刺豚鼠是一种分布于中美洲和南美洲的大型啮齿动物。它们是陆栖动物，奔跑速度很快，为了躲避捕食者，能够跳跃 2 米的距离。

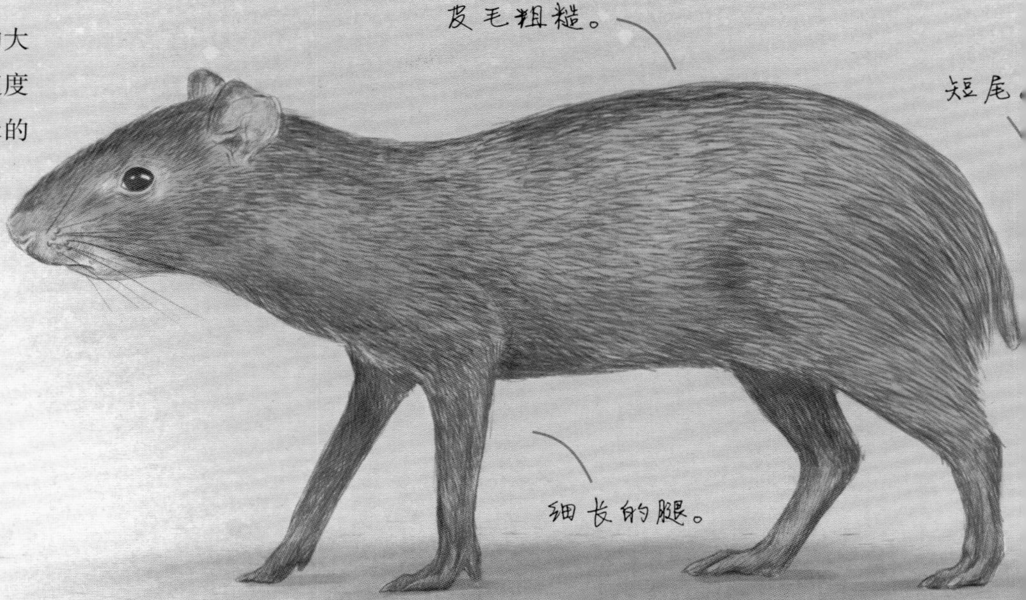

皮毛粗糙。
短尾。
细长的腿。

刺豚鼠

（学名：*Dasyprocta punctata*）
刺豚鼠分布于墨西哥南部和中美洲，以水果和种子为食。
体长：61 厘米（头和身体）
体重：4 千克
保护状况：无危

大大的尖耳朵。
四肢较长，奔跑速度较快。
后肢比前肢长。

长耳豚鼠

长耳豚鼠外形很像兔子和鹿的结合体，不过它与这两者之间并没有亲缘关系。长耳豚鼠属于豚鼠科，体形仅次于水豚、豪猪和河狸，是第四大啮齿动物。

阿根廷长耳豚鼠

（学名：*Dolichotis patagonum*）
阿根廷长耳豚鼠分布于阿根廷西南部，主要以植物和水果为食。
体长：76 厘米（头和身体）
体重：16 千克
保护状况：近危

豪猪

豪猪共有二十九种，分为新大陆豪猪和旧大陆豪猪两大类。关于豪猪最广为人知的是它们会为了保护自己将刺插在捕食者的脸上。豪猪是第二大啮齿动物，它们是纯陆栖动物。

非洲冕豪猪

（学名：*Hystrix cristata*）

非洲冕豪猪分布于意大利、北非和撒哈拉以南非洲，以树根和蔬菜为食。

体长：84 厘米（头和身体）

体重：27 千克

保护状况：无危

长而浓密的毛发。
背部长有长长的空心刺，刺的末端带倒钩。
短粗有力的腿。

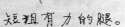

水豚

水豚是一种大型的半水栖啮齿动物，生活在淡水湖、小溪和河流附近的森林茂密地区。它们是群居动物，种群数量 10 ~ 20 只。水豚在水中和在陆地上一样敏捷，它们主要以水生植物和水果为食。

水豚

（学名：*Hydrochoerus hydeochaeris*）

分布于南美洲的大部分地区。

体长：1.2 米（头和身体）

体重：66 千克

保护状况：无危

圆筒形的躯干。
宽鼻。
后肢较长。

长鼻目（大象）

大象是陆地上最大的哺乳动物，分为两种：非洲象和亚洲象，它们都属于长鼻目。除庞大的身躯外，鼻子是大象最显著的特征。大象的鼻子由三万多块肌肉组成，非常柔软、灵活，具有很多功能。大象的鼻子可以用来做任何事情，拾取食物、喝水，甚至爱抚它们的幼崽。大象是高度社会化的动物，而且它们非常聪明，能够表达如同情、悲伤、快乐等多种情感。大象的族群是由雌象和它们的幼崽以及其他有血缘关系的雌象共同组成，家族数量在 10 只左右，由一只雌象（通常是最年长的雌象）担任族长。大象是食草动物，主要以草、水果和树叶为食，它们每天可以消耗几百千克的植物。

目：长鼻目

种类：2种

体长：从6米（亚洲象）到7.3米（非洲象）

体重：从2722千克（亚洲象）到5897千克（非洲象）

地理分布：撒哈拉以南非洲、南亚、东南亚

栖息地：沙漠、森林、热带稀树草原和沼泽

概述：现存与大象亲缘关系最近的是海洋哺乳动物——海牛。刚出生的小象体重约为104千克。大象是唯一不会跳跃（四只脚同时离开地面）的哺乳动物。

亚洲象

亚洲象分布于东南亚，是两种大象中体形较小的一种，通常只有雄象有象牙（雌象有时会长出较小的象牙）。象牙通常被当作武器或者是扳倒树木、挖洞取水的工具。大象通常偏爱其中的一根象牙，所以它们不是“左撇子”就是“右撇子”。

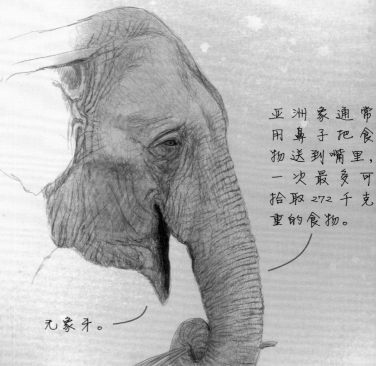

亚洲象通常用鼻子把食物送到嘴里，一次最多可拾取272千克重的食物。

无象牙。

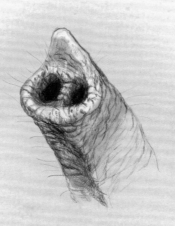

雌性亚洲象

亚洲象鼻末端有一个具有抓握功能的指状凸起。

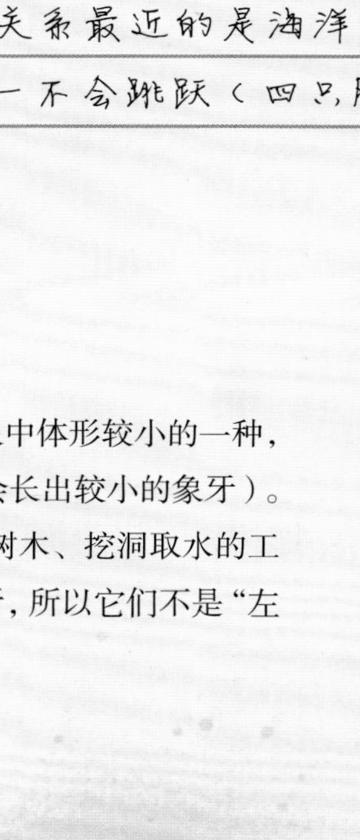

雄性亚洲象

（学名：*Elephas maximus*）
体长：6米（头和身体）
体重：2722千克
保护状况：濒危

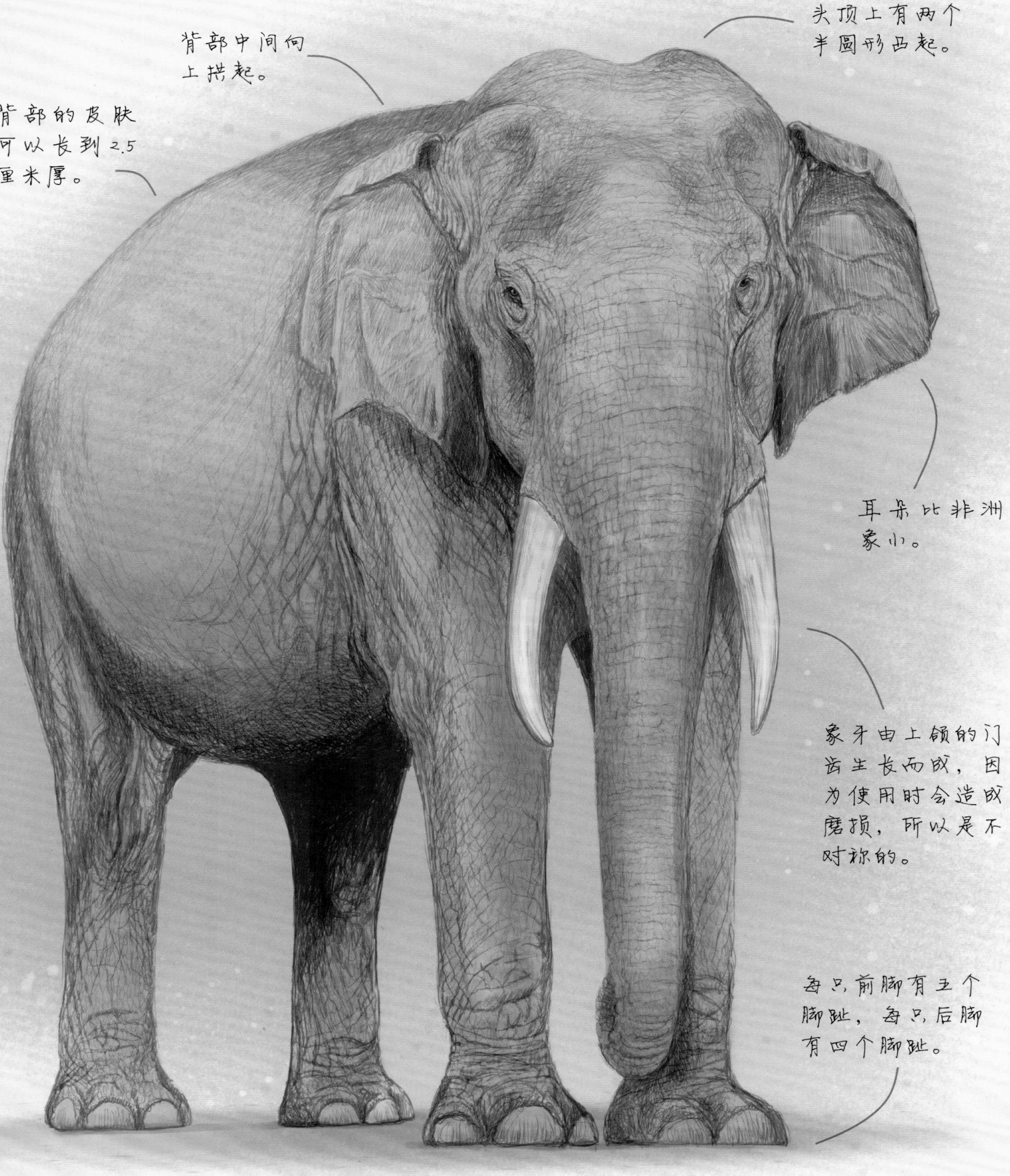
背部中间向上拱起。
头顶上有两个半圆形凸起。
背部的皮肤可以长到2.5厘米厚。
耳朵比非洲象小。
象牙由上颌的门齿生长而成，因为使用时会造成磨损，所以是不对称的。
每只前脚有五个脚趾，每只后脚有四个脚趾。

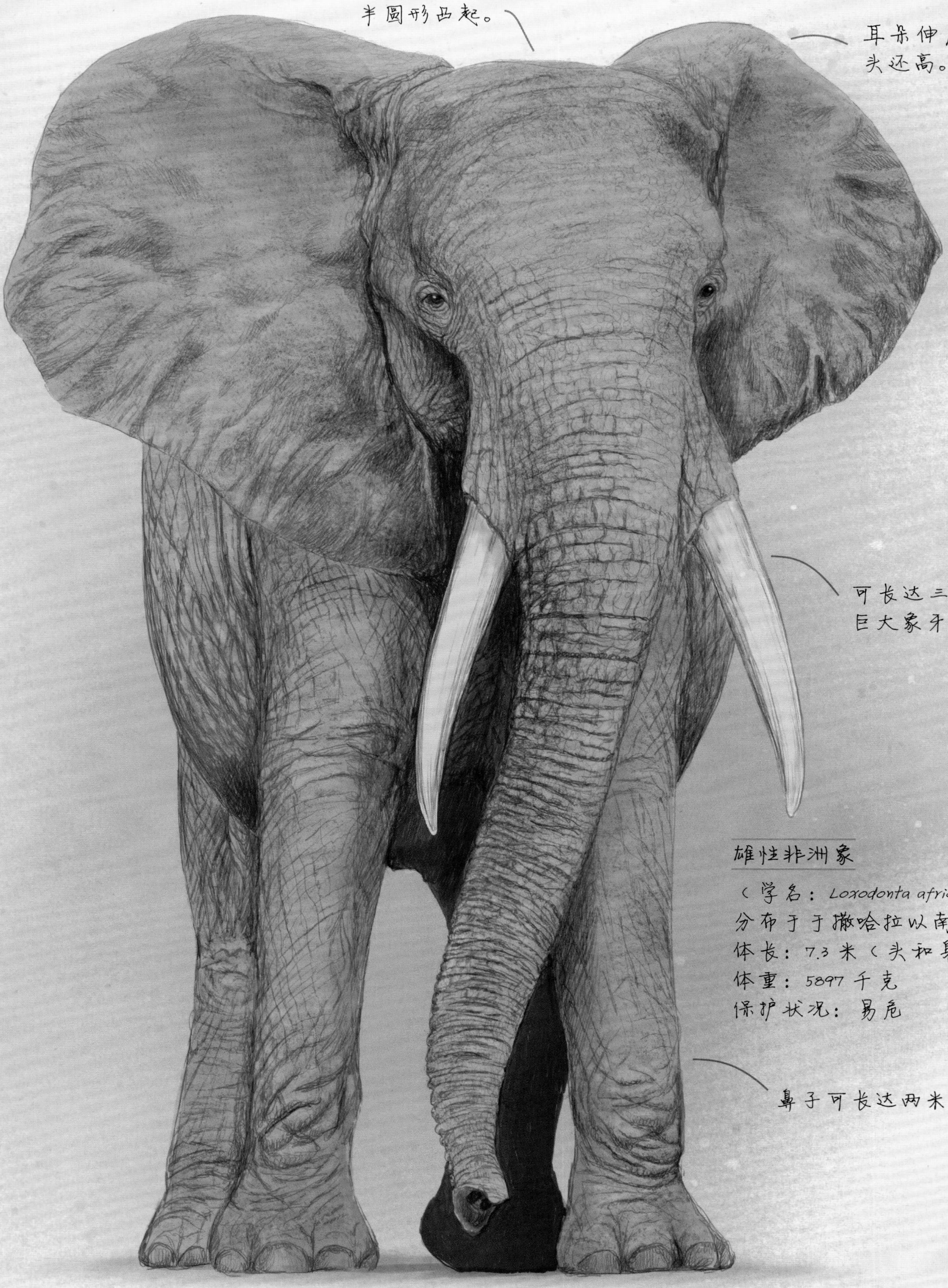
头顶上有一个半圆形凸起。
耳朵伸展到比头还高。
可长达三米的巨大象牙。
鼻子可长达两米。

雄性非洲象

（学名：*Loxodonta africana*）
分布于于撒哈拉以南非洲。
体长：7.3 米（头和身体）
体重：5897 千克
保护状况：易危

非洲象

非洲象是陆地上最大的哺乳动物。非洲象与亚洲象的区别在于，非洲象的耳朵更大，上面布满了毛细血管网，可以用来调节体温。在非洲天气太过炎热时，非洲象不会远离水源，因为它们需要洗澡降温。大象非常擅长游泳，潜入水中时会将鼻子作为通气管。非洲象的雌象和雄象都有象牙，不过，雄象的象牙通常会粗一些。

非洲象鼻末端有两个指状凸起，非常灵活，可以从地上捡起一颗浆果。

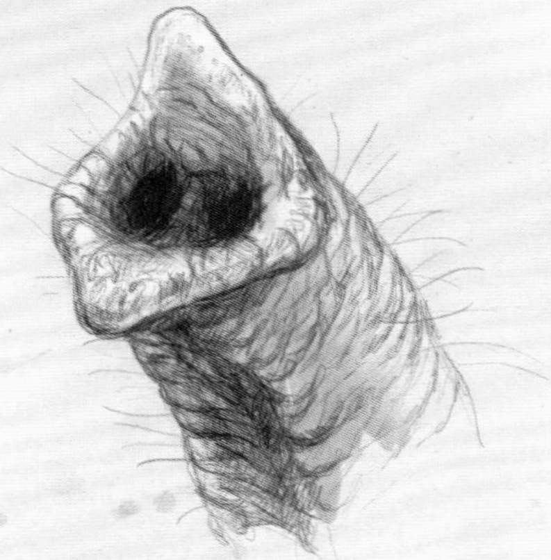

雌性非洲象

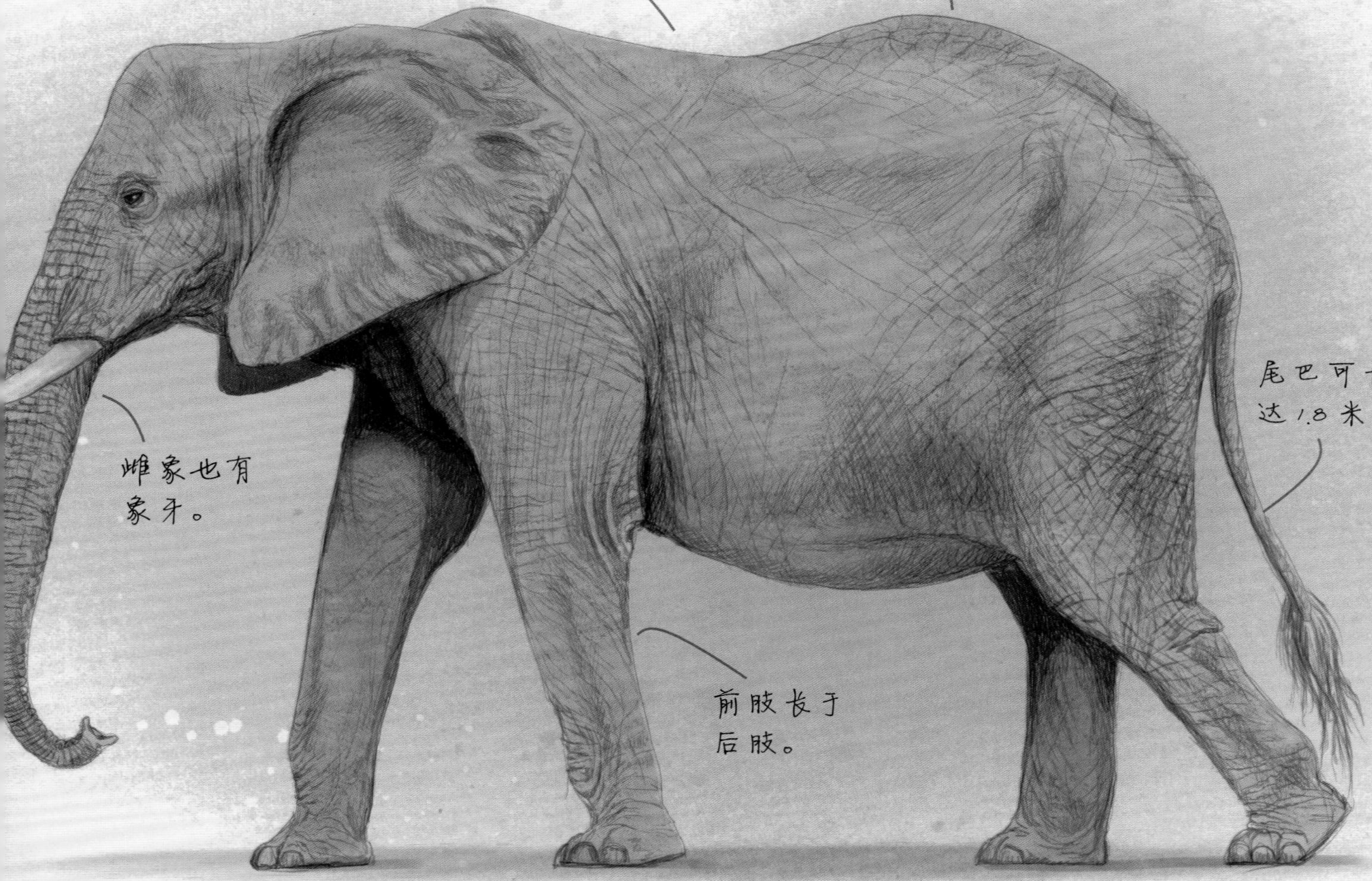
背部中间向下凹陷。
臀部是身体的最高点。
雌象也有象牙。
尾巴可长达1.8米。
前肢长于后肢。

偶蹄目（偶蹄动物）

顾名思义，偶蹄动物的显著特征就是每只脚的脚趾（蹄）数为偶数。偶蹄动物大多是食草动物，都拥有多个胃室，用于发酵和处理食物。猪、牛、山羊都属于偶蹄动物。偶蹄动物属于偶蹄目，由三个亚目和十个科组成。

目：偶蹄目

种类：约220种

体长：从46厘米（小鼷鹿）到5.4米（马赛长颈鹿）

体重：从7千克（小鼷鹿）到1814千克（马赛长颈鹿）

地理分布：除南极洲和澳大利亚外的世界各大洲（大洋洲的偶蹄动物是由人类引入的）

栖息地：包括北极苔原、热带雨林、干旱沙漠和开阔的草原在内的几乎所有的栖息地

概述：鲸豚类（鲸与海豚）与偶蹄动物有亲缘关系。几乎所有的偶蹄动物都有武器，这些武器可能是角也可能是獠牙。

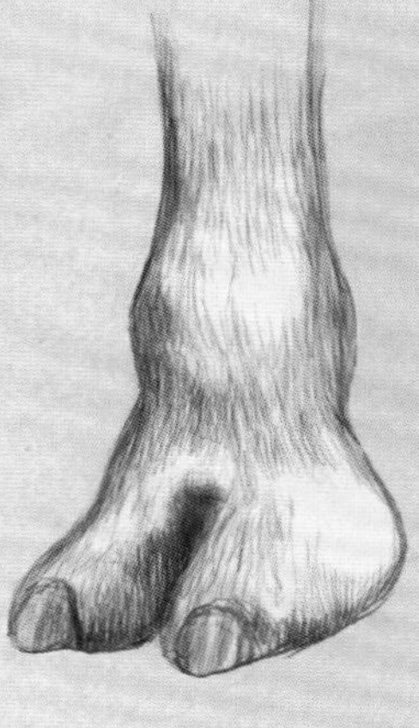

骆驼的脚

疣猪的脚

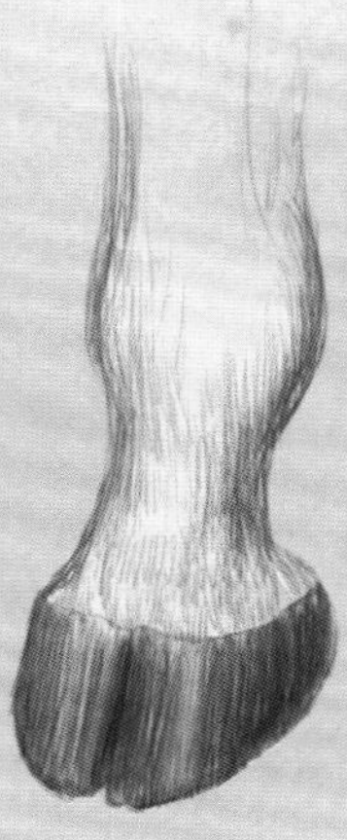

长颈鹿的脚

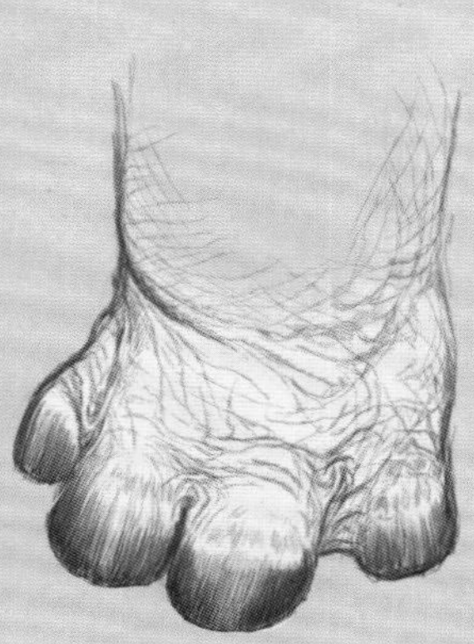

河马的脚

偶蹄动物的脚

偶蹄动物的脚有两蹄或四蹄。动物大部分的重量均匀地分布在中间的两个蹄上。这样的构造可适应一些特殊的地形，因此偶蹄动物既可以穿越沙漠也可以在水中跋涉。

骆驼科

骆驼

有蹄类动物中的骆驼科共有八种，包括骆驼、骆马（小羊驼）和羊驼。骆驼科的所有成员都是纯食草动物，以草和各种植物为食。骆驼为适应恶劣环境发生了一些特化，比如用于储备脂肪的驼峰和厚厚的皮毛。大多数偶蹄动物都有蹄，而骆驼科动物是唯一有趾甲的。

单峰驼

（学名：*Camelus dromedarius*）

单峰骆驼分布于非洲撒哈拉沙漠、中东以及澳大利亚，它们的背上有一个很大的用于储存脂肪的驼峰。此物种已完全被驯化，野外灭绝已经有两千多年了。

体长：3米（头和身体）

体重：599千克

保护状况：数据缺乏

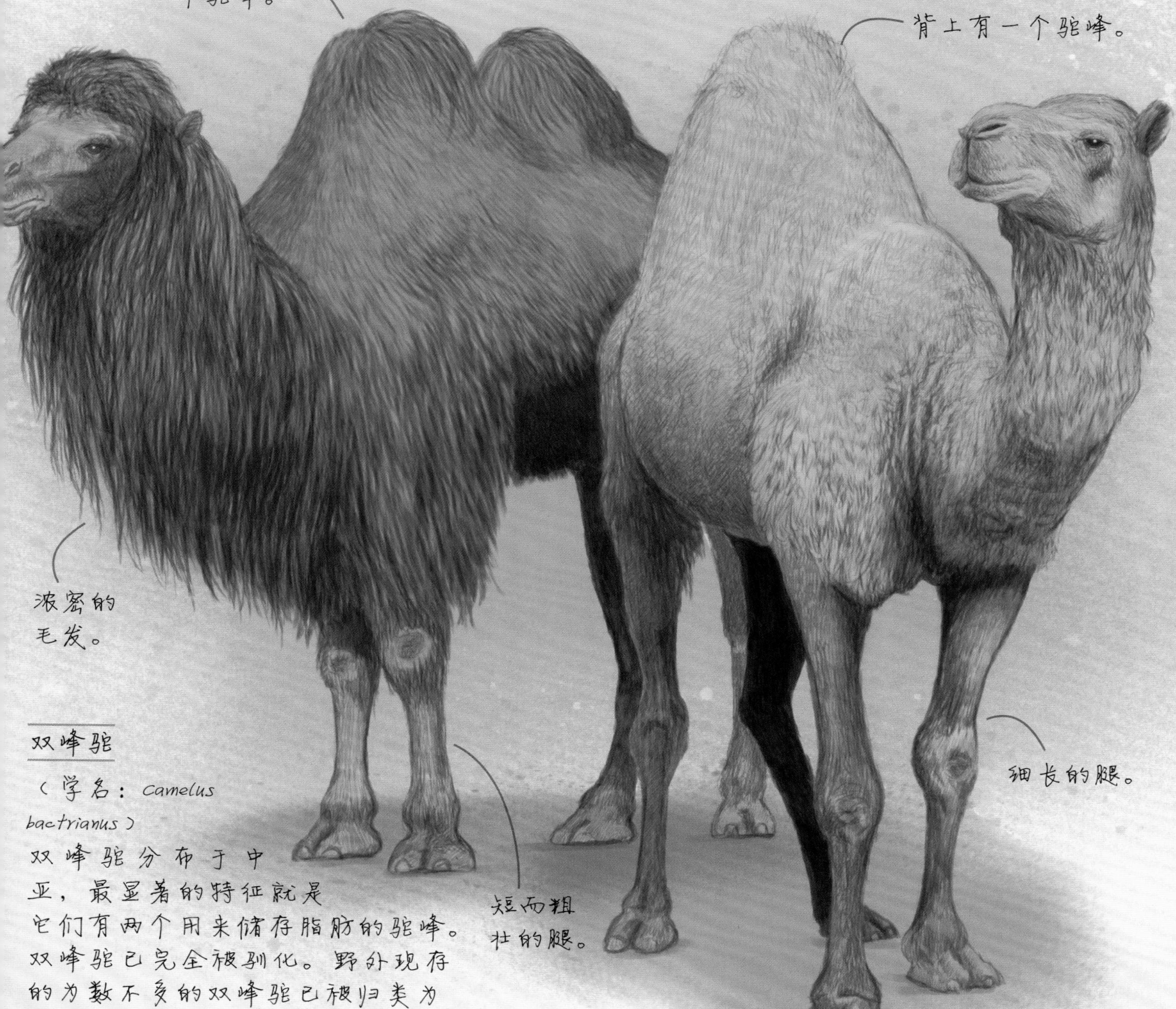

背上有两个驼峰。
背上有一个驼峰。
浓密的毛发。
细长的腿。
短而粗壮的腿。
又宽又圆的脚，适合在沙漠上行走。
两趾上长有小的趾甲。

双峰驼

（学名：*Camelus bactrianus*）

双峰驼分布于中亚，最显著的特征就是它们有两个用来储存脂肪的驼峰。双峰驼已完全被驯化。野外现存的为数不多的双峰驼已被归类为野骆驼（学名：*Camelus ferus*）。

体长：3.5米（头和身体）

体重：998千克

保护状况：数据缺乏

猪科

猪、疣猪、野猪

猪科共有十六种，包括猪、疣猪、野猪等，它们的共同特征是头和躯干较大，腿很短，脚有四趾（其中两趾接触地面），独特的圆鼻子。猪科动物通常比较聪明，并且拥有发达的听觉和敏锐的嗅觉。它们是多胎动物，雌性每胎最多可产下十二只幼崽，它们会带着幼崽成群结队地出行。雄性大多独居。除疣猪生活在非洲热带稀树草原之外，其他猪科动物都生活在森林地区。

野猪

（学名：*Potamochoerus porcus*）

野猪分布于非洲中部的森林，它们是杂食动物，喜欢在夜间活动，主要以植物块茎和根为食，也会吃一些草作为营养补充，还会捡食腐肉。因其呈淡红色或橙色的皮毛而得名。

体长：1.5米（头和身体）

体重：118千克

保护状况：无危

非洲疣猪

（学名：*Phacochoerus africanus*）

非洲疣猪分布于撒哈拉以南非洲的热带稀树草原，长有巨大的獠牙，主要用于挖掘和自我保护。上獠牙会随着非洲疣猪的长大而变得越来越弯曲。下獠牙更加锋利，可对敌人造成伤害。非洲疣猪在不同的季节会吃不同的食物，包括草、植物的根、水果和腐肉等。

体长：1.4米（头和身体）

体重：150千克

保护状况：无危

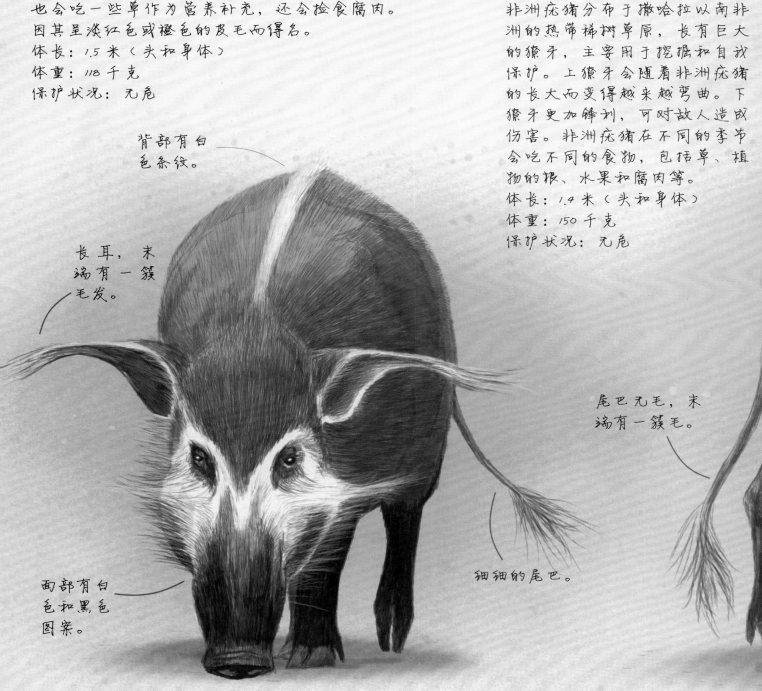

背部有白色条纹。
长耳，末端有一簇毛发。
面部有白色和黑色图案。
细细的尾巴。
尾巴无毛，末端有一簇毛。

西里伯斯鹿豚

（学名：*Babyrousa celebensis*）
西里伯斯鹿豚分布于印度尼西亚，最显著的特征就是它们长达30厘米的巨大的弯曲獠牙。只有雄性西里伯斯鹿豚才有獠牙。獠牙由两对犬齿构成，上面的一对獠牙从上颌长出，穿过皮肤后朝头部向后弯曲，下面的一对獠牙是从下颌长出来的。
体长：1.1米（头和身体）
体重：100千克
保护状况：易危

从头骨长出来的弯曲的獠牙。
从下颌长出的长獠牙。

鬃毛硬而黑。
头部两侧长有名为“疣”的肉赘。
两对大獠牙。

河马科

河马

河马科共有两种：河马以及倭河马。它们大部分时间都待在淡水河或其他水体中，现存与河马亲缘关系最近的动物是鲸豚类。河马拥有巨大的头和身体，很宽的嘴，短粗的腿。不像其他的偶蹄动物，河马的身上没有覆盖毛发，也没有用来保持身体凉爽的汗腺。河马有三个胃室，专门用来消化植物。实际上，河马的獠牙就是它们一生都在生长的犬齿，不过，它们闭上嘴的时候是看不到的。

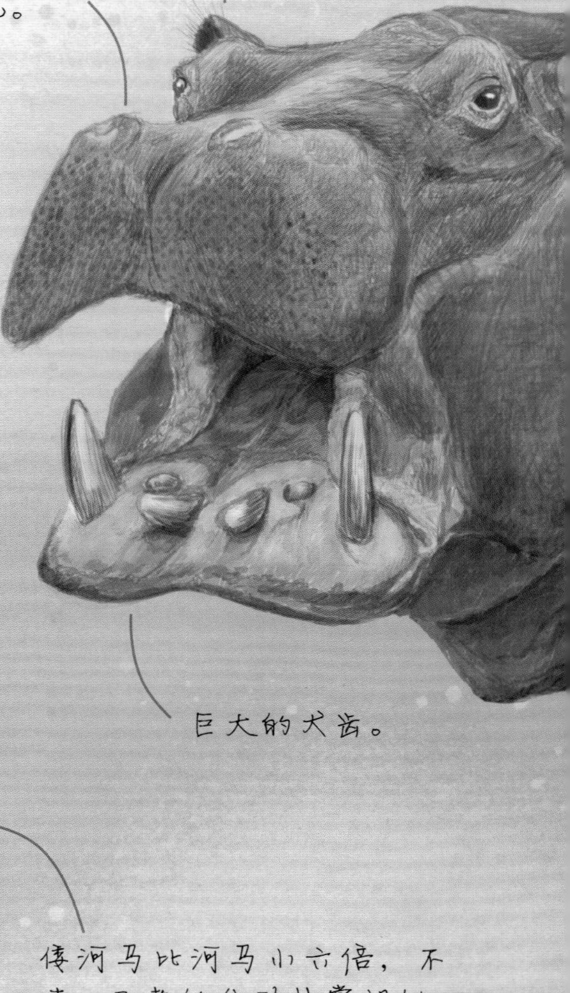

可以转动的小耳朵。
能够张开和关闭的大鼻孔。
巨大的犬齿。

倭河马

（学名：*Choeropsis liberiensis*）

倭河马分布于非洲西部，它们大多是独居动物，白天躲在河里，傍晚的时候出来吃阔叶植物和水果。与体形较大的河马不同，倭河马不具有攻击性，大部分时间都待在水中。

体长：1.5 米（头和身体）

体重：272 千克

保护状况：濒危

倭河马比河马小六倍，不过，两者的外形非常相似。

河马

（学名：*Hippopotamus amphibius*）

河马分布于非洲大陆南部，它们的眼睛、耳朵和鼻孔都位于头部上方，位置较高，非常适合潜在水中。它们只在晚间离开水，行进长达10千米的距离去寻找草和其他植物作为食物。河马具有极强的领地意识和攻击性，被认为是非洲危险的哺乳动物之一。

体长：4.5米（头和身体）

体重：1814千克

保护状况：易危

颈部很短。
庞大的身体（仅次于大象和犀牛，是陆地上的第三大哺乳动物）。
短而粗的腿。
脚有四趾。

长颈鹿科

长颈鹿

长颈鹿科由四种长颈鹿加上一种霍加狓组成，都生活在非洲大陆。长颈鹿以其长长的脖子以及独特的花纹而著称，毫无疑问，它是现存的陆地哺乳动物中最高的一种。它们利用身高优势，吃高处的树叶。它们用蓝紫色、长度可达 46 厘米的长舌头卷食树叶和树枝，有时也以身边的灌木和水果为食。长颈鹿的另一个显著特征是它们的角，长在雌性和雄性长颈鹿的头顶上，被称作“角状骨凸”。有些长颈鹿的第一对角后面还会长出第二对角。

努比亚长颈鹿
（学名：*Giraffa camelopardalis*）
努比亚长颈鹿分布于非洲苏丹、埃塞俄比亚、乌干达和肯尼亚，它们最显著的特征是身上不规则的棕色斑，腿部为白色。
身高：5 米
体重：1134 千克
保护状况：易危

网纹长颈鹿
（学名：*Giraffa reticulata*）
网纹长颈鹿主要分布于非洲的肯尼亚。它们身上的橙棕色斑与米色网纹，共同组成了均匀而清晰的图案。它们是动物园里常见的长颈鹿之一。
身高：5 米
体重：726 千克
保护状况：易危

与骆驼一样，长颈鹿走路时，身体同侧的两条腿同时向前移动。

马赛长颈鹿

（学名：*Giraffa tippelskirchi*）

马赛长颈鹿分布于非洲肯尼亚和坦桑尼亚全境，是所有长颈鹿物种中体形最大的。它们的毛色较深，身上布满边缘呈锯齿状的叶形斑以及棕黄色的线条。

身高：5.4 米

体重：1724 千克

保护状况：易危

雌性的角比雄性的短一些。
从正面可以看到颈椎骨的形状。
从颈部一直长至肩部上方的短鬃毛。
虽然长颈鹿的脖子很长，但和人类一样，都是由七块颈椎骨组成的。
非常细长的腿。

南非长颈鹿

（学名：*Giraffa giraffa*）

南非长颈鹿分布于南非、博茨瓦纳、纳米比亚、赞比亚和津巴布韦。身上的图案一直延伸到蹄处，斑较圆，有时呈星状。

身高：5 米

体重：1179 千克

保护状况：易危

霍加狓

霍加狓与长颈鹿有许多相同的特征，比如它们的角和长舌头。它的体形更适合生活在热带雨林下层茂密的树丛中。霍加狓的皮毛带有油性，可以帮助它们在潮湿的森林里保持皮毛干燥。霍加狓是纯食草动物，以树叶、嫩芽、真菌和水果为食。它们偶尔会吃河床上的泥土来补充矿物质。霍加狓是独居动物，它们用脚上的气味腺分泌的油性物质来标记领地。

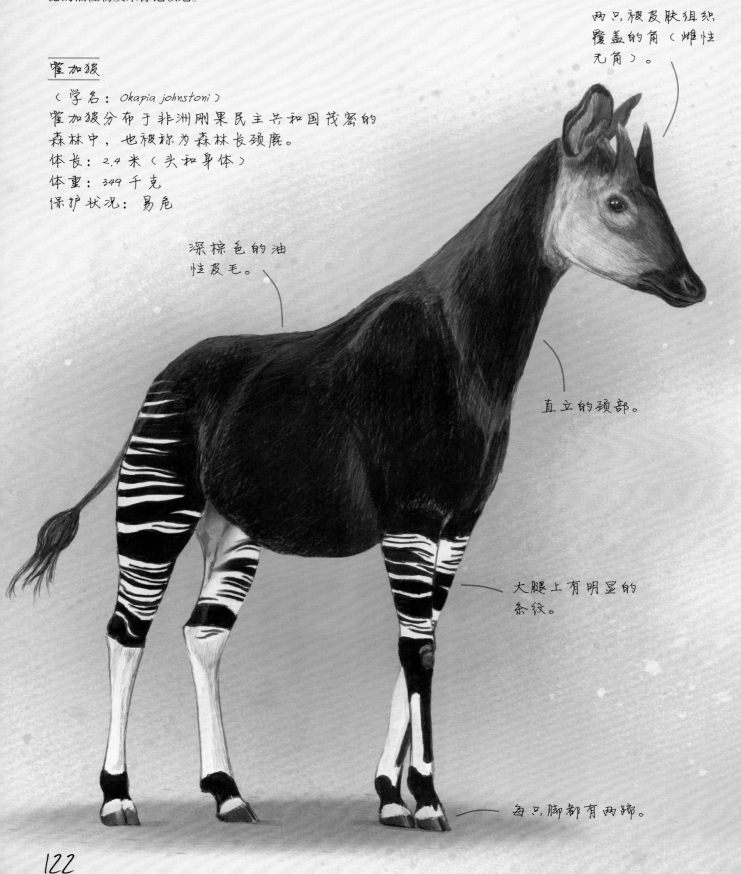

霍加狓

（学名：*Okapia johnstoni*）

霍加狓分布于非洲刚果民主共和国茂密的森林中，也被称为森林长颈鹿。

体长：2.4 米（头和身体）

体重：349 千克

保护状况：易危

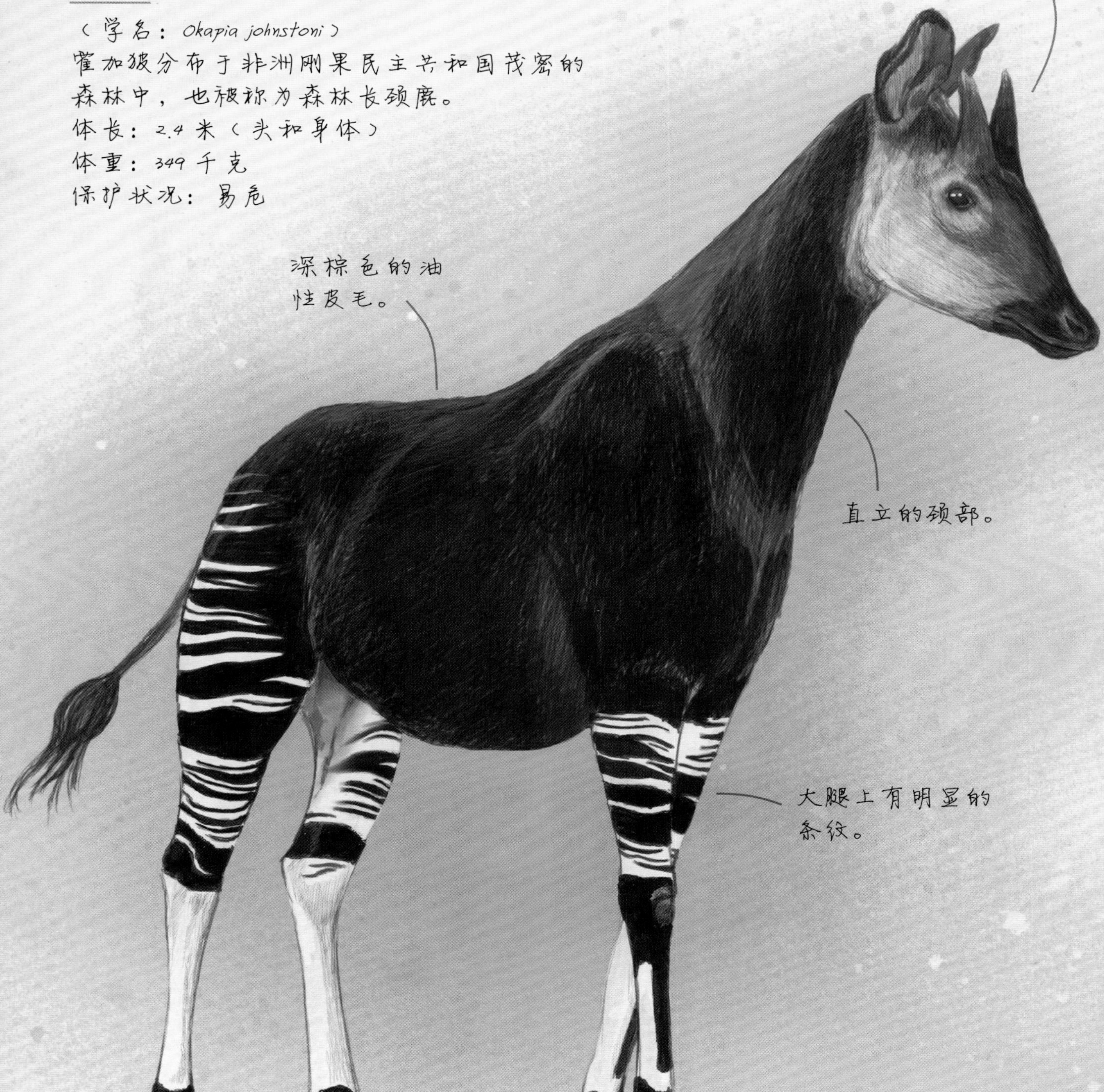
两只被皮肤组织覆盖的角（雌性无角）。
深棕色的油性皮毛。
直立的颈部。
大腿上有明显的条纹。
每只脚都有两蹄。

麝科

麝

麝科共有七种，全部分布于亚洲。原麝是一种小型的原始鹿种，不过，麝没有鹿角，也没有鹿才有的眶下腺，麝是通过尾巴附近的气味腺（麝香腺，但仅分布于雄性）分泌麝香的。雄麝嘴中有外露的獠牙状牙齿。麝是独居动物，以树叶、草、花和苔藓为食。

大耳朵。
獠牙一样的巨大牙齿从嘴里伸出来。

原麝

（学名：*Moschus moschiferus*）

原麝分布于东北亚的山区，是一种害羞、胆小的动物，通常独居。它们分泌的麝香是一种蜡状物质，本来用于标记领地，但因其香气浓郁，现已成为香水的重要原料。

体长：1米（头和身体）

体重：16千克

保护状况：易危

鼷鹿科

鼷鹿

鼷鹿科是由十种鼷鹿组成的，因为它们体形较小，类似老鼠，因而得名。鼷鹿是所有有蹄动物中最小的一种，体形纤巧。鼷鹿生活在浓密的森林里，它们身材瘦小，便于在狭窄的空间中穿行。雌性鼷鹿和雄性鼷鹿都有獠牙，主要用于示威和争斗。

圆圆的耳朵和又大又黑的眼睛，让鼷鹿看起来很像老鼠。
纤细的腿和小小的蹄。

小鼷鹿

（学名：*Tragulus kanchil*）

小鼷鹿分布于东南亚，是鼷鹿科中最小的一种。它们白天躲在茂密的下层树丛中，晚上去寻找掉落的水果和树叶。

体长：46厘米（头和身体）

体重：2千克

保护状况：无危

鹿科

鹿

鹿科中共有九十一种，它们都有鹿角（獐除外）。大多数情况下，只有雄鹿才有鹿角，每年会脱落一次。鹿是敏捷而有力的动物，有些种类的鹿奔跑时速可达 72 千米，一次能跳 9 米远。鹿有四个胃室，需要在最终消化之前让食物返回嘴内重新咀嚼一次，这种行为被称为"反刍"，可使它们更好地吸收食物中的营养。鹿分布在除大洋洲和南极洲之外的世界各大洲，栖息在从苔原带到热带雨林的各种环境中。

驯鹿的鹿角长达 1.3
米，相对体重来说，
它的鹿角是所有鹿
中最大的。

与其他鹿一样，
马鹿的鹿角在生
长期会覆盖一层
名为"茸"的皮
肤组织。

驯鹿

（学名：*Rangifer tarandus*）
驯鹿分布于北欧、西伯
利亚和北美洲，是唯
一一种雌鹿和雄鹿都有
鹿角的鹿科动物。
体长：2.1 米（头和身体）
体重：181 千克
保护状况：易危

宽大的蹄，
才便在雪中
行走。

加拿大马鹿

（学名：*Cervus canadensis*）
加拿大马鹿分布于北美洲和中亚，生活在森林边缘，以草、树叶和其他植物为食。雄鹿因以长度超过一米的鹿角而闻名。
体长：3米（头和身体）
体重：454千克
保护状况：无危

驼鹿

（学名：*Alces alces*）
驼鹿分布于北美洲和欧亚大陆，是所有鹿科动物中体形最大的。驼鹿以草、树皮和水生植物为食，每天可以吃掉重达36千克的植物。
体长：3.2米（头和身体）
体重：680千克
保护状况：无危

鹿角又宽又平，宽度可达2米，主要用来吸引配偶。
大大的鼻子内长有名为"鼻甲骨"的小骨头，用来提升吸入空气的温度。
长腿。

北普度鹿

（学名：*Pudu mephistophiles*）
北普度鹿分布于智利南部和阿根廷西南部，是世界上最小的鹿。它们的鹿角长度只有7.6厘米。
体长：84厘米（头和身体）
体重：12千克
保护状况：易危

牛科

羚羊、牛、山羊

牛科是一种分布广泛、种类繁多的有蹄动物，共一百四十多种，分布在非洲、亚洲、欧洲及北美洲。牛科包括了山羊、绵羊和奶牛等许多我们熟知的动物。牛科动物与鹿一样，有四个胃室，需要通过反刍来消化食物。它们与鹿的不同之处在于，上颌没有门齿，取而代之的是一层很厚的组织，名为“齿垫”，可以和下牙一起用力咬住草和植物。大多数牛科动物都有一对洞角，最长可达 84 厘米，最短仅为几厘米。牛科动物的体重在 3 千克（小岛羚）～ 1179 千克（亚洲野牛）之间。

雪羊

（学名：*Oreamnos americanus*）

雪羊也称石山羊，分布于北美洲西部，是攀岩能手。它们生活在海拔超过 3962 米的山上，以草、蕨类和苔藓为食。

体长：1.7 米（头和身体）

体重：136 千克

保护状况：无危

斑纹角马

（学名：*Connochaetes taurinus*）

斑纹角马分布于非洲大陆南部，也被称为蓝角马或角马，它们是栖息在热带稀树草原上的大型群居动物，主要以短草为食。

体长：2.3 米（头和身体）

体重：290 千克

保护状况：无危

披在颈部和肩部的长长的鬃毛。
巨大的头部，脖子底部长有鬃毛。
雄性独有的黑色弯曲的角。
用来抵御寒冷的毛茸茸的白色皮毛以及内层毛发。
细腿。

美洲野牛

（学名：*Bison bison*）

美洲野牛分布于北美洲西部，又称北美野牛，是一种大型群居动物，因其覆盖在身体前半部分的浓密的毛发而闻名。美洲野牛非常强壮矫健，能垂直跳跃1.8米高，奔跑时速可达64千米。

体长：3.5米（头和身体）

体重：998千克

保护状况：近危

南非剑羚

（学名：*Oryx gazella*）

南非剑羚分布于非洲大陆南部干旱地区，它们集群生活，每群为10～40只，由一只强大的公羚领导。它们以干草和树叶为食。

体长：2.4米（头和身体）

体重：240千克

保护状况：无危

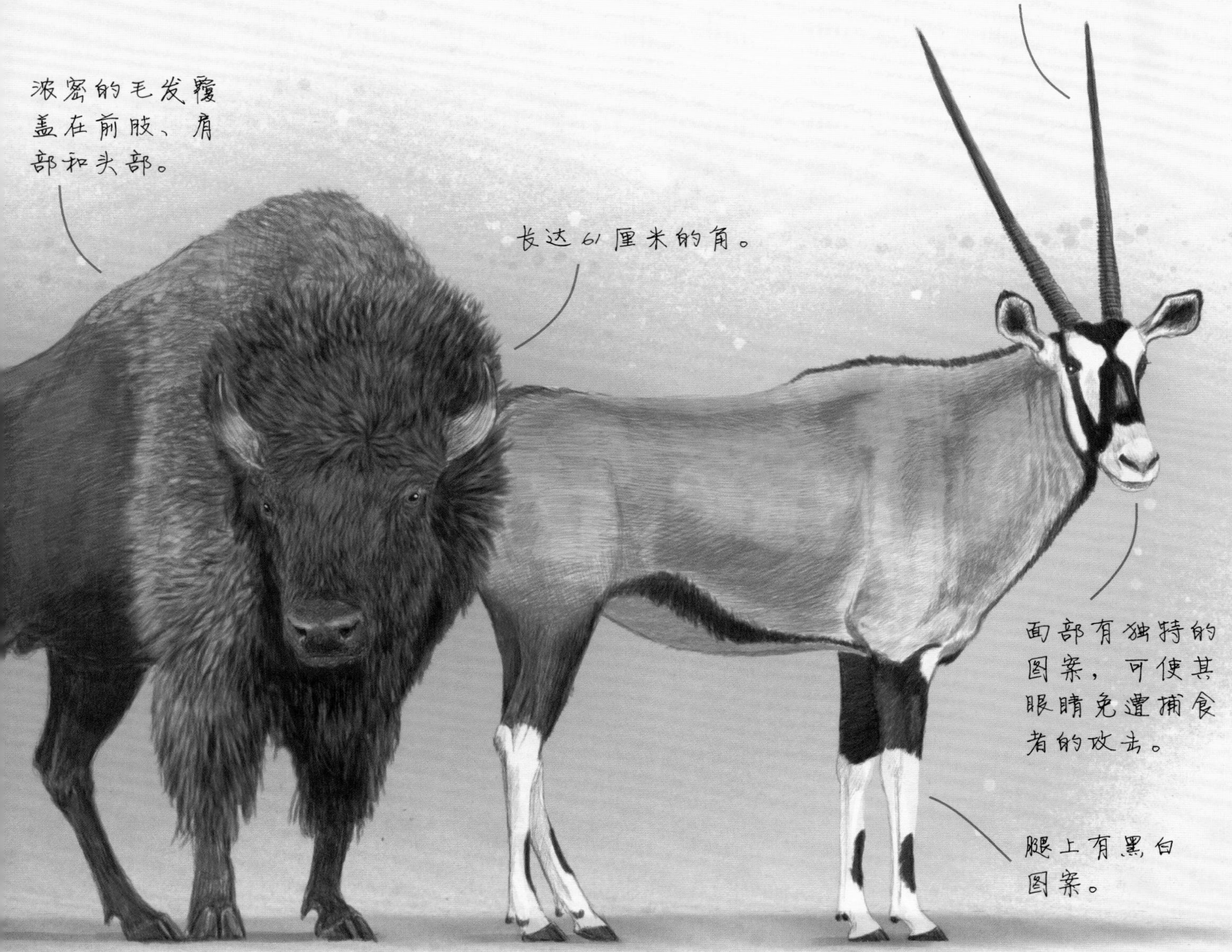

又长又细又尖的角，长度可达84厘米。
浓密的毛发覆盖在前肢、肩部和头部。
长达61厘米的角。
面部有独特的图案，可使其眼睛免遭捕食者的攻击。
腿上有黑白图案。

词汇表

旧大陆（Old World）：指非洲、欧洲和亚洲。

新大陆（New World）：指北美洲、中美洲和南美洲。

界（Kingdom）：生物分类学的最高类别，所有的生物都包含在五界中。关于完整的动物分类系统，请参考本书p4。

原核生物界（Monera）：生物五界之一，代表单细胞遗传物质没有细胞膜包围的生物。

原生生物界（Protists）：生物五界之一，代表具有细胞核的单细胞生物和某些多细胞生物。

门（Phylum）：生物分类学术语，用于描述具有共同特征的动物或生物，在界和纲之间。关于完整的动物分类系统，请参考本书p4。

纲（Class）：生物分类学术语，用于描述具有共同一般特征的动物或生物，在门和目之间。关于完整的动物分类系统，请参考本书p4。

目（Order）：生物分类学术语，用于描述具有共同特征或特点的动物或生物，在纲和科之间。关于完整的动物分类系统，请参考本书p4。

亚目（Suborder）：生物分类学术语，用于描述具有共同特征或特点的动物或生物，在目和科之间。关于完整的动物分类系统，请参考本书p4。

科（Family）：生物分类学术语，用于描述具有相似特征的动物或生物，在目和属之间。关于完整的动物分类系统，请参考本书p4。

属（Genus）：生物分类学术语，用于描述具有非常相似的特征或亲缘关系较近的动物或生物，在科和种之间。关于完整的动物分类系统，请参考本书p4。

种（Species）：生物分类学的基本单位，用于描述具有共同特征，并能够交配繁殖的生物群体。关于完整的动物分类系统，请参考本书p4。

亚种（Subspecies）：位于生物分类法中最后一级，大多因地理隔离而形成，用于描述种内具有一定差异的动物或生物。关于完整的动物分类系统，请参考本书p4。

食肉动物（Carnivore）：只以其他动物的肉为食的动物。

食草动物（Herbivore）：只以植物为食的动物。

食叶动物（Folivorous ）：只以叶子为食的食草动物。

食果动物（Frugivorous）：只以水果为食的食草动物。

杂食动物（Omnivore）：既吃植物性食物，也吃动物性食物的动物。

有蹄动物（Ungulate）：长有蹄的哺乳动物。

脊椎骨（Vertebrae）：一根脊柱或构成脊柱的任何一块单独的骨头。

晨昏性（Crepuscular）：喜欢在清晨和黄昏活动。

昼行性（Diurnal）：喜欢在白天活动。

夜行性（Nocturnal）：喜欢在夜间活动。

树栖（Arboreal）：在树上生活。

穴居（Fossorial）：适于挖掘和在地下生活。

回声定位法（Echolocation）：通过感应反射回来的声波定位物体的一种方法。

具有抓握功能的（Prehensile）：指适于抓握的，尤指尾巴。

反刍（Rumination）：一种大多出现在有蹄动物中的消化过程，食物被咀嚼、吞咽后，在最终消化前会从胃返回嘴里再次被咀嚼。

北京书中缘图书有限公司出品
www.booklink.com.cn
销售热线：（010）64906396

动物世界大揭秘

海洋生命

余大为　韩雨江　李宏蕾◎主编

吉林科学技术出版社

阅读指南

《动物世界大揭秘——海洋生命》共分为七章。第一章，海鱼；第二章，哺乳动物；第三章，爬行动物；第四章，节肢动物；第五章，软体动物；第六章，刺胞动物；第七章，棘皮动物。

主标题
主标题文字
主文字
动物的解说文字内容
叶海龙
高超的伪装大师
雄性生宝宝
杰出的伪装大师
知识点
介绍动物的生理属性、生活习惯及形态特征
小档案
介绍动物体长、食性、分类、特征等知识（由于海洋动物品种众多，小档案只介绍了该种类其中的一种，并与图片相对应。）
趣味小故事
关于动物的趣味性小故事

软件操作说明

1 下载“动物世界大揭秘”AR 互动 App，根据屏幕上的提示，进入 App 内开始科普互动。

2 图书中带有“扫一扫”标识的页面，就会有扩展的 AR 科普互动。

3 将图书平摊放置，打开 AR 互动 App，使用摄像头对准图书中的动物，调整图书在屏幕上的大小，以便达到更好的识别效果。

4 在可见的区域内，进行远近距离的调整，能够多角度地观察 AR 所呈现的立体效果。

5 选择 App 内的系统提示按钮，能够呈现初始、行走、习性、照相、脱卡等功能，每种功能按钮都会带来全新的体验乐趣。

目录

第一章 海鱼

海马

模范爸爸

海马是一种生活在海藻丛或珊瑚礁中的小型鱼，因为头部的外观看起来和马相似而得名。根据种类的不同，它们的身长在 5～30 厘米不等。海马主要吃一些桡足类、蔓足类甲壳动物的幼体或者虾类的幼体。它们用吸入的方式捕食，一般在白天比较活跃，到了晚上则呈静止状态。

海马通常喜欢生活在水流缓慢的珊瑚礁中，大多数海马生活在河口与海的交界处，因此它们能够适应不同盐度的水域，甚至在淡水中也能存活。海马游不快，它们的行动非常缓慢，通常用它们卷曲的尾巴缠绕在珊瑚或海藻上以固定自己，以免被水流冲走。

三斑海马	
体长：约 15 厘米	分类：刺鱼目海龙科
食性：肉食性	特征：头部类似马头，依靠背鳍和胸鳍游泳

身体表面的皮肤比较坚韧。

海马的运动方式

海马可以将身体直立于水中，它们靠背鳍和胸鳍以每秒 10 次的高频率摆动来完成在水中的站立和游泳。不过它游泳的速度非常慢，每分钟只能游 1～3 米。

海马的嘴巴像一根管子，它们利用这根管子将微小的浮游生物吸进嘴里。
尾巴很灵活，能勾住水草或者其他东西来固定自己。
海马的背鳍是它们游泳的主要动力。
扫一扫
扫一扫画面，小动物就可以出现啦！

奇特的繁殖方式

海马是一种由雄性完成生育过程的动物。雄性海马的腹部长有育子囊，繁殖期时，雌海马会将卵子排到育子囊中，然后由雄海马给这些卵子受精，雄海马会一直将这些受精卵放在育子囊里，等待小海马孵化出来长到可以自立的时候，再把这些幼崽释放到海里。

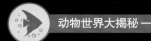

叶海龙

高超的伪装大师

在澳大利亚南部和西部浅海的海藻丛中，生活着世界上最高超的伪装大师——叶海龙。它们的整个身体都与海藻丛融为一体，如果不仔细观察的话，你只能看到一丛丛随着海流摇曳的海藻。

叶海龙是海洋世界中最让人惊叹的生物之一，它们拥有美丽的外表和雍容华贵的身姿。它们主要生活在比较隐蔽和海藻密集的浅水海域，身上布满了海藻形态的“绿叶”。这些“绿叶”其实是其身上专门用来伪装的结构，在海水的带动下，身上的“叶子”随着水流漂浮，泳态摇曳生姿，真可以称得上是世界上最优雅的泳客。

雄性生宝宝

叶海龙和海马一样，由雄性叶海龙承担孕育和孵化小叶海龙的职责。每到它们交配的时候，雌性叶海龙就会把排出的卵转移到雄性叶海龙尾部的卵托上，雄性会小心翼翼地保护着自己的卵宝宝。大概 9 周之后，雄性叶海龙就会将卵孵化。但令人惋惜的是，在残酷的大自然中，只有大约 5% 的卵能够幸运地存活下来。幼年的海龙一出生，就完全独立了，吃一些小的浮游动物。

眼睛可以
自由转动。
嘴巴呈管状，
用以吸取捕捉小型
甲壳动物。
小小的背鳍是
它们主要的动力来
源之一。
雄性叶海龙将
受精卵附着在这里，
等待它们孵化。
身上有很多
像叶片一样的凸
起物。

杰出的伪装大师

叶海龙可以说是海洋中当之无愧的伪装大师，它们在保持不动的静止状态下是很难被发现的。其身体上长着许多像海藻一样的附肢，这些附肢在水流的作用下自由地、无拘束地漂荡，与众多海藻融为一体，所以掠食者很难发现它们的行踪。

叶海龙

体长：约 45 厘米	分类：海龙目海龙科
食性：肉食性	特征：身体上有大量的树叶状结构，非常美丽

蝠鲼

海中“魔鬼鱼”

蝠鲼也叫“魔鬼鱼”或“毯魟”，它们的身体扁平宽大，呈菱形，最宽可达 8 米，体重可达 1500 千克。蝠鲼的胸鳍肥大如翼，背鳍小，嘴的两边还有一对由胸鳍分化出来的头鳍。蝠鲼的尾巴细长如鞭，它们还有一张宽大的嘴巴，嘴巴里布满了细小的牙齿。蝠鲼的样子就像阿拉丁的飞毯，在水中游泳的姿势也很像是在空中滑翔。因为它们的样子怪异，所以很多人都无法将它们和鱼类联想在一起，其实它们早在中生代侏罗纪时就已经出现在海洋中了，一亿多年间，它们的模样都没有太大的变化。

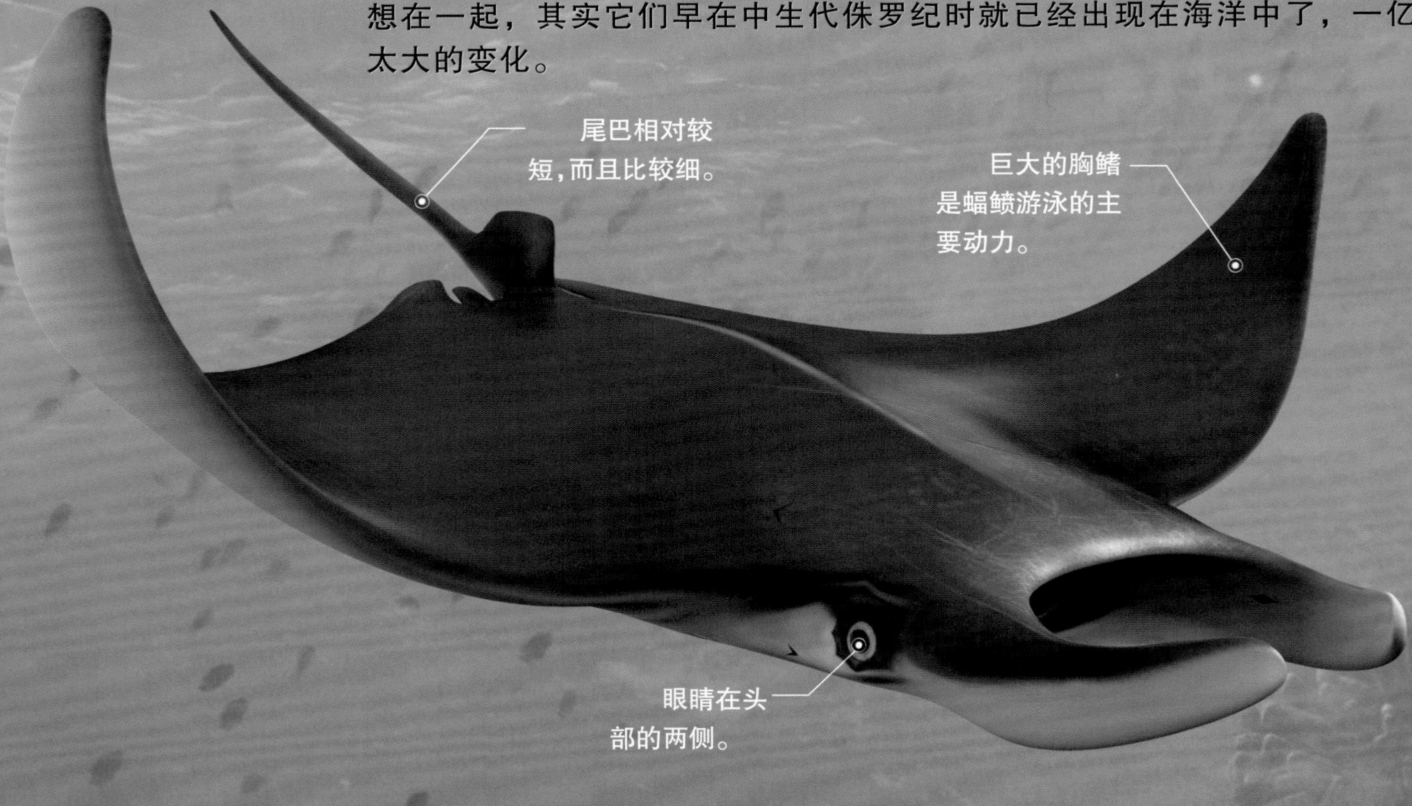
尾巴相对较短，而且比较细。
巨大的胸鳍是蝠鲼游泳的主要动力。
眼睛在头部的两侧。

扫一扫

扫一扫画面，小动物就可以出现啦！

双吻前口蝠鲼	
体长：约 7 米	分类：燕魟目鲼科
食性：杂食性	特征：身体扁平，嘴巴宽大

蝠鲼的鳃的开口在身体的腹部侧面。
嘴巴前部的头鳍很灵活，能帮助蝠鲼进食。

什么是"魔鬼鱼”

蝠鲼被人们称作“魔鬼鱼”，一方面是因为它们的外表丑陋，个头很大而且力气惊人，一旦发起怒来，巨大的肉翅一拍，就会把人击伤，就连潜水员也会害怕。另一方面是因为蝠鲼的习性非常怪异，它性格活泼，常常搞怪。有时候会故意藏在海中小船的底部，用身体敲打船底，还会调皮地将自己挂在船的锚链上，跟着船游来游去，让渔民以为有“魔鬼”在作怪。

蝠鲼怎么生宝宝

在繁殖季节，蝠鲼会成群结队地游向浅海区。雄性的体形较小，它们会尾随在体形较大的雌性身后。此时雌性的游速比平时快，游过半个小时之后，速度减慢，雄性会游到雌性身下完成交配。之后雄性离开，雌性蝠鲼会等待第二个追求者。雌性蝠鲼也是很有原则的，它们最多接受两个追求者，最终留下一两颗受精卵在体内发育。大约需要 13 个月，小蝠鲼就会从母亲体内产出，不久就可以自力更生了。

鲸鲨

温柔的海中大鱼

鲸鲨在海洋中优雅地游弋了千万年，它们华丽的礼服就像璀璨的群星点亮了深蓝色的海洋。鲸鲨是世界上最大的鱼，它们游得很慢，平均每小时只能游 5000 米左右。它们体形庞大，但是性情温和，遇到潜水员也不会主动攻击。鲸鲨有着长达 70 年的寿命，就让它们惬意地徜徉在广阔的海洋里吧。

鲸鲨的身体表面有白色的斑点，这种像星空一样的花纹是它们最明显的特征。

虽然长了一张大嘴巴，但是鲸鲨只吃那些非常小的浮游生物和鱼。

鲸鲨的繁殖

近些年来，人类虽然与鲸鲨频繁接触，但是人们对它们的繁殖方式和种群数量等都所知甚少。一些现象显示鲸鲨可能在加拉帕戈斯群岛、菲律宾群岛和印度周边海域繁殖。1996 年，我国台湾台东地区的渔民意外捕获了一条雌性鲸鲨，在它们体内发现了 300 多条幼鲨和卵壳，这才让我们了解到鲸鲨是一种卵胎生的动物。鲸鲨的卵在体内孵化，等到幼鲨长到 40～50 厘米后才会离开母体。

尾鳍提供
游泳的动力。
身体的表面
有几道棱。
宽大的胸鳍
可以保持平衡。

大口吞四方

在食物丰富的海域，鲸鲨也会聚集成群，例如在菲律宾、澳大利亚和墨西哥的近海海域常常能见到成群的鲸鲨。它们依靠灵敏的嗅觉觅食，主要捕食浮游生物、藻类、磷虾、漂浮的鱼卵以及小型鱼。每次捕食它们都会张开一张如宇宙黑洞般的大嘴，将食物吸入口中，再闭上嘴巴，将多余的海水从鳃片过滤出去。

鲸鲨

体长：约 12 米	分类：须鲨目鲸鲨科
食性：肉食性	特征：身体表面有白色的斑点，嘴巴宽大

牛鲨

可怕的海底公牛

从澳大利亚西部到巴西热带、亚热带的海域中，生活着一种体壮如牛的生物，它们就是牛鲨。牛鲨也叫“公牛鲨”或者“白真鲨”，它们有两个背鳍，第一个背鳍宽大，第二个背鳍较小。幼年时期的牛鲨鳍顶部有黑色标记，会随着年龄的增长而逐渐消失。

牛鲨体形较小，却有张大嘴，嘴中密布着锋利如刀的牙齿。它们与大白鲨、沙虎鲨一同被称为最具攻击性、最凶猛、最常袭击人类的鲨鱼，攻击性仅次于大白鲨。牛鲨的胃口非常好，它们从不挑食，喜欢沿着海边或逆流而上捕食鳄鱼或水边生活的动物。科学家曾在它们的胃里发现过牛、狗、人类、河马的尸体。它们连同类也不放过。牛鲨还有极强的适应力，它们迁移到其他地方过冬时，能够很快适应新的环境。

淡水中游弋的牛鲨

牛鲨具有一种其他鲨鱼都不具备的特殊能力，那就是在淡水中生存，它们是唯一可以在淡水和海水两种环境中生存的鲨鱼。牛鲨能够通过调节血液中的盐分和其他物质，利用尾部附近的一个特殊的器官来储存盐分，以此保持自身体内的盐度平衡。因此牛鲨可以自由地穿梭在海洋和淡水区域之间，几乎可以终生生活在淡水里。

残忍的掠食者

虽然牛鲨并没有大白鲨那样庞大的体形，但是牛鲨却有一张大嘴。嘴中布满了恐怖的牙齿。捕猎时，牙齿牢牢地咬住猎物，下排牙齿用来固定住猎物，上排牙齿用来切割。这些锋利的尖牙会把猎物刺穿，撕成碎片，然后吞进肚子里。

背上的第二个鳍要比第一个小一些。
身体非常壮，像一枚鱼雷。

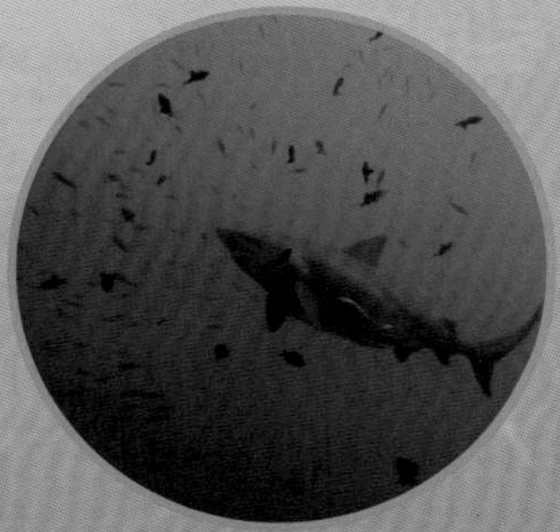

牛鲨	
体长：约 3 米	分类：真鲨目真鲨科
食性：肉食性	特征：有两个背鳍，鼻端扁平

大白鲨

凶猛的大洋霸主

大白鲨是现存体形最大的捕食性鱼，长达 6.1 米，体重 1950 千克，雌性的体形通常比雄性的体形大；大白鲨广泛分布于全世界水温在 12 ～24℃的海域中，从沿岸水域到 1200 米的深海都能见到它的身影。幼年的大白鲨主要以鱼类为食，长大一些之后开始捕食海豹、海狮、海豚等海洋哺乳动物，也捕食海鸟和海龟，甚至啃噬漂浮在海面上的鲸尸。捕猎时，大白鲨喜欢从正下方或者后方以超过 40 千米 / 时的速度突然袭击猎物，猛咬一口后退开等待猎物因失血过多而休克或死亡，再前来大快朵颐。

文学艺术作品中的大白鲨

小说《大白鲨》于 1975 年被改编成同名电影，在当时引起了轰动，使得不少游客都害怕去海边游泳。自此之后的影视作品，动画片和电脑游戏都将大白鲨描绘成潜伏在幽暗的深海中，龇牙咧嘴试图将每一个人撕成碎片的恐怖“海怪”。早在 1778 年的油画《沃特森与鲨鱼》中，也描绘了鲨鱼攻击人类的场景。然而现实中的大白鲨并不喜欢吃人，它们往往是把人类误认为它们最喜欢的海狮和海豹而造成“误伤”，当大白鲨发现咬到的是骨头多脂肪少的人后，多半会放开并转身离开。

大白鲨	
体长：约 6.5 米	分类：鲭鲨目鲭鲨科
食性：杂食性	特征：体形庞大，牙齿十分锋利

鲨鱼的皮肤

鲨鱼的皮肤分泌大量黏液，既可以减少游泳阻力，还能为鲨鱼的身体提供一定的保护，防止寄生虫的侵袭。鲨鱼的皮肤表面还布有细小的盾鳞。虽然叫作“鳞”，但盾鳞的结构却与牙齿同源，内部有像牙髓腔一样布满血管的空腔，外表包裹着坚硬的牙本质，表面还有一层牙釉质。因此，说大白鲨“全身都是牙”也不为过。这些细小的“牙齿”使得鲨鱼的皮肤逆向摸起来就像砂纸一样粗糙。

大白鲨的牙齿呈三角形，边缘有锯齿，非常锋利。

腹部的颜色比较浅，背部的颜色比较深，这样的体色可以让它们隐藏在海水中不被猎物发现。

双髻鲨

奇怪的“锤子头”

在热带和温带海洋中生存着海洋中贪婪的捕食者——双髻鲨。双髻鲨又叫“锤头鲨”，因其头部的奇怪形状而得名。它们体长可达 5 米，在背上有一个镰刀形的背鳍高高竖起。双髻鲨的背部通常呈深棕色或浅灰色，嘴巴在其锤形头部的下方，一口锋利的牙齿会让猎物胆战心惊。

双髻鲨通常喜欢捕食鱼类、甲壳类和软体动物，它们经常出现在海滩、海湾和河口处的浅水水域，也能下潜到 200 米以下的深海寻找食物。双髻鲨具有一定的危险性，每年都有双髻鲨袭击人类的事件发生，不过这通常是双髻鲨在受惊状态下发生的应激行为。如果不是受到骚扰，它们是不会突然发脾气的。所以，如果在海里遇到了双髻鲨，还是不要去招惹它们为妙。

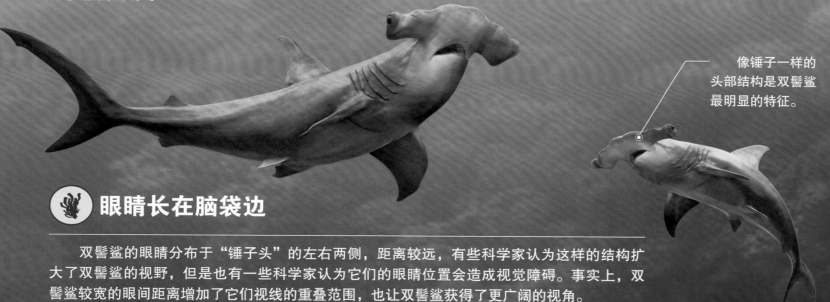

像锤子一样的头部结构是双髻鲨最明显的特征。

眼睛长在脑袋边

双髻鲨的眼睛分布于“锤子头”的左右两侧，距离较远，有些科学家认为这样的结构扩大了双髻鲨的视野，但是也有一些科学家认为它们的眼睛位置会造成视觉障碍。事实上，双髻鲨较宽的眼间距离增加了它们视线的重叠范围，也让双髻鲨获得了更广阔的视角。

鲨鱼也是吃素的

双髻鲨是海洋中凶猛的捕猎者，它们主要捕食海中的鱼类和甲壳动物。但是科学家们在对窄头双髻鲨食性进行研究之后，惊讶地发现双髻鲨会吃大量的海草，在它们的胃里，海草的数量甚至非常可观。看来，就连无肉不欢的鲨鱼都懂得营养均衡地搭配饮食，偶尔还吃点海草给自己换换口味！不过双髻鲨究竟是因为什么将海草吃进肚子里，还有待进一步的研究。或许今后我们要叫它们杂食动物了。

双髻鲨	
体长：3.5 ～ 5 米	分类：真鲨目双髻鲨
食性：肉食性	特征：头部很宽，像一个锤子的形状

尾鳍为双髻鲨提供前进和冲刺的动力。

鳃裂长在身体的侧面。

眼睛长在这个“锤子头”的两侧。

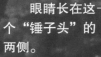

头上长了一个大锤子

双髻鲨的头部左右凸出，长得像一个大锤子，鼻孔位于“大锤子”的最前端，两眼则在锤子头的两边。科学家认为它们头部的这种特殊的形状在水下具有方向舵的作用，可以增强机动性，另一些说法认为宽而扁的头部能压住猎物，以及获得更广的视野和深度感知力等。

和其他鲨鱼一样，双髻鲨的头部也有化学感受器、电感受器和压力感受器，这些可以帮助双髻鲨在捕捉猎物时准确地判断出猎物的方向和速度。

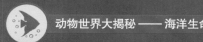

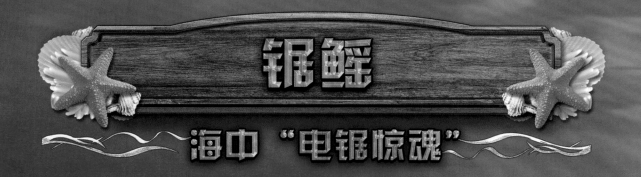

锯鳐

海中“电锯惊魂”

在大海之中，有一个身上带着可怕锯子的家伙正潜伏在水底，等待着猎物送上门来。它们长得有点像鲨鱼，但是又不是鲨鱼，这就是神秘的锯鳐。

锯鳐生活在热带及亚热带的浅水水域，它们经常出没于港湾和河口。顾名思义，锯鳐就是带有锯子的鳐鱼，因为它们的吻部很像锯子而得名。锯鳐除了在水中巡游，其余时间就把自己隐藏在水底。当有小鱼经过的时候，它们就会突然跃起，挥舞着“大锯”砍向猎物。

吻部的锯齿形成一把“锯子”，它们就是靠这把“锯子”捕食的。

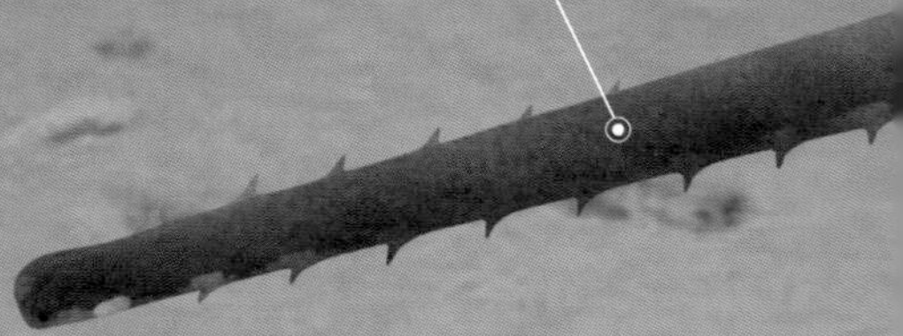

凶残的捕食者

锯鳐的吻部扁平而狭长，边缘带有坚硬的吻齿，像一把锯，它们就使用这巨大的“锯”来翻动海底的沙子，捕食猎物。如果你认为它是一种性格温和、行动缓慢的鱼类，那你就错了。它们可是一种凶残的捕食者。头上的“锯子”是一种致命武器，具有极强的威力，可以将小鱼砍成两半。锯鳐速度很快，每秒能发动数次横向攻击。

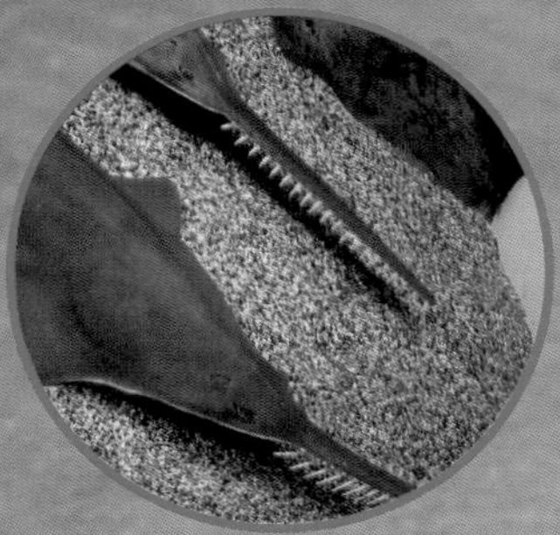

栉齿锯鳐	
体长：约 7 米	分类：锯鳐目锯鳐科
食性：肉食性	特征：吻部较长，两侧有锋利的齿

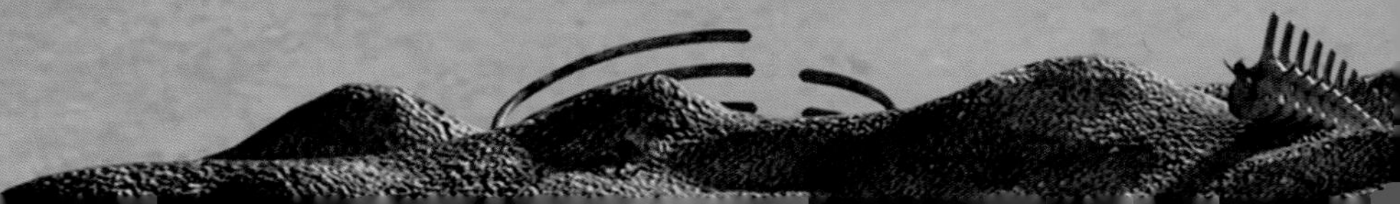

自己也能生宝宝的锯鳐

锯鳐属于卵胎生动物，每胎能够生出 10 多条小锯鳐。刚出生的小锯鳐有一个很大的卵黄囊，吻上的齿很柔软，随着成长才会慢慢变硬。2015 年，科学家们在野外惊奇地发现一些锯鳐是由孤雌生殖而出生的。这是迄今为止，在自然界发现的第一个能进行无性繁殖的脊椎动物。

背部有两个背鳍。
腹部比较扁平，适合潜伏在沙地里。
锯鳐的鳃在身体下方。

飞鱼

飞上天空的鱼

飞鱼生活在温暖的海洋中，它们经常成群结队地在热带及温带水域的上层游动。飞鱼长相奇特，长着极其发达的胸鳍，长长的胸鳍一直延伸到尾部，与叉状的尾鳍共同构成一条完美的弧线。它们能够利用尾鳍的力量冲出水面，然后凭借发达的胸鳍以 16 千米 / 时的速度在水面上方做连续滑翔，这也是它们名字的由来。

飞鱼主要捕食海中的细小浮游生物，它们自然也逃不开各种凶猛肉食鱼类的捕食。当它们遇到敌害追击的时候，就会使出自己“会飞”的本领，但是这一招并不是万能的，有时候不幸的飞鱼躲开了水中的捕食者，却落入了海鸟的口中。

飞鱼喜欢向光游

飞鱼具有趋光性，它很喜欢有光亮的地方，尤其在漆黑的晚上，成群的飞鱼很容易被灯光吸引，所以很多渔民都利用飞鱼的这个习性来捕获它。夜晚，渔民在船的甲板上挂一盏灯，成群的飞鱼就会向船游来，最后“自投罗网”飞到甲板上。

燕鳐鱼

燕鳐鱼的体形呈长椭圆形，背部宽，两侧平，尾部细。和其他飞鱼一样，胸鳍非常发达，可用来滑翔。根据传统医学记载，燕鳐鱼还具有一定的药用价值。

飞鱼的胸鳍就是它们的“翅膀”，当跃出水面的时候就向两边伸展开，让飞鱼可以滑翔。
飞鱼起飞的原因有很多，很多时候是受到了天敌的追捕。
有力的尾鳍在拨水时为飞鱼起飞提供了足够的速度。

斑鳍飞鱼

体长：约 45 厘米	分类：颌针鱼目飞鱼科
食性：杂食性	特征：胸鳍非常宽大，像翅膀一样

蝰鱼

潜行深海的饿狼

在大洋的深处，生活着一种长着大嘴还会发光的可怕怪物——蝰鱼。在我们的印象中，生活在深海中的鱼类都很奇特，蝰鱼也是这些奇特的深海生物之一。它们头部后方第一块脊椎有减震的作用。蝰鱼体形修长，有一个大头和一张大嘴，一口长而弯曲的獠牙极其锋利，是一种有着恐怖外表的凶残鱼。蝰鱼因突出的两腭和巨大的牙很像蝰蛇而得名，虽然叫作蝰鱼，但是并没有毒。它们是肉食性鱼，主要捕食各种中小型鱼和甲壳类。

蝰鱼的身体侧面、背部、胸部、尾部都带有发光器，可以通过发光器引诱其他鱼靠近然后将其捕食。科学家普遍认为，它们的捕食方式是快速游向猎物，然后用牙齿将猎物刺穿，是深海中的捕食高手。

锋利的牙齿

蝰鱼长着一张与身体并不协调的大嘴，嘴里的尖牙又长又锋利，甚至长得无法安放在嘴里，只能将其暴露出来。它们的尖牙可以轻松地将猎物刺穿，最长的下牙裸露在外并向后弯曲着，似乎就要刺穿眼球，显出一副十分可怕的样子。蝰鱼就这样龇着牙在海中游荡，似乎要捕杀一切生灵。

蝰鱼的家在深海

蝰鱼藏身于深海中，但是每到夜晚它们会选择到深度不足 200 米的浅海中寻找食物，这是因为在夜晚，一些浮游生物会上浮到接近海面的深度，捕食浮游生物的小型鱼也会随之上浮，贪吃小鱼的蝰鱼也就一起游到海洋表层了。等到了清晨，这些原本生活在深海中的生物又会重新潜回它们深海中的家园。

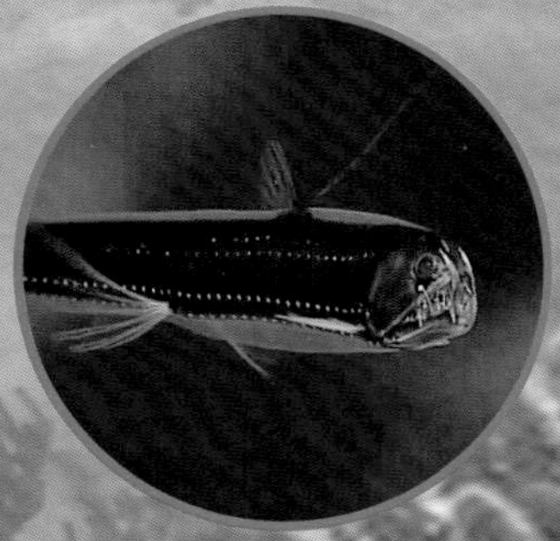

蝰鱼

体长：约 35 厘米	分类：巨口鱼目巨口鱼科
食性：肉食性	特征：身体两侧有发光器，牙齿非常长

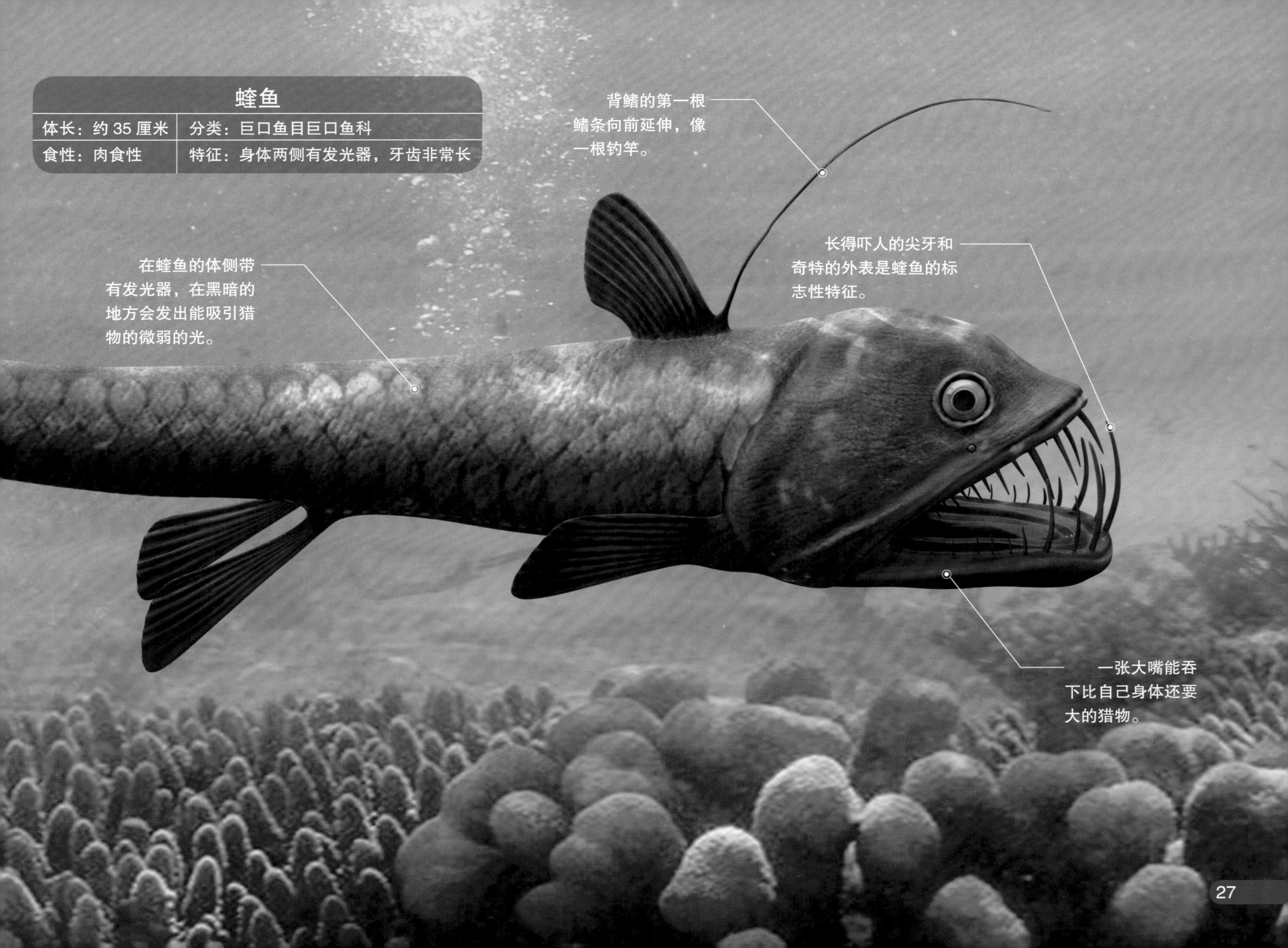
背鳍的第一根鳍条向前延伸，像一根钓竿。
在蝰鱼的体侧带有发光器，在黑暗的地方会发出能吸引猎物的微弱的光。
长得吓人的尖牙和奇特的外表是蝰鱼的标志性特征。
一张大嘴能吞下比自己身体还要大的猎物。

角高体金眼鲷

骇人的尖牙

它们是大洋深处的栖息者，它们是长着骇人面庞的海底暗杀者，它们就是大名鼎鼎的角高体金眼鲷，因为其嘴巴里长着吓人的尖牙，所以又被叫作“尖牙鱼”。它们最常栖息的地方是 500～2000 米的深海，但在水深 5000 米的深渊中也有角高体金眼鲷的存在，那里水压大得惊人，水温接近冰点，食物极其匮乏，是怎样强大的生存能力让它们生存于此？它们对水压的强大适应性令人感叹。可能是深海造就了角高体金眼鲷奇特的外表，也或许是因为它们相貌丑陋，所以不得不隐藏在深海之中。

角高体金眼鲷长着一口锋利且长的尖牙。

南美洲食人鱼

深海中的角高体金眼鲷因其可怕的外表成了人们幻想中的“食人魔鱼”，同它们一样被称为食人鱼的还有淡水中的食人鲳。食人鲳是水虎鱼的一种，分布于南美洲安第斯山以东至巴西平原的河流中，它们有着尖锐的牙齿，属于凶猛的肉食性鱼。它们喜欢成群结队地攻击大型动物，可以在很短的时间内将猎物撕碎吃光。

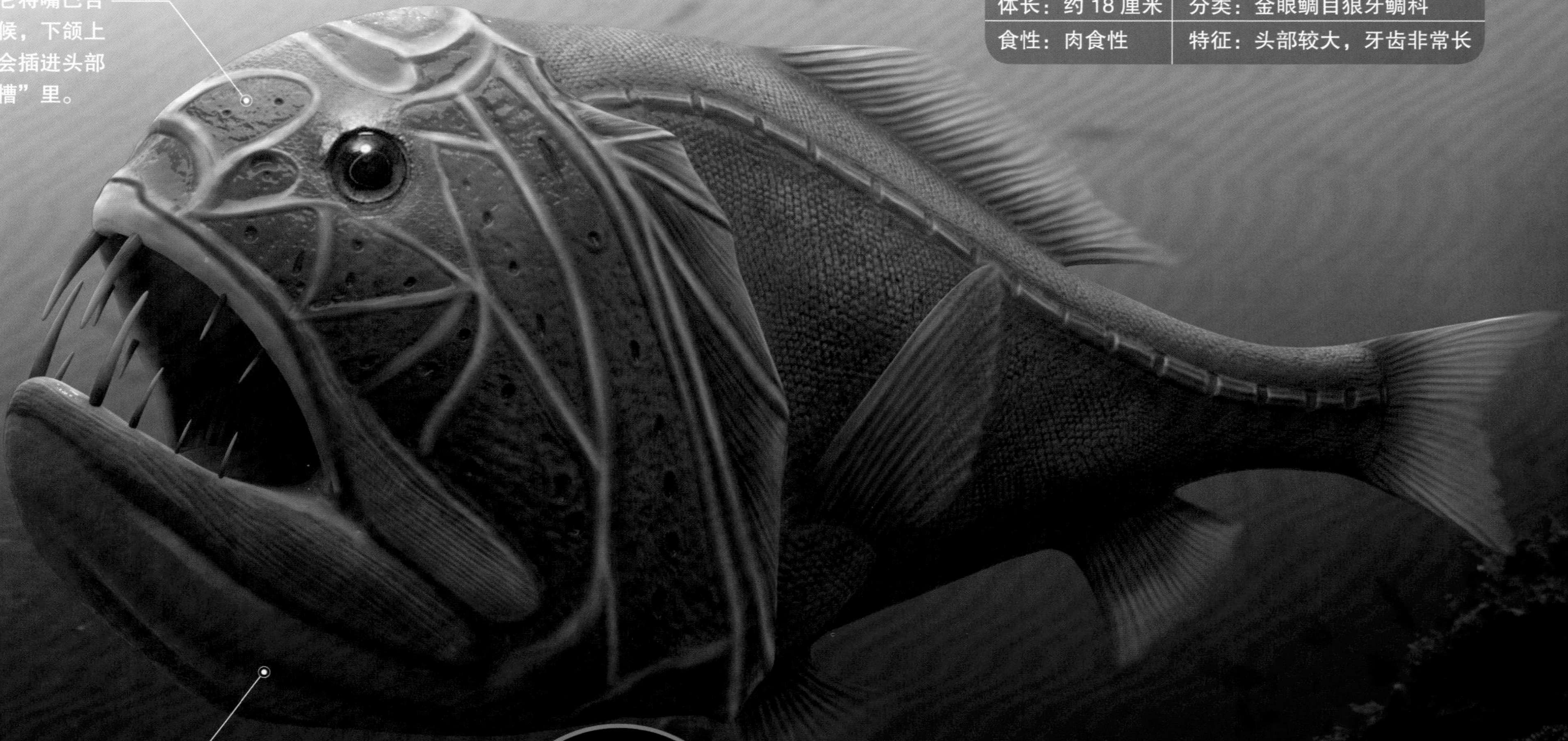

当它将嘴巴合上的时候，下颌上的尖牙会插进头部的“插槽”里。

下颌比较大，与上颌连在一起也就形成了一张大嘴巴。

角高体金眼鲷	
体长：约 18 厘米	分类：金眼鲷目狼牙鲷科
食性：肉食性	特征：头部较大，牙齿非常长

居住在深海的角高体金眼鲷

角高体金眼鲷并不畏惧寒冷，但是它们喜欢居住在热带和温带的海洋深处，可能是因为这些海域的食物要更多一些。在漆黑一片、深度达 5000 米的深海中，仍有角高体金眼鲷在此生存。

鳕鱼

重要的渔业资源

鳕鱼成群结队地悠游在大洋深处的水中，它们是寒冷水域里的精灵。鳕鱼身披细小的鱼鳞，有着一个大头和一张大嘴巴。它们食量大，生长迅速，数量庞大，是人类重要的渔业资源之一。

鳕鱼幼年时以小型浮游生物和水生植物为食，随着年龄的增长，逐渐开始捕捉无脊椎动物和小型鱼。它们是贪吃的洄游鱼，会根据食物的变化和水温的改变进行迁徙。

大西洋鳕鱼	
体长：可达 2 米	分类：鳕形目鳕科
食性：肉食性	特征：头部较大，嘴很宽，下颌有触须

鳕鱼的嘴巴比较宽大，在捕捉甲壳动物和小鱼的时候能将猎物一口吞下。

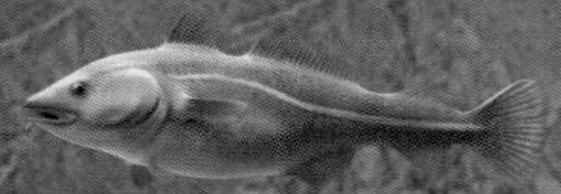

鳕鱼有 3 个背鳍，比大多数鱼都要多。
臀鳍有两个。
身体侧面的侧线
下颌上有比较短的触须。

真真假假的鳕鱼

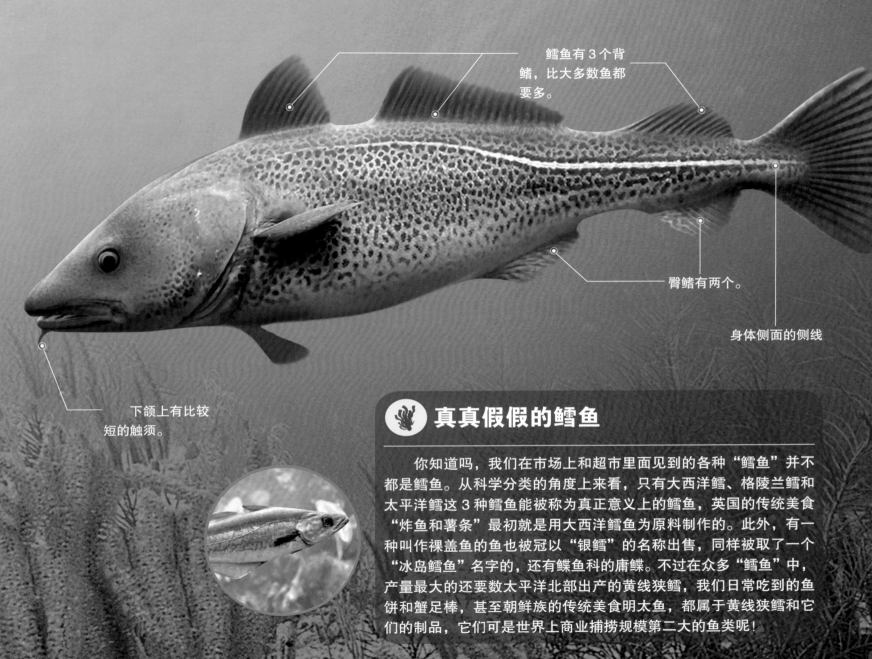

你知道吗，我们在市场上和超市里面见到的各种“鳕鱼”并不都是鳕鱼。从科学分类的角度上来看，只有大西洋鳕、格陵兰鳕和太平洋鳕这 3 种鳕鱼能被称为真正意义上的鳕鱼，英国的传统美食“炸鱼和薯条”最初就是用大西洋鳕鱼为原料制作的。此外，有一种叫作裸盖鱼的鱼也被冠以“银鳕”的名称出售，同样被取了一个“冰岛鳕鱼”名字的，还有鲽鱼科的庸鲽。不过在众多“鳕鱼”中，产量最大的还要数太平洋北部出产的黄线狭鳕，我们日常吃到的鱼饼和蟹足棒，甚至朝鲜族的传统美食明太鱼，都属于黄线狭鳕和它们的制品，它们可是世界上商业捕捞规模第二大的鱼类呢！

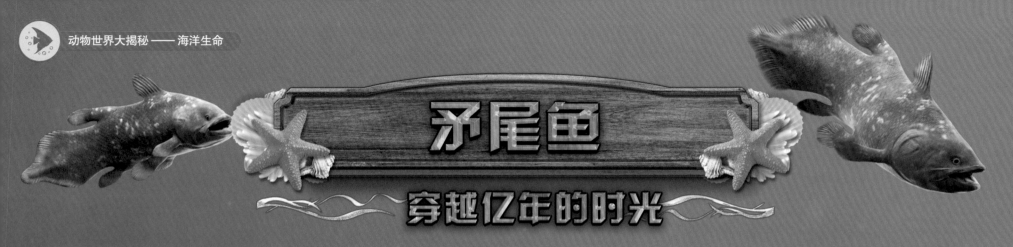

矛尾鱼

穿越亿年的时光

1938 年，南非的渔民们用拖网捕到了一条非常奇怪的鱼。这条鱼身上的鳞片像盔甲一样坚硬，还泛着青蓝色，它的鱼鳍基部粗壮，看上去像是野兽的四肢。这条怪鱼的出现震惊了当时的科学界，因为按照以往的学术观点，这种鱼出现在大约 3.5 亿万年前的泥盆纪，而在 6500 万年前的白垩纪晚期就已经彻底灭绝了！

这条怪鱼的名字叫作矛尾鱼。矛尾鱼是矛尾鱼科的一种深海鱼，因为它们的鳍棘中空，也被叫作“腔棘鱼”。矛尾鱼体长 2 米左右，体表带有黏液，尖尖的鱼头坚硬无比，最特别的要数它们胸部和腹部上长着的两只肥大粗壮的鱼鳍，看上去就像长了“四肢”一样。人们曾一度认为矛尾鱼已经灭绝，后来在印度洋的深处又发现了它们的存在，并且证实至少还有两种矛尾鱼存活于世，于是它们成了世界上现存最古老的鱼类之一。

现代的“活化石”

矛尾鱼是生活在现代的“活化石”，是距今已有 4 亿年之久的生物。说它们是一种鱼，可是却有着很多与鱼类不同的地方。除了四肢状的鳍，矛尾鱼竟然还有陆生生物用来呼吸的肺。随着矛尾鱼由胚胎阶段向着成年阶段的成长，肺功能也不断地退化，最后变成了徒有其表的、没有任何功能的肺。不过，这个没有任何功能的肺却成了鱼类向两栖生物进化的重要证据。

长着“四肢”的鱼

说到鱼类，我们脑海中就会呈现出长满鳞片和鱼鳍的形象。可是今天说的矛尾鱼却颠覆了人们对鱼类的认知，因为矛尾鱼身下长着“四肢”。这是因为在生物进化过程中，水生生物向着陆生生物进化时鱼鳍会进化成肢状，但是不知什么原因，矛尾鱼又重新回到水里生活。

尽管经历了上亿年的时间，但是矛尾鱼的样子与它们的祖先并没有太大的差别。
鳍肢的基部有肉肢，这些肉肢就是陆地动物四肢的雏形。
尾巴的形状类似一个矛头，所以才被叫作矛尾鱼。
宽大的嘴巴方便捕捉猎物。

进化的证据

矛尾鱼的祖先生活在距离我们很久远的年代，甚至可以追溯到 3 亿多年以前的泥盆纪。就在人们认为这么久远的生物已经灭绝时，它又在 1938 年再次出现在人们的视线中。这种鱼被认为是陆生脊椎动物的祖先。矛尾鱼这种从鱼类向四足动物演化的中间生物，被生物学家们视为解开生物进化奥秘的有力证据。

西印度洋矛尾鱼

体长：约 2 米	分类：腔棘鱼目矛尾鱼科
食性：肉食性	特征：鳞片坚硬，鱼鳍基部有四肢一样的结构

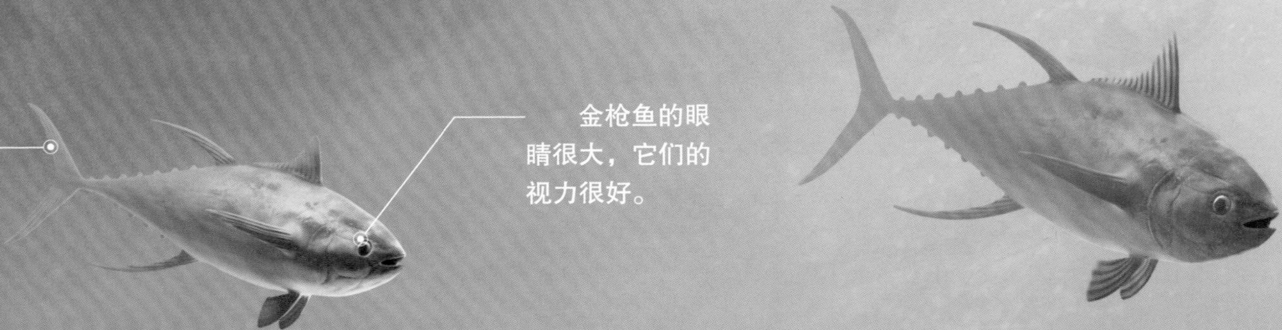
流线型的身体让金枪鱼能以极快的速度游泳。
金枪鱼的眼睛很大，它们的视力很好。

金枪鱼

温血的“鱼雷”

金枪鱼生活在低中纬度海域，在印度洋、太平洋与大西洋都有它们的身影。金枪鱼体形粗壮，呈流线型，像一枚鱼雷。它们有力的尾鳍呈新月形，为它们在大海中快速冲刺提供了强大的动力，是海洋中游速最快的动物之一，平均速度可达 60～80 千米 / 时，只有少数几种鱼能够和它们一较高下。

鱼类大部分都是冷血动物，而金枪鱼则可以利用泳肌的代谢使自己的体温高于外界水温。金枪鱼的体温能比周围的水温高出 9℃，它们的新陈代谢十分旺盛，为了能够及时补充能量，金枪鱼必须要不停地进食。它们食量很大，乌贼、螃蟹、鳗鱼、虾等各种各样的海洋生物都能成为它们的食物。

美味的金枪鱼

金枪鱼肉质软嫩鲜美并含有铁、钾、钙、镁、碘等多种矿物质和微量元素，还有人体中所必需的 8 种氨基酸，它们的蛋白质含量很高，但脂肪含量很低，因此还被美食爱好者称为“海底鸡”。金枪鱼堪称生鱼片中的佳品，是很多人喜欢的海鲜料理之一。

巨大的金枪鱼

2015 年 1 月，一位女渔民钓到了她一生中遇到的最大的金枪鱼，一条重达 823 斤的太平洋蓝鳍金枪鱼。它的体形足以达到小象的两倍大，她努力了近 4 个小时才将这条金枪鱼拖到了船上。据估算，这条巨大的金枪鱼足以做出 3000 多罐罐头。蓝鳍金枪鱼是世界上最大的金枪鱼，它们的寿命可达 40 多年。

蓝鳍金枪鱼

体长：可达 2.4 米	分类：鲈形目鲭科
食性：肉食性	特征：身体呈流线型，有新月形的尾鳍

小丑鱼

鱼中的京剧家

“小丑鱼”是雀鲷科海葵鱼亚科鱼的俗称。小丑鱼的颜色鲜艳明亮，脸部及身上带有一条或两条白色条纹，好似京剧中的丑角，相貌非常俏皮可爱，因此被称作“小丑鱼”。活泼可爱的小丑鱼在珊瑚中穿梭就像是水中的小精灵。小丑鱼不仅长相奇特，它们还是为数不多的可以改变性别的动物，它们中的雄性可以变成雌性，但是雌性不能变成雄性。在小丑鱼的鱼群中，总有一个位居统治者地位的雌性和几个成年雄性，如果雌性统治者不幸死亡，将会有一个成年雄性转变为雌性，成为新的统治者，周而复始。

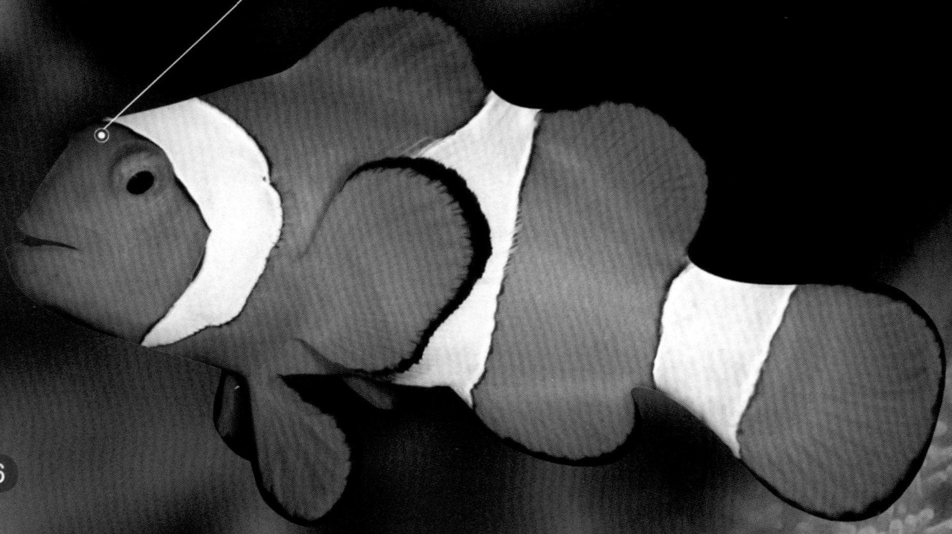

在几条共同生活的小丑鱼中，一条体形最大的是雌性，其他的都是雄性。

小丑鱼身上橘黄色和白色相间的斑纹让它们看上去非常可爱。

眼斑双锯鱼(公子小丑鱼)

体长：约 11 厘米	分类：鲈形目雀鲷科
食性：杂食性	特征：身体橘黄色，有白色的斑纹

小丑鱼和海葵是如何共生的

当小丑鱼还是幼鱼的时候就会找个海葵来定居，它会很小心地从有毒的海葵触手上吸取黏液，用来保护自己不被海蜇蜇伤，海葵的毒刺可以保护小丑鱼不受其他鱼的攻击，同时它还能吃到海葵捕食剩下的残渣，这也是在帮助海葵清理身体。

人们都爱小丑鱼

因为小丑鱼颜色鲜艳，活泼可爱，人们都喜欢饲养它作为宠物。饲养小丑鱼非常简单，只需喂一些颗粒料、碎虾肉就可以，在前两个月需要在食物中添加一些虾青素或者螺旋藻粉，这样可以使它的颜色保持鲜艳。

海葵带有刺细胞的触手是其他动物的陷阱，但是对小丑鱼来说则是它们温暖的家。

雌雄同体

小丑鱼不仅长相奇特，它还是为数不多的雌雄同体的动物，并且它们中的雄性可以变成雌性，但是雌性不能变成雄性。

管鼻鯙

头上长着小管子

在浩瀚无际的海洋里居住着各种神奇而美丽的生物，有一种鱼的头上长着管子一样的鼻孔，它们有着这样怪异的长相，又有着非常鲜艳的体色，这就是管鼻鯙。管鼻鯙又称“五彩鳗”，它们令人惊叹的外表无疑是海洋中最美的点缀之一。管鼻鯙属于鳗鲡目，是一种生活在热带及温带地区的海水鳗鱼，主要分布于非洲东岸至土木土群岛，日本海南部至新克里多尼亚海域。管鼻鯙的身体细长，平时喜欢穿梭在岩石缝隙中，它们色彩绚丽，外形奇特，常常被作为观赏鱼。在幼年的时候身体呈全黑色，只在下颌有一条黄白色条纹，长大后，雄鱼会变成蓝色，雌鱼则慢慢变成黄色。

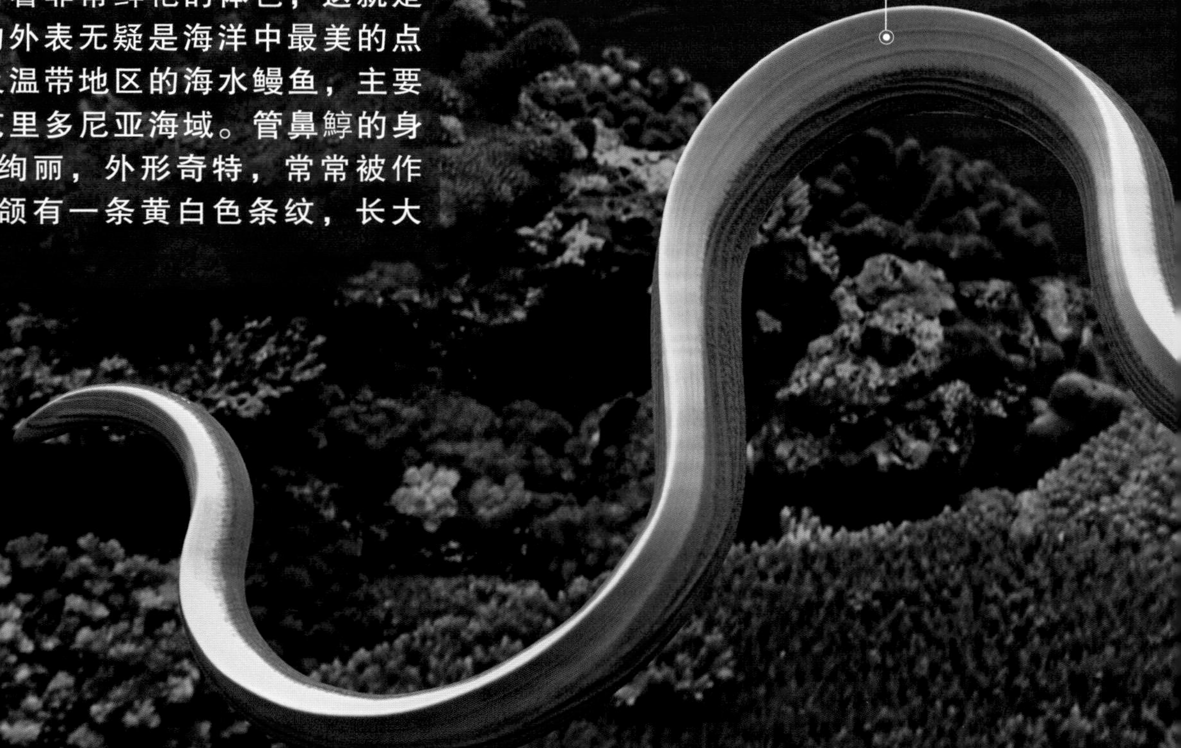
黄色的背鳍一直延伸到身体末端。

黑身管鼻鯙

体长：约 120 厘米	分类：鳗鲡目鯙科
食性：肉食性	特征：身体细长，鼻孔呈管状

凶猛而美丽

管鼻鯙拥有美丽的外表，但它们却是凶猛的捕食鱼，甚至要比个头更大的豹斑海豹还要凶猛。管鼻鯙常常在水中快速游动捕食小鱼，有趣的是，它们通常只捕捉游动中的鱼而对沉在水底的食物视而不见。

管鼻鯙没有鳃盖，在头部的后方有两个鳃孔。
管鼻鯙的鼻孔外侧结构看起来像一根管子，所以得名管鼻鯙 。
嘴巴里长着锋利的牙齿。

美丽的五彩鳗

管鼻鯙也被人们叫作“五彩鳗”，是一种非常受欢迎的海水观赏鱼。人们在饲养五彩鳗的时候要为它们提供可以遮蔽的洞穴，它们喜欢在遮蔽物下面钻来钻去，不能适应没有遮蔽物的环境，如果没有隐蔽的空间，它们很有可能因为紧迫感而绝食。尽量不要将五彩鳗和蝴蝶鱼、神仙鱼等混在一起饲养,因为它们会去咬五彩鳗裸露的皮肤。当它们营养不良的时候，绚丽的色彩也会黯淡无光，这时需要喂一些蛤肉和虾肉才能使其重现光彩。

裸胸鳝平时喜欢隐藏在礁石上的洞穴中。

波纹裸胸鳝	
体长：约 1.5 米	分类：鳗鲡目海鳝科
食性：肉食性	特征：身体上有波浪状花纹

裸胸鳝

我有“两张嘴”

在热带及亚热带海洋的珊瑚礁附近生活着一群神奇的鱼——裸胸鳝，它们属于珊瑚礁鱼，在中国主要分布于东海及南海海域。世界上存在 80 种裸胸鳝，在中国就有 30 多种。在裸胸鳝看似呆滞的面孔下隐藏着一张可怕的嘴，一排排锋利的牙齿暴露了它们的凶残本性，它们是海底可怕的肉食性鱼，遇到爱吃的鱼会迅速冲上去死死咬住。它们心情不好时也会袭击人类，而且许多海鳝科的鱼都是有毒的，所以还是收起我们的好奇心，和它们保持一定的距离吧！

为什么叫裸胸鳝

裸胸鳝身体光溜溜的，没有鱼鳞，除了背鳍以外没有其他鱼鳍，当然也没有胸鳍。正因为如此，它们就被取了“裸胸”这个名字。不仅如此，它们还没有其他鱼那样的鳃，仅仅在头部有两个小小的鳃孔，看上去并不像鱼，更像是一条蛇。

拥有忠实的清洁工朋友

虽然裸胸鳝是可怕的肉食性动物，但是它们从来都不孤单，甚至还有两个忠实的清洁工朋友——清洁虾和裂唇鱼。这两个朋友可以帮助裸胸鳝清除皮肤表面的寄生虫，还会游到裸胸鳝的嘴里帮它们剔牙，算得上是裸胸鳝最忠实的朋友。

长长的背鳍一直延伸到尾部末端。
裸胸鳝没有胸鳍，所以被取了这样一个名字。

海鳗

口中的利齿

水下的世界光怪陆离，到处充斥着神秘的气息。在昏暗的海底，凶猛的海鳗可谓是水下的霸王。海鳗有着锋利的牙齿，它们能够适应不同的海水盐度，在珊瑚礁区域或者红树林中以及河口的低盐度水域都能看到海鳗的身影。它们的身体构造非常适合生活在环境复杂的珊瑚礁或者红树林中，柔软的身体可以自由地在障碍物之间蜿蜒穿行，像蛇一样。它们是海底凶猛的肉食性鱼类，游速极快，喜欢栖息于洞中，经常在夜间出没捕食，虾、蟹、鱼等都是它的美味。

合作捕猎方式

有一些记录认为海鳗和石斑鱼是捕猎时的合作伙伴，它们属于两个不同的物种，这在动物界是十分罕见的现象。石斑鱼使用一些肢体语言给海鳗发出信号，如果海鳗接受了石斑鱼的邀请，它们在捕猎中将分担不同任务，相互沟通从而达成合作。石斑鱼在礁石外围将小鱼逼近礁石的缝隙；海鳗负责捕捉岩缝中的鱼，并且将鱼从缝隙中赶出去，逃出去的鱼就成了石斑鱼的美味。海鳗隐藏在珊瑚礁中，石斑鱼则在外围游荡，它们合作捕猎的成功率要比单独行动时高得多。不过这种合作方式是否存在依然有待研究人员的证实。

头部比较狭长，嘴巴里面有锋利的牙齿。

海鳗

体长：约 2.2 米	分类：鳗鲡目海鳗科
食性：肉食性	特征：嘴巴比较大，嘴里有锋利的牙齿

背鳍一直延伸到尾部末端。
柔软的身体表面布满了黏液，黏液具有保护自己的作用。
与裸胸鳝不同，海鳗是有胸鳍的。

皇带鱼

神秘的“大海蛇”

在太平洋和大西洋的温暖海域深处，游荡着世界上最长的硬骨鱼——皇带鱼。皇带鱼的头比较小，看上去有点像马的头。身上没有鳞片，全身呈亮银色，有着鲜红色的鱼鳍，非常漂亮。皇带鱼呈竖直的姿态游泳，它们捕捉猎物是用吸入的方式，突然张开嘴巴，把磷虾或者其他小动物吸进嘴巴里。

皇带鱼的身体呈长带形，它们的身体最长可达 11 米，所以也常常被渔民和水手们误认为“大海蛇”。因为皇带鱼的出现经常伴随着地震或者海啸，所以人们也把它们叫作“恶魔的使者”。很多人都因为皇带鱼的神出鬼没和奇特的外表而把它看作是横扫海底、摧毁一切的怪兽，它们也曾经被误认为是传说中的“龙”。

身体非常长，最长可达11米。

世界上最长的硬骨鱼

我们知道，鱼类主要分为软骨鱼和硬骨鱼两个大类。之前讲到的牛鲨和大白鲨等都属于软骨鱼，皇带鱼则属于硬骨鱼，并且它还是硬骨鱼中身长最长的一种。虽然名字叫作“带鱼”，但皇带鱼与我们平时吃到的带鱼并不是一类。我们在水产市场上看到的带鱼属于鲈形目带鱼科，而皇带鱼则属于月鱼目皇带鱼科。

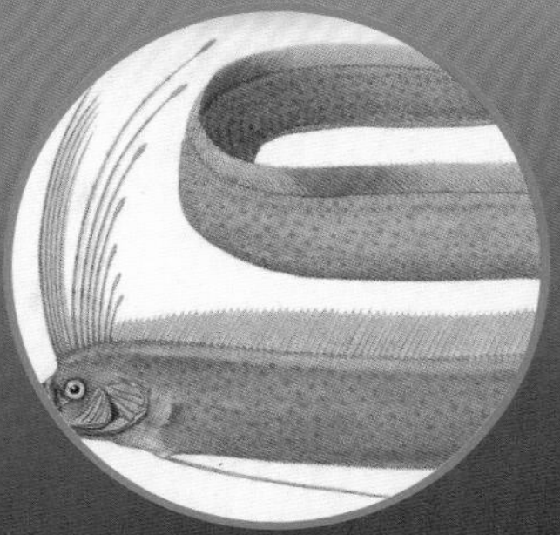

古代传说中的“大海蛇”

早在公元前 4 世纪，就已经有了对皇带鱼这种神秘鱼的记载。亚里士多德在其所著的《动物史》书中就曾经有过比较确切的记载，书中写道：“在利比亚，海蛇都很巨大。沿岸航行的水手说在航海途中，也曾经遇到过海蛇袭击。”这里所说的巨大的海蛇，其实就是皇带鱼。

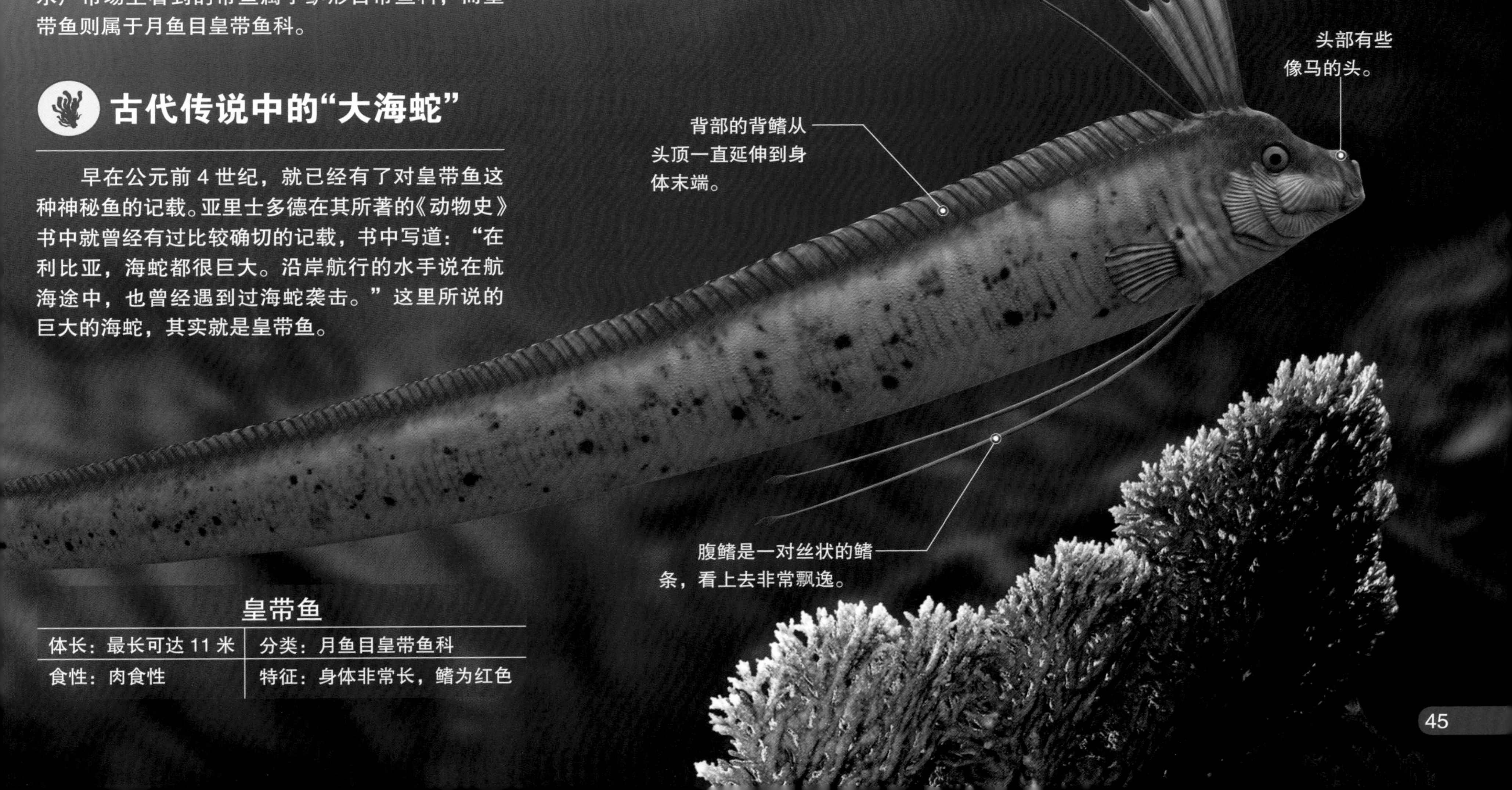
前端背鳍的鳍条延长，呈丝状。
头部有些像马的头。
背部的背鳍从头顶一直延伸到身体末端。
腹鳍是一对丝状的鳍条，看上去非常飘逸。

皇带鱼

体长：最长可达 11 米	分类：月鱼目皇带鱼科
食性：肉食性	特征：身体非常长，鳍为红色

雷达鱼

背上有“天线”

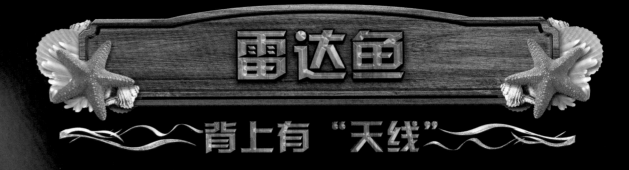

印度洋和太平洋的珊瑚礁海域是一片彩色的世界，这里生存着许多美丽的小天使。在美丽的珊瑚礁中就生活着一种可爱的雷达鱼。它们体长7～9厘米，呈圆筒形，背鳍一分为二，第一背鳍耸立为丝状，很像雷达的天线，雷达鱼的名字也就是由此得来。雷达鱼的正式名称叫作“丝鳍线塘鳢”，它们的颜色艳丽，吻部为黄色，身体呈白色，尾部为鲜红色，眼睛紧靠身体两端，就像水中的小精灵。雷达鱼是杂食性鱼，主要吃水中漂流的浮游生物和小虫。它们性情温和，喜欢群居，配成一对的雷达鱼不会相互攻击。可以家庭饲养，不过在鱼缸中需要为它们添置一些可以藏身的水草或珊瑚，因为它们的胆子很小。

背部高高耸立的背鳍是它们的“天线”，也是其被叫作雷达鱼的原因。
雷达鱼身体瘦长，看上去比较柔弱。在晚上它们会躲进岩石的缝隙中休息。

胆小的雷达鱼

雷达鱼名字听起来很威风，但它们是胆小鬼。它们一生都生活在恐慌之中，平时也是一惊一乍的，如果有游速很快的鱼从身边游过，它们就会吓得躲藏起来，所以饲养雷达鱼的人通常会将很多条雷达鱼一起饲养。雷达鱼的胆子非常小，以至于它们很有可能运输的路途中就被吓死了。

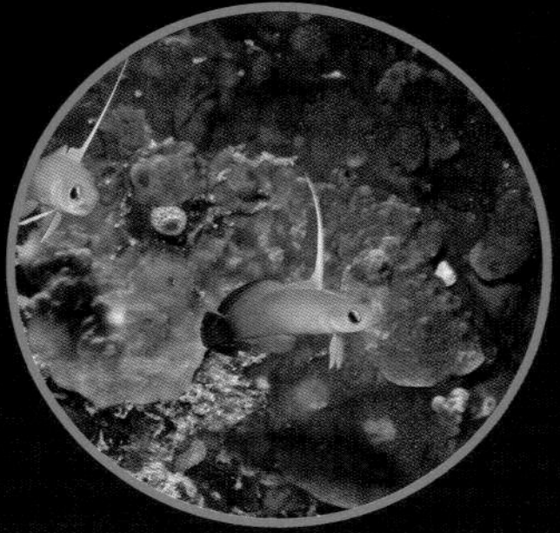

丝鳍线塘鳢（雷达鱼）

体长：7～9 厘米	分类：鲈形目凹尾塘鳢科
食性：杂食性	特征：身体呈白色，尾部为鲜红色，背部有一根细长的背鳍

背上有“天线”

雷达鱼的背鳍“天线”对它们来说是一种报警工具。它们成群生活时，一旦发现危险，就会迅速摆动“天线”向同伴发出信号，通知大家迅速离开。

跳跃的小精灵

雷达鱼喜欢成对地停浮在水面，并且它们非常擅长跳跃，是水中的跳高运动员。它们身体小巧，色彩艳丽，在水面欢快地跳跃，就像一串串彩色的音符，在宁静的水面上敲击出动人的音乐。不过因为雷达鱼太喜欢跳跃了，所以饲养它们的水族箱一定要记得加盖，或者留出 20 厘米的边儿。

镰鱼

海中“神像”

镰鱼是成群活动的鱼，它们经常在海中整群地游动。

镰鱼的嘴巴呈管状，适合在细小的空间中寻找食物。

印度尼西亚及澳大利亚西部的珊瑚礁海域，是一个色彩缤纷的世界，这里住着一种美丽的鱼——镰鱼。镰鱼又叫“神像”或者“海神像”，是镰鱼属的唯一一种鱼。它们非常漂亮，全身由黑、白、黄三大色块组成，加上高昂的背鳍，向人们展现出了一种高贵典雅的气质，是海洋中美丽的观赏鱼。镰鱼们喜欢栖息在干净的珊瑚礁边缘，夜间躲在水底睡觉，体色也会随周围的环境而变暗。

马夫鱼是镰鱼吗

有一种鱼与镰鱼很像，长着黑白相间的花纹，外形也与镰鱼非常相似，它们就是马夫鱼。不过镰鱼属于镰鱼科，马夫鱼则属于蝴蝶鱼科，它们是两种不同的鱼。它们体形都是侧扁状，脊背都是高高隆起，颜色也都是由黑、白和明亮的黄组成，但是马夫鱼的鳞片要比镰鱼大得多，同时镰鱼有一个管状的嘴巴，而马夫鱼的嘴巴虽然尖尖的，但不呈管状。

身体的颜色主要
有黑、白、黄三种。
有一条很长
的背鳍。

镰鱼的发育过程

镰鱼在生长发育过程中需要经历一段变态期，幼鱼与成鱼的形态差异巨大。在它们还是幼鱼的时候，全身是透明的或者灰白色的，所以也被叫作“灰镰鱼”。随着时间的推移，它们的嘴巴会变得越来越长。幼鱼的嘴角上有一个像刀一样的棘，当体长达到 75 毫米时才消失。成鱼的眼上方有棘，像角一样，所以也被称为“角镰鱼”。

镰鱼吃什么

镰鱼经常成群出来觅食。它们的吻部呈管状，适合在礁石上的小洞穴中搜寻无脊椎动物。它们主要以海绵为食，也吃其他动物和植物。镰鱼还非常喜欢吃珊瑚，特别是一些软体珊瑚和脑珊瑚。镰鱼的口中有尖利的牙齿，可以轻松地从石头上咬下珊瑚，它们会很调皮地咬破珊瑚的软体部分，然后撕下一块吃掉，这一举动和它们优雅的外表很不相符。

镰鱼	
体长：约 26 厘米	分类：鲈形目镰鱼科
食性：杂食性	特征：嘴巴呈管状，身体主要有黑、白、黄三种颜色

蝴蝶鱼

珊瑚中的蝴蝶

蝴蝶鱼广泛分布于世界各温带和热带海域，大多数生活在印度洋和西太平洋地区。这里有着美丽的珊瑚礁海域，是蝴蝶鱼的家。蝴蝶鱼体形较小，是一种中小型的鱼，其特征就是在身体的后部长有一个眼睛形状的斑点。蝴蝶鱼大多有着绚丽的颜色，有趣的是，它们的体色会随着成长而发生变化，即使是同一种蝴蝶鱼，幼年和成年的时候也是“判若两鱼”。

蝴蝶鱼一般在白天出来活动，寻找食物，交配，到了晚上就会躲起来休息。它们行动迅速，胆子小，受到惊吓后会迅速躲进珊瑚礁中。蝴蝶鱼食性变化很大，有的从礁岩表面捕食小型无脊椎动物和藻类，有的以浮游生物为食，有的则非常挑食，只吃活的珊瑚虫。

身体后面长了眼睛吗

一些种类的蝴蝶鱼身体后半部分长着一个扭曲的眼状斑点，这个斑点和眼睛很像，但却长在和眼睛相反的位置。为了弄清这个斑点的作用，科学家利用一些肉食鱼进行了实验，结果发现这些肉食鱼通常都会主动攻击模型上带有眼斑的一端，因此科学家认为蝴蝶鱼的眼点主要是引诱敌人找错攻击位置，这样能够增加被攻击后的幸存概率。

在哪儿能看见蝴蝶鱼

蝴蝶鱼生活在热带到温带水域的海洋中，有时也可以在半咸水的河口或封闭的港湾见到它们。它们喜欢沿着岩礁陡坡游动，在海中，我们也常常会在浅水的珊瑚礁附近见到它们，也有一些会出现在200米以下的深水中。蝴蝶鱼的幼鱼和成鱼常常活动在不同的区域，一些研究学者认为，蝴蝶鱼原来很可能是生活在海洋表层的鱼而并非珊瑚礁鱼。

身体上有
从上到下贯穿
身体的条纹。
身体后部的眼
状斑点是蝴蝶鱼科
鱼的重要特征。
嘴巴尖细，
以啄食细小的无
脊椎动物为食。

蝴蝶鱼的恋爱史

蝴蝶鱼不像其他鱼那样成群结队地求偶，它们可是很专注的，通常都是一对一地求偶。体形较大的雄鱼会引诱雌鱼离开海底，然后雄鱼会用自己的头和吻部去碰触雌鱼的腹部，再一起游向海面，在海面排卵、受精，然后再返回海底。受精卵一天半就可以孵化，但初生的幼鱼需要在海上漂浮一段时间才会回到海底的家。

三间火箭蝶

体长：约 20 厘米	分类：鲈形目蝴蝶鱼科
食性：肉食性	特征：身体上有橙黄色的条纹，后部有一个黑色斑点

石斑鱼

珊瑚礁中的猎人

石斑鱼的种类繁多，但它们体态基本相似。我们所说的石斑鱼指的是石斑鱼亚科中的各种鱼，它们大部分体形肥硕，有着宽大的嘴巴。有些石斑鱼比较特别，它们的鱼鳞藏在鱼皮下面，被称为“龙趸”。

不同种类的石斑鱼体表颜色和花纹也是不一样的，它们的体色可以在不同的年龄和不同的环境条件下发生很大的变化。石斑鱼是肉食性的凶猛鱼，常常捕食甲壳类、小型鱼和头足类。因为石斑鱼喜欢躲藏在安静的洞穴中，所以食物丰富、地形复杂的珊瑚礁区域是它们最喜欢的栖息地了。

大名鼎鼎的“东星斑”

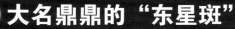

在珊瑚礁海域也生活着一些中小型的石斑鱼，它们不仅味道鲜美而且色彩艳丽，体态优雅，除了食用，也常常被当作高贵的观赏鱼。豹纹鳃棘鲈又被叫作“东星斑”，它们身上遍布着美丽的黑边蓝色小斑点，大多体色鲜红，也有橄榄色的品种，不过人们都喜欢喜庆的红色，所以红色的价格相对较高。

石斑鱼的繁殖

在自然界中，有一些动物可以随着生长而转换性别，石斑鱼就是其中之一。刚刚成熟的石斑鱼都是雌性，而成熟的雌性可以在第二年转换成雄性。不同的石斑鱼有不同的繁殖习性。有的石斑鱼，例如鲑点石斑鱼属于分批产卵型，同一个卵巢中具有不同发育阶段的卵母细胞，在一个繁殖周期内，卵子能分批成熟产出。还有一些石斑鱼则是属于一次产卵类型。

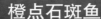

石斑鱼平时躲藏在珊瑚礁的岩洞中，当有猎物经过附近的时候就会出来攻击。

橙点石斑鱼	
体长：约 76 厘米	分类：鲈形目鮨科
食性：肉食性	特征：嘴巴宽大，身上有橙色的斑点

橙点石斑鱼的身上有很多橙红色的斑点。
与其他石斑鱼一样，橙点石斑鱼也有着一张大嘴巴。

翻车鲀

产卵最多的鱼

有一种鱼，它们没有真正的尾巴，看上去只有一个巨大的鱼头，这是什么鱼呢？它们就是常常在海面上晒太阳的翻车鲀。翻车鲀身体呈扁圆形，因为这个长相，它们还有一个绰号叫“游泳的头”。最大的翻车鲀体长可达 5.5 米，背部和腹部分别长着一个又高又长的背鳍和臀鳍。与它们庞大的身躯相比，翻车鲀的小嘴显得格外不成比例。它们的牙齿呈喙状，就像河豚一样。翻车鲀主要以水母为食，为了能够满足巨大的消耗，它们还会把一些鱿鱼、甲壳类、浮游生物、小型鱼当作小点心。它们性格温顺，皮肤的颜色会根据心情而改变，当受到威胁时，可以瞬间将体色变暗。你知道吗？世界上产卵最多的鱼就是翻车鲀了，它们每次产卵的数量可达 3 亿个，但存活率却只有百万分之一。

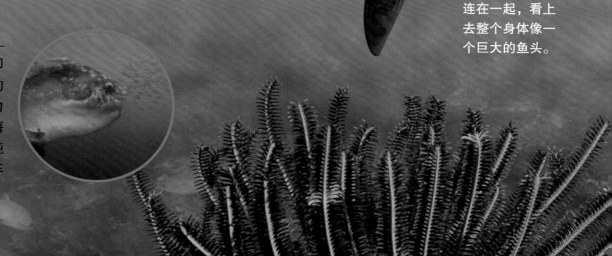

尾鳍与身体连在一起，看上去整个身体像一个巨大的鱼头。

翻车鲀艰辛的一生

翻车鲀的一生活得相当艰辛。在它们幼年的时候，即使成群结队地活动，也会遭到金枪鱼、鲯鳅等掠食性鱼的捕食。等它们成年以后，行动依然很缓慢。缺乏自卫能力的翻车鲀会被鲨鱼和虎鲸追捕。像海狮那种智商较高的海洋动物还会撕咬翻车鲀作为日常游戏，海狮会攻击翻车鲀的鱼鳍，让翻车鲀失去行动能力浮在水面上，可怜的翻车鲀最终会成为海狮和海鸥们的大餐。

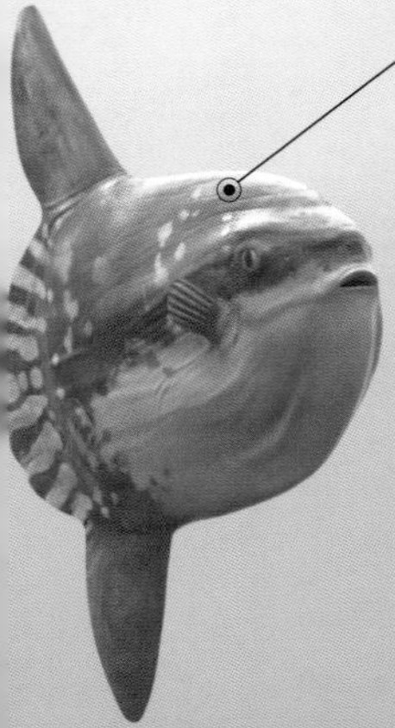
身体表面具有
银白色的光泽。

背鳍和臀
鳍非常长。
嘴巴小小
的翻车鲀主要
以水母为食。
翻车鲀经常躺在海面
上，依靠太阳光和海鸟来
去除身上的寄生虫。

消失的骨骼

你知道吗，如此庞大的翻车鲀骨头却很少。翻车鲀的骨骼极度退化，普通鱼类身上重要的骨骼在翻车鲀身上已经退化消失，只剩下背鳍和部分臀鳍，连肋骨都退化了。因为在翻车鲀游动的时候背鳍和臀鳍发挥着重要的“舵”的作用。由于肋骨完全消失，翻车鲀无法像其他鲀类亲戚一样鼓气。虽然它们的骨骼有所缺失，但却是世界上已知最重的硬骨鱼。

翻车鲀	
体长：可达 5.5 米	分类：鲀形目翻车鲀科
食性：杂食性	特征：看上去像一个巨大的“鱼头”

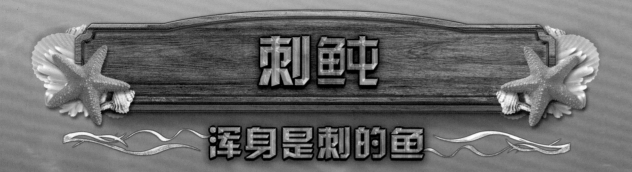

刺鲀

浑身是刺的鱼

刺鲀广泛分布于世界各地的热带海域。之所以叫它们刺鲀，是因为它们身上的鳞片都演化成了一根一根的硬刺。遇到危险时，它们会将自己鼓成个刺球来防御敌人。但是全身布满棘刺的刺鲀也掩饰不了它们呆萌的神态。它们可是不折不扣的肉食性鱼。刺鲀的上下牙进化成一枚发达的齿板，中间没有缝隙，看上去就像两颗门牙，因此刺鲀科也被叫作“二齿鲀科”。它们主要吃一些海底的贝类、虾、蟹和一些珊瑚，它们的咬合力相当惊人，可以轻松咬碎贝类的外壳。

被骚扰的刺鲀

在热带的旅游区，游客很容易就能见到野生的刺鲀。由于刺鲀把自己鼓起来的时候看上去很有趣，因此许多游客一次又一次地骚扰它们，让刺鲀膨胀起来。但是刺鲀的每次膨胀都是对自身的极大伤害，膨胀的次数多了会使它们体内的气囊破裂，造成体内的空气无法排出体外，使刺鲀无法正常地下沉，只能孤单地漂浮在海面上，忍受太阳的暴晒直到死去。

球形的刺鲀

刺鲀的膨胀是为了保护自己。刺有的长，有的短粗，只有尾巴和吻部没有棘刺。正常情况下棘刺会平贴在身上，看起来和其他的鱼没有太大差别，如果遇到敌人或者受到惊吓，刺鲀就会吞入水或者空气，使身体膨胀呈球状，棘刺也会跟着竖起来，形成一个大刺球，让敌人无从下口。等到危险过去，

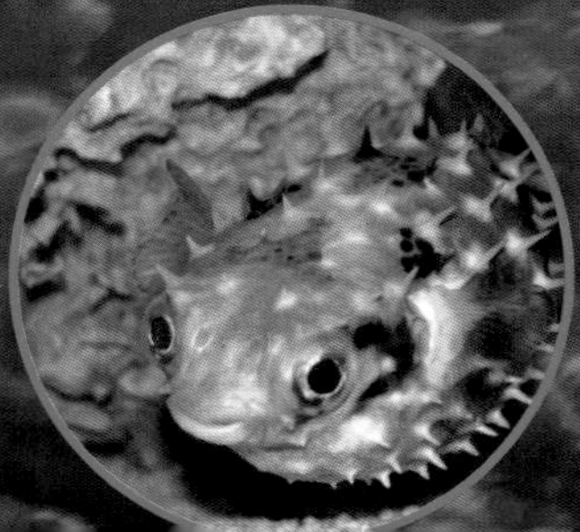

球刺鲀

体长：约 40 厘米	分类：鲀形目二齿鲀科
食性：肉食性	特征：身体表面覆盖着尖刺，可以竖起来防御敌人的攻击

即使鼓成了“刺球”，刺鲀的鳍也能辅助它进行游泳。
刺鲀在平时并不是鼓起来的，只有在它们遇到危险或者被骚扰的时候才会胀成一个“刺球”。
刺鲀的尖刺平时是贴在身体表面的。

箱鲀

长得像盒子

在绚丽多彩的珊瑚丛中，艳丽的色彩让你眼花缭乱，目不暇接。其中有一种鱼叫作箱鲀，因为它们最大的特点就是身体的大部分都包在一个坚硬的箱状保护壳内，所以人们更加形象地称之为“盒子鱼”。它们体形小，速度也不快，整天游荡于错综复杂的珊瑚杈和礁石之中，一遇到追捕者还可以在狭小的空间内如同漂移一样，瞬间躲到阴暗地带，让掠食者无迹可寻。

在漫长的演化进程中，箱鲀和它的同伴们没有选择飞快的游速和流线型的体态，而是换上了坚固的盔甲和危险的毒素保护自己，用它们自己独特的方式享受着与其他鱼不尽相同的海底生活。

笨拙的箱鲀如何控制自己

箱鲀没有流线型的身材，也没有迅猛的速度，它们笨得像一块吐司面包，这样的身材要如何在水下保持稳定性和机动性呢？那就要靠它们身上那些不起眼的鱼鳍了。在游泳时，它们会不停地摆动尾鳍和胸鳍，就像小鸟扇动翅膀一样，借此箱鲀可以毫不费力地控制自己的稳定性，还能进行短距离的加速游泳呢！

箱鲀吃什么

在箱鲀还是幼鱼的时候，它们主要以有机碎屑、藻类、海绵、小蠕虫等为食。等到它们长成成鱼后，一般会出没在岩礁边缘近沙地的半遮蔽处或洞穴附近，除了小蠕虫以外，也会捕食一些甲壳类或小型鱼。

体长：约 46 厘米	分类：鲀形目箱鲀科
食性：肉食性	特征：身体像一个箱子，有坚硬的鳞片

[illegible]

漂亮的东西往往有毒，箱鲀体表色彩明亮艳丽，还带有斑点，这同样是对侵犯者的一种警告。当它们受到伤害，或者感到危险的时候就会迅速释放一种箱鲀科鱼类特有的神经毒素，这种溶血性毒素存在于它们体表的黏液中。毒素一旦被释放出来，那么在这片水域的所有鱼都有可能会中毒甚至死亡，这其中当然也包括它们自己，所以使用超级武器也是有风险的。

在小小的嘴巴里有锋利的牙齿，能咬碎甲壳动物的外壳。

箱鲀的身体表面有明亮艳丽的颜色和斑点，用来警告捕食者它们体内含有剧毒。

玫瑰毒鲉

猜猜我在哪

硕大的胸鳍能帮助玫瑰毒鲉挖掘海底的沙子，把自己半埋在礁石边。

咦，礁石为什么在游动？原来是一条玫瑰毒鲉正从藏身的地方游出来。因为身体外表的形态和花纹都如同水里的礁石，它们又被叫作“石头鱼”。玫瑰毒鲉的皮肤表面没有鳞，一张大嘴巴几乎占了头部的大半。玫瑰毒鲉的体色会随着环境的变化而变化，通常呈土黄色或橘黄色，看上去就像一块长满了藻类、海绵和珊瑚的礁石。

别看玫瑰毒鲉的外表非常适合伪装，它们可不是只有这一种自卫手段。玫瑰毒鲉的背鳍上长有含剧毒的棘刺，其毒性在世界上的鱼类中名列前茅，所以它们一点儿也不怕掠食动物的攻击。平日里它们的保护色与海底的礁石完美结合，不需要主动出击，当小鱼靠近它们时，它们只要猛然张开大嘴，就可以把毫无察觉的小鱼吞进肚子里。

致命的毒素

玫瑰毒鲉像玫瑰花一样长有刺，而且带毒，它们的背鳍上面长着 12～14 根像针一样的背刺，背刺基部带有毒腺，能够发射出致命的神经毒素。人类被它们刺中会产生强烈的疼痛感，严重的会导致死亡。

危险的石头

玫瑰毒鲉活像一块石头，所以经常有人在海边的礁石区行走的时候不慎被它们刺伤。还没发现是被什么东西刺伤了自己，罪魁祸首玫瑰毒鲉就已经逃之夭夭了。

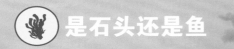

是石头还是鱼

玫瑰毒鲉就像一块不起眼的石头。其相貌丑陋，但像石头一样的花纹却是它最好的伪装方式。它们常常栖息于海中的岩壁上或停留在海底的礁石中，一动不动，没有人会发现那是一条鱼。遇到捕食者它们会选择原地不动，如果被发现了则会用背上的毒刺来自卫，这是它们自我保护的最好方法。

玫瑰毒鲉	
体长：约 40 厘米	分类：鲉形目鲉科
食性：肉食性	特征：外形看上去像一块长着藻类的石头

外表就像一块石头，身体表面凹凸不平，还有一些类似藻类的凸起。
在捕猎时，玫瑰毒鲉的大嘴巴可以突然张开，在嘴巴附近形成一个负压区，小鱼瞬间就被它们吸进嘴里去了。

弹涂鱼

离开水的鱼

潮水退去，红树林的泥滩上有一些小鱼在蹦蹦跳跳，有的还在爬行，它们是搁浅了吗？其实它们并没有搁浅，这些小鱼的家就在这里，它们的名字叫作弹涂鱼。

世界上共有 25 种弹涂鱼，在我国常见的则有弹涂鱼、大弹涂鱼和青弹涂鱼等种类。弹涂鱼生活在靠近岸边的滩涂地带，它们生命力顽强，能够生存在恶劣的水质中。只要保持湿润，弹涂鱼离开水后也可以生存，在陆地上它的鳍起到了四肢的作用，可以像蜥蜴一样爬行。它们还可以用尾巴敲击地面，让自己跳跃起来，但是只有在急躁或者受到惊吓时才会这样做。每到退潮时就会看到一群弹涂鱼在滩涂地带的泥滩上跳跃、追逐，非常有趣。

眼睛鼓起，很像青蛙的眼睛。
在海滩上，弹涂鱼经常高高跃起，向同类展示自己。

大弹涂鱼	
体长：约 20 厘米	分类：鲈形目虾虎鱼科
食性：杂食性	特征：身体呈褐色，有蓝色的斑点

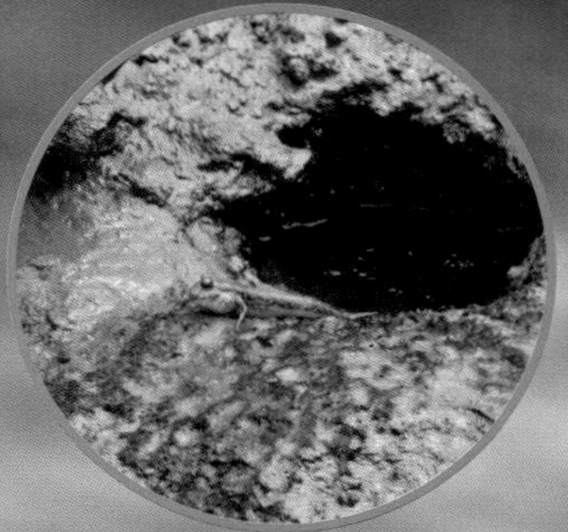

弹涂鱼的洞

退潮以后滩涂很快就会干涸，弹涂鱼不能离开水太久，因此它们需要一个洞来帮助呼吸。它们会在滩涂上挖洞，一直挖到水线以下然后再挖上来，整个洞呈“U”字形。这个洞除了可以避难和提供氧气以外，还可以当抚育室。但是当弹涂鱼把卵安放在洞里的时候，常常会发生缺氧的状况，所以成年的弹涂鱼不得不一口一口地往洞中吹气。在退潮时，洞口会被淹没，所以清理洞口也是非常必要的，因此弹涂鱼要为了生存每天不停地忙碌。

弹涂鱼吃什么

除了捕食小鱼小虾，弹涂鱼还会吃泥土中的有机质，小昆虫也是它们喜欢的食物之一。弹涂鱼生活在近海岸的滩涂上，每到退潮以后就会看见它们在滩涂上跳跃觅食。它们会把自己的嘴巴贴在泥滩表面，像耕田似的吸食底栖藻类。在滩涂上成群觅食的弹涂鱼密密麻麻的一片，场面非常壮观。

鳃部鼓起，里面可以储存空气和水。
弹涂鱼的胸鳍可以用来爬行。

鲻鱼

长得像棒槌

鲻鱼是生活在浅海中的优质经济鱼，广泛分布于全球的热带和温带海域，在红树林水域也经常见到它们的身影。它们身披圆形鱼鳞，有一双圆圆的大眼睛，牙齿则比较小，呈细小的绒毛状。鲻鱼的身体背部为青灰色，腹部呈浅灰色，头部比较扁。因为鲻鱼身体细长，长得像个棒槌，所以海边的渔民又把它们叫作“棰鱼”。

鲻鱼属于广盐度鱼，对渗透压的调节功能特别强大，所以它们可以任意游走在海水和淡水之间，这一特点也让它们成为最容易养殖的鱼。早在古代，鲻鱼就是王公贵族的高级食品，时至今日它们依旧是餐桌上的宠儿。

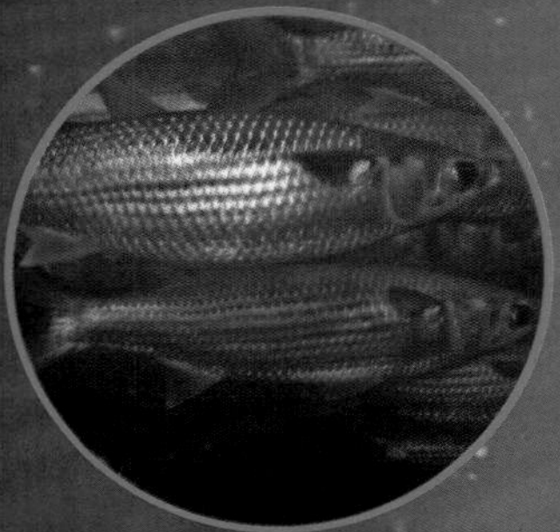

悠久的养殖历史

根据文献记载，早在明朝时期，在珠江三角洲一带就已经有了养殖鲻鱼的记录，距今已经有600多年的历史。每年的1～4月份是最适于捕捞收集鱼苗的季节，经过一段时间的培育和驯化、淡化后，捕获的鲻鱼苗可以在水库、鱼塘、池塘或其他海水和淡水水面放养。

强大的消化系统

鲻鱼有一副厚厚的嘴唇，它们的嘴唇触觉很发达，主要取食水底泥沙中的浮游生物、有机碎屑、微小的螺类或甲壳类等小型生物。它们会把食物和泥沙一起吸入，然后在口中过滤，再将过滤出的体积较大的东西吐出，最后将食物和泥沙一起吞入胃中。鲻鱼胃部的肌肉演化得特别发达，就像一个砂囊，内层有一层硬化的骨质，用来磨碎坚硬的食物。

鲻鱼有两个背鳍。
身体侧面没有大多数鱼都有的侧线。
鲻鱼也叫“乌鱼”，雌性鲻鱼腹中的鱼子可以制成珍贵的海产“乌鱼子”。

鲻鱼

体长：20 ～ 40 厘米	分类：鲻形目鲻科
食性：杂食性	特征：头部宽扁，身体像一个棒槌

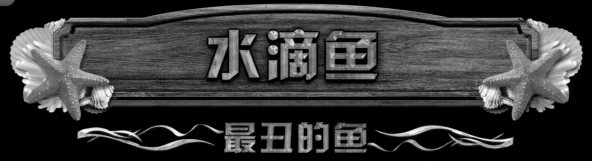

水滴鱼

最丑的鱼

什么是水滴鱼？它们长着水滴状的身体，没有骨头，没有鱼鳔，身体呈软软的凝胶状，长相还十分丑陋，是世界上最丑的鱼。有趣的是，英国的丑陋动物保护学会还要将它们作为其官方吉祥物。水滴鱼有一张看上去十分夸张扭曲的脸，满脸悲伤的表情，看起来非常伤心，是全世界表情最忧伤的鱼，因此又被叫作“忧伤鱼”。

水滴鱼的孵化方式也非常与众不同，在孵化时，雌性水滴鱼会把卵产在浅海，然后就会趴在鱼卵上一动不动，开始孵卵，直到孵出鱼宝宝为止。无骨的水滴鱼在水下的游速非常缓慢，所以当它们在面临捕捞时无法及时逃脱，这也使它们原本就稀少的种群数量遭受到越来越大的威胁。

水滴鱼能吃吗

看它们一副悲伤的表情，你还忍心吃掉它们吗？其实水滴鱼是不适合食用的。它们和其他鱼不同，身上没有一点点肌肉，浑身都是那些凝胶状的组织，这些胶状物质不适合人体吸收，吃了不但没有营养反而有可能对身体有害。

水滴鱼生长在什么环境中

水滴鱼是一种很罕见的深海鱼，它们分布于澳大利亚和塔斯马尼亚沿岸，在 600 ～ 1200 米深的海底活动，那里水压比海平面要高出数十倍，这是人类很难到达的极限，所以它们的栖息地鲜为人知。由于生活在这样的环境中，鱼鳔很难发挥它们原本的作用，因此能够在水中保持浮力就靠它们特殊的皮肤了。水滴鱼浑身由密度比水小的凝胶状物质构成，这种特殊成分使它们可以毫不费力地从海底浮起。

软隐棘杜父鱼（水滴鱼）

体长：约 30 厘米	分类：鲉形目隐棘杜父鱼科
食性：杂食性	特征：肉体呈凝胶状，看上去非常“忧伤”

水滴鱼的肌肉呈凝胶状，给人一种软塌塌的感觉。
嘴巴宽大。
因为看上去非常忧伤，也有人把它们称为“忧伤鱼”。

旗鱼

最快的鱼

它们身形似剑，尾巴弯如新月，吻部向前突出像一把长枪，最具标志性的特点就是它们发达的背鳍，高高的背鳍就像是船上扬起的风帆，又像是被风吹起的旗帜，它们是海洋中游泳速度最快的鱼，它们就是旗鱼。

旗鱼性情凶猛，游泳敏捷迅速，能够在辽阔的海洋中像箭一般疾驰。它们是海洋中凶猛的肉食性鱼，常以沙丁鱼、乌贼、秋刀鱼等中小型鱼为食。旗鱼大多分布于大西洋、印度洋及太平洋等水域，属于热带及亚热带大洋性鱼，具有生殖洄游的习性。

大西洋旗鱼

体长：约 3 米	分类：鲈形目旗鱼科
食性：肉食性	特征：吻部呈剑形，背鳍像一面旗子

旗鱼可以吃吗

旗鱼是可以食用的，而且它们的肉质鲜美，营养价值很高，非常适合做上等的生鱼片等料理，它们的味道以及颜色让人垂涎三尺。不过作为一种位于食物链顶端的大型掠食鱼，旗鱼的肉中会富集大量的汞，如果长期食用就会对身体产生危害。所以尽管旗鱼美味，还是不要贪吃。

旗鱼的速度有多快

天上的雨燕飞得最快，陆地上的猎豹跑得最快，那么海里的什么动物游得最快呢？游泳界的冠军那一定非旗鱼莫属了，它们可是吉尼斯世界纪录中速度最快的海洋动物，最快速度可达每小时 190 千米！旗鱼的吻部像一把长剑，可以将水向两边分开；背鳍可以在游泳时放下，减少阻力；游泳时用力摆动的尾鳍就好像船上的推进器；加上它们流线型的身躯，这些结构特点使它创造出游速最高纪录。

背鳍像一面旗子，是旗鱼的典型特征。
剑形的吻部是旗鱼用来捕猎和攻击敌人的最好武器，甚至能将木船刺出一个洞来。
修长的身体非常适合在水中高速前行，当它们快速游动的时候，背鳍是收起来的。

旗鱼是如何繁殖的

旗鱼具有繁殖洄游的习性，依据大小组成鱼群，在太平洋进行生殖洄游。有趣的是，处于发情阶段的雄鱼，身上的纹路会变得散乱不齐，处于成熟生殖期的雄鱼体色鲜艳亮丽，而雌鱼体色则有些灰暗。

沙丁鱼

数量庞大的小鱼

沙丁鱼属于近海暖水性鱼，它们主要分布于南北纬 20°～30° 的温带海洋水域中。沙丁鱼是一类细长的银色小鱼，体长约 30 厘米，以浮游生物为食。它们游速飞快，通常栖息于中上层水域，只有冬季气温较低时才会出现在深海。沙丁鱼们冬季向南洄游，春季向近海岸做生殖洄游。它们的产卵量很大，一条成熟的沙丁鱼的总产卵量在 10 万粒左右。但是它们的存活率极低，有些受精卵会在孵化期死亡。

虽然一个鱼群中有好几万条鱼，但是它们从来不会互相碰撞。

沙丁鱼最为人所知的特征就是数万条甚至数十万条鱼聚成的大鱼群。

沙丁鱼风暴

到了夏季，在靠近非洲大陆南端的大海中，聚集着密集而又庞大的沙丁鱼群，它们沿着海岸线义无反顾地向北进发。包括鲨鱼、海鸟、海豚在内的各种各样的捕食者也蜂拥而至，呈现出一场充满力量和杀戮的视觉盛宴。沙丁鱼群一会儿形成一面十几米高的墙挡住你的去路，一会儿又像龙卷风一样向你袭来。当你置身于数以万计的沙丁鱼风暴中时，你才能身临其境地感受到它们所带来的震撼。因此在沙丁鱼大量聚集的季节，有很多游客会前往当地，一睹沙丁鱼风暴的壮观景象。

对抗毒气的沙丁鱼

别看沙丁鱼的体形较小，它们在生态系统中可是起到了巨大的作用。它们可以帮助人类清除海岸附近的大量有毒气体。在纳米比亚地区，近海海域的浮游植物大量繁殖，并且沉入海底腐败放出含有硫化物的有毒气体。但是数百万条饥饿的沙丁鱼吃掉了大量的浮游植物，有效地减少了有毒气体的产生，还能够缓解气候变暖，对整个生态系统都有着深远的影响。

沙丁鱼	
体长：约 30 厘米	分类：鲱形目鲱科
食性：杂食性	特征：身体银白色

身体上有一些黑色的小斑点。
身体的结构适合快速游动，这样才能尽可能地逃离掠食者。

管口鱼

长长的嘴巴像管子

管口鱼广泛分布于印度洋、太平洋等热带海域。其身体呈长条状，侧面扁平，体长约 80 厘米，颏部有触须，嘴部细长呈管状，因此得名管口鱼。它们的身体能够随着环境的变化而呈现不同的颜色。管口鱼一般情况下为褐色，根据它们藏身的海藻或珊瑚礁区域，还会变成橘红色、棕色或者黄色。

管口鱼喜欢倒立在软珊瑚或是藻类丛中把自己隐藏起来，它们身体的颜色会变得和周围环境相似，用这种方式躲避敌人和伏击猎物。管口鱼属于肉食性，主要吃一些小鱼，捕食时用自己类似管子一样的嘴将食物吸入口中。

背鳍和臀鳍
在身体的后部。

和海马一样的嘴巴

管口鱼有像管子一样的吻部，这一点和海马很相似。它们还有着很小的嘴，这样的嘴巴使它们不得不用吸入的方式捕食，也正因为如此，它们能够选择的食物范围很小。它们不仅嘴巴和海马相似，也和海马一样，喜欢将自己隐藏在珊瑚和海藻中。

管口鱼科

管口鱼科体形都是呈稍扁的长杆状，吻部则是长管状。它们浑身披着小栉鳞，背鳍带有硬棘，臀鳍无硬棘，胸鳍短小，背鳍呈菱形或圆形。管口鱼科全世界只有一属，其下有三个品种，分别是中华管口鱼、斑点管口鱼和细管口鱼。管口鱼科有着自己独特的觅食方式，就是利用其管状的吻部吸取小型无脊椎动物和小鱼等。它们的体色会随着环境有相应的变化。

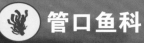

颏部有触须，可以用来寻找食物。
胸鳍比较小。

中华管口鱼	
体长：约 80 厘米	分类：刺鱼目管口鱼科
食性：肉食性	特征：吻部细长，呈管状

管口鱼捕食方式

管口鱼以吃小鱼为生。但它们体形弱小，游速缓慢，又没有锋利的牙齿，所以即使是捕捉小鱼也会有很高的难度，填不饱肚子的情况经常发生。当然，它们也绝不会心甘情愿地挨饿，管口鱼有个很特别的捕食方式，它们会偷偷地依附于其他大型鱼身边，与它们共游，捕食从身边经过的小鱼。

第二章
哺乳动物

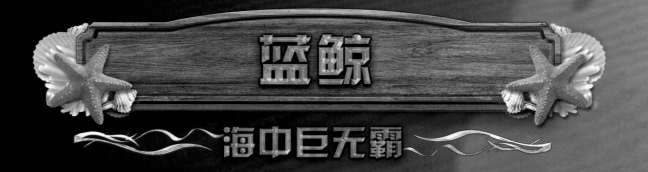

蓝鲸

海中巨无霸

谁才是这世界上最大的动物？是恐龙吗？在广阔的海洋里生活着一种体形比恐龙还要庞大的动物，它们就是蓝鲸！蓝鲸是地球上体形最巨大的动物，体重可达 200 吨，是这世界上当之无愧的巨无霸！非常幸运的是，体形庞大的它们生活在海里，浮力可以让它们不用像陆地动物那样费力地支撑自己的体重。蓝鲸全身体表均呈淡蓝色或鼠灰色，背部有淡色的细碎斑纹，胸部有白色的斑点，这在海中是很好的保护色。

蓝鲸喜欢在温暖海水与寒冷海水的交界处活动，因为那里有丰富的浮游生物和磷虾。蓝鲸的胃口极大，不过，好在它们需要的食物是数量众多的磷虾，偶尔还吃一些小鱼、水母等换换胃口。它们每天要吃掉 4～8 吨的食物，如果腹中的食物少于 2 吨，就会有饥饿的感觉。

蓝鲸是如何繁殖的

到了寒冷的冬季，陆地上的许多动物都开始进入休眠期，而蓝鲸却要进入繁殖期了。雌鲸每两年才生育一次，每胎只产下一个蓝鲸宝宝。蓝鲸和人类差不多，人类十月怀胎，蓝鲸需要怀宝宝 10～12 个月。宝宝生出来以后需要到水面上呼吸第一口空气，避免窒息而死。

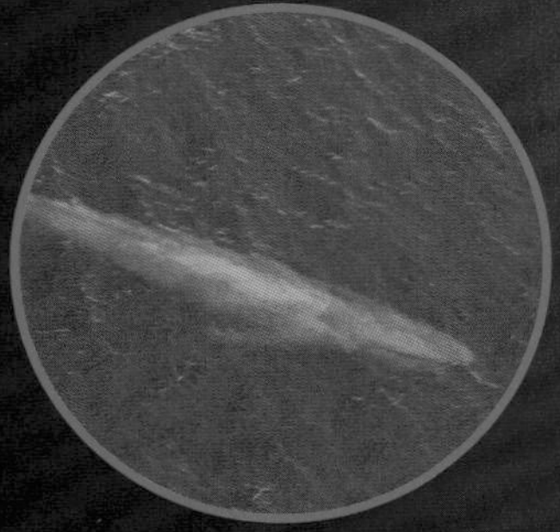

大块头有大嗓门

蓝鲸不仅仅体形庞大，发出的声音也很大。因为蓝鲸发出的是一种低频率的声音，这种声音的低频超出了人们的接收范围，所以人们永远也无法感受到蓝鲸的呐喊。经过测算，蓝鲸的声音要比喷气式飞机起飞时发出的声音还要大。人们估算蓝鲸的声音可达 155～188 分贝。

小小的背鳍
巨大的嘴巴一口能吞下将近 90 吨的海水和食物，然后再把海水从鲸须的缝隙中滤出去。
蓝鲸整体的体形比较细长。
眼睛位于嘴巴的后面。

谁才是世界上最大的鲸

蓝鲸是世界上最大的鲸，也是世界上现存最大的动物。蓝鲸到底有多大呢？它们的体长大约 30 米，有 3 辆双层公共汽车连起来那么长。体重能达到 200 吨，这相当于超过 25 只的非洲象的重量，比大部分曾经生存在地球上的恐龙还要大。它们身体里装着小汽车一样大的心脏，舌头上能够站 50 个人，就连刚生下来的幼鲸都比一头成年大象要重！

蓝鲸	
体长：约 30 米	分类：鲸目鳁鲸科
食性：肉食性	特征：身体非常巨大，是世界上最大的动物

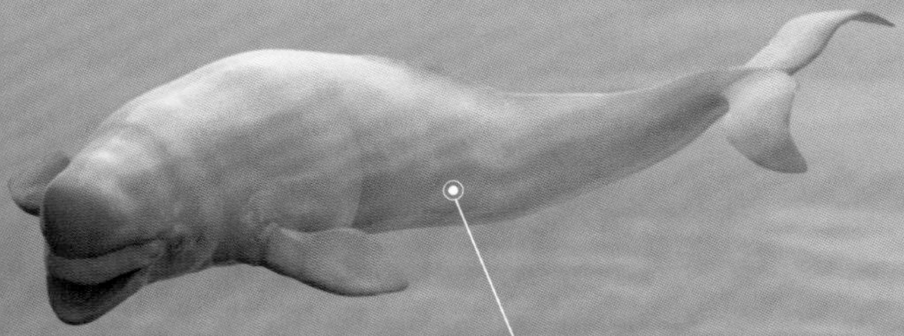

白鲸的皮肤是白色的，不过在它们幼年的时候则是灰色的，随着长大慢慢变白。

夏日狂欢

每年 7 月份就会迎来白鲸迁徙的时间，大群的白鲸会从北极地区出发，开始一年一度的夏季迁徙。它们有成千上万头，聚集在一起浩浩荡荡地游向目的地，一路上互相嬉戏玩耍，不停地表演，还会发出各种奇怪的声音。有些调皮的白鲸就是不喜欢跟着大部队，总要独自游上几百千米，在河口地带给人们带来意外的惊喜。

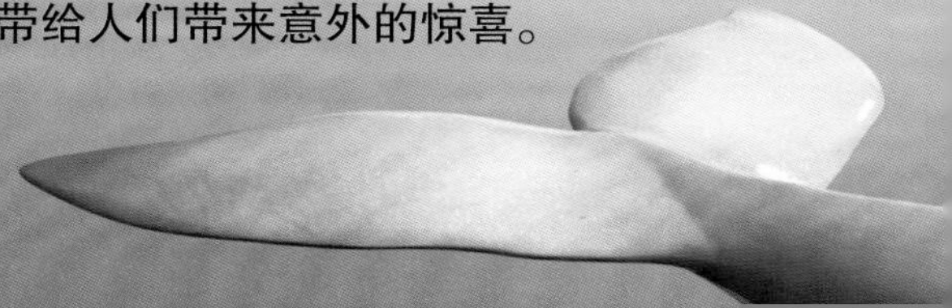

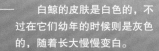

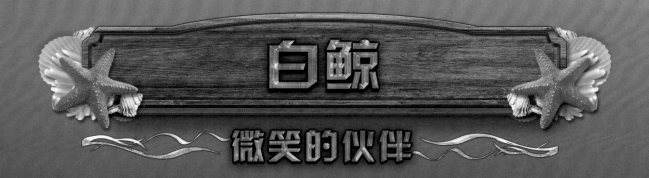

白鲸

微笑的伙伴

如果说有什么海洋动物让人们一眼看去就心情舒畅的话，那可能就要数白鲸了。尽管我们很难亲眼见到野生环境下的白鲸，但是海洋馆中的白鲸看上去也很友好。

白鲸有个圆滑突出的额头和完美宽阔的唇线，它们好像永远都在微笑，这很符合它们温顺的性格。白鲸喜欢缓慢地游动，不但喜欢生活在贴近海面的地方，潜水也是它们的强项。世界上绝大多数白鲸生活在欧洲、美国阿拉斯加和加拿大以北的海域中。如今白鲸的生存受到了威胁，由于生态环境的破坏，水体的污染使白鲸遭到毒害。可爱的白鲸是人类的朋友，我们应该好好保护它们的家园，不要让这么美丽的物种从这个世界上消失。

爱吐泡泡的白鲸

白鲸是很聪明的海洋动物，它们的智商很高，几乎与一个四五岁的小孩子相当。可能也正是因为如此，白鲸也很喜欢亲近孩子，会像孩子一样顽皮，做一些有趣的事，比如吐泡泡。白鲸对吐泡泡这件事情有独钟，会从气孔喷出大量气体，这些气体在水中形成环形的泡泡，然后它们会追着泡泡玩耍，旋转跳跃，就像是在表演水下芭蕾。

爱干净的白鲸

白鲸的体态优美，有着洁白光滑的皮肤。它们非常注重自己的外表。当白鲸游到河口三角洲时，身上会附着许多寄生虫，这时白鲸变得不再洁白，它们怎么能忍受自己的外表变得脏兮兮的呢？于是白鲸们纷纷潜入水底，在河床上下不停地翻滚、游动，一些白鲸还会在三角洲和浅水滩的沙砾或砾石上擦身，每天都这样持续长达几个小时。几天以后，白鲸身上的旧皮肤会蜕掉，换上了洁白漂亮的新皮肤。

白鲸没有背鳍。
白鲸的额头隆起，这是它们运用回声定位的重要器官。
它们的表情看上去似乎一直在微笑。

白鲸	
体长：最长可达 5 米	分类：鲸目一角鲸科
食性：肉食性	特征：全身白色，看上去似乎在微笑

扫一扫

扫一扫画面，小动物就可以出现啦！

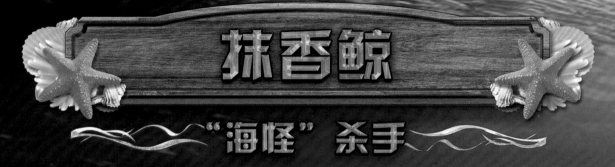

抹香鲸

“海怪”杀手

在碧波荡漾的海面之下，一个庞然大物悬浮在那里，看上去就像一根巨大的原木，这就是抹香鲸。抹香鲸是齿鲸中最大的一种，因为它们有个像斧子一样巨大的头，又被叫作"巨头鲸"。它们全身光滑呈棕黑色，没有背鳍，后背上有一串波浪状的凸脊，一直延伸到呈三角状的尾鳍处。抹香鲸的下颚上长着锋利的牙齿，不过上颚却只有安置下牙的牙槽。利用这些牙齿，抹香鲸们经常潜入深海捕捉各种大型的软体动物，例如被渔民视为海怪的大王乌贼。在抹香鲸的身上经常能找到它们与大王乌贼搏斗时留下的伤疤，可以说抹香鲸正是大王乌贼这样的“海怪”最怕的克星了。我们在世界上所有不结冰的海域都有可能见到抹香鲸，它们主要栖息于南北纬 70° 之间的海域中。

抹香鲸的皮肤有多厚

抹香鲸的皮肤厚度可达 13 ～ 18 厘米，别看它们有这么厚的皮肤，在水中它们的热量很容易被水带走，因此需要在水中不停地运动和进食，提高代谢率产生热量来维持体温。

可以潜到水下 2200 米

海水越深，压力就会越大，能够承受这么大压力的动物很少，不过对于抹香鲸来说，深海就像它们的后花园。它们独特的身体构造可以抵抗海水巨大的压力，因此潜水对于抹香鲸来说就是小事一桩，它们能潜入水下 1 小时左右，潜水深度可达 2200 米，真可谓“潜水能手”。

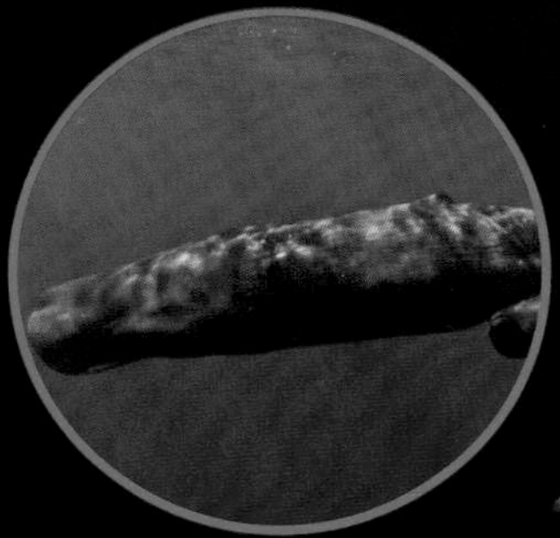

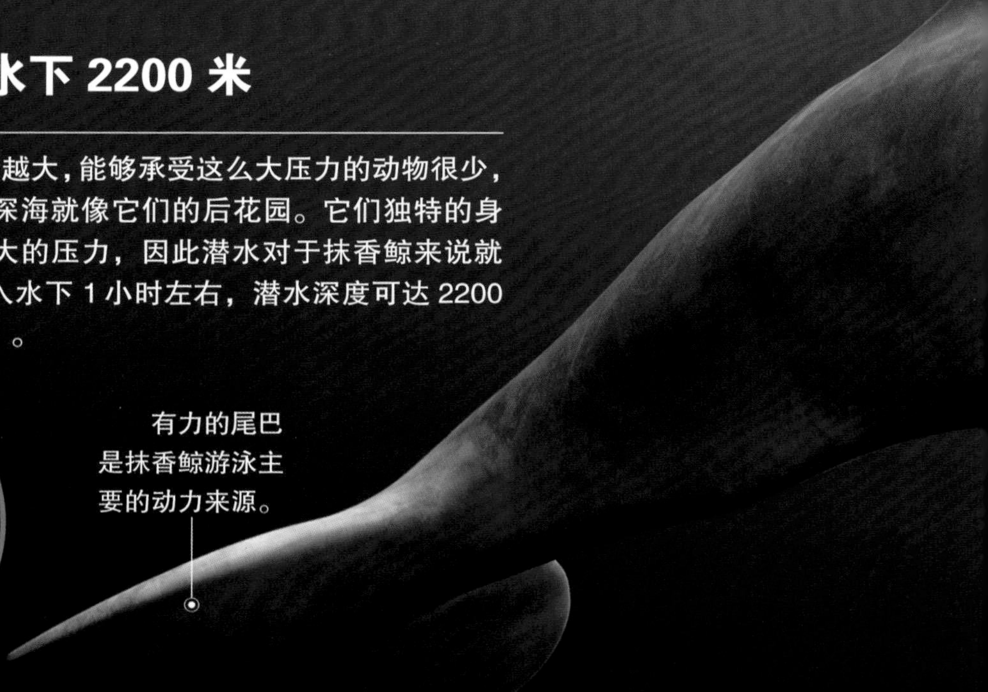
有力的尾巴
是抹香鲸游泳主
要的动力来源。

抹香鲸

体长：10 ～ 20 米	分类：鲸目抹香鲸科
食性：肉食性	特征：头部巨大，下颚有圆锥形的牙齿

抹香鲸巨大的头部里面有大量的鲸脑油。
抹香鲸只有下颚上面有牙齿，上颚没有牙齿，只有安放下颚牙齿的牙槽。

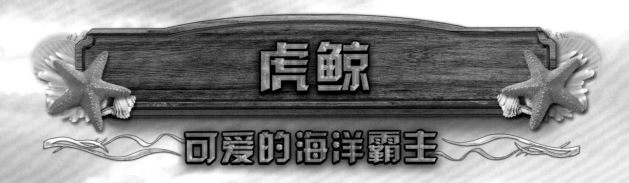

虎鲸

可爱的海洋霸主

虎鲸也叫“逆戟鲸”或者“杀人鲸"，它们黑色的身体上有着白色的花纹。这种鲸类是海洋中当之无愧的顶级掠食者，就连凶猛的大白鲨偶尔也会成为它们的猎物。虎鲸的头部呈圆锥状，牙齿锋利，企鹅、海豚、海豹等动物都能成为它们攻击的对象。

虎鲸生活在一个高度社会化的母系社会中，在群体中总有一头年长的雌鲸居于领导地位，这让它们一辈子都生活在母性的光辉中，因此虎鲸们具有非常稳定的母子关系，一般不会发生离群的现象，只有受伤或者迷路时才会出现孤鲸。雌鲸的寿命大概在 80～90 年，雄鲸就没有那么长寿了，大概能活 50～60 年，不过这在动物界已经算是长寿的了。

鲨鱼怕虎鲸吗

鲨鱼是海洋中凶猛的捕食者，但是它并不是食物链最顶层的动物，虎鲸才是更加凶狠的掠食者。虽然虎鲸的牙齿没有鲨鱼锋利，但是非常坚硬，被它们咬住的猎物都不可能轻易逃脱，会被虎鲸撕碎吞下。虎鲸是群居动物，一群虎鲸能够攻击比自己大很多倍的猎物，例如蓝鲸、灰鲸和座头鲸等。当鲨鱼遇到饥饿的虎鲸，恐怕也会急着逃命呢。

虎鲸的狩猎指南

虎鲸会成群结队地捕猎，聪明的虎鲸们有自己的语言，会利用超声波相互沟通，研究捕食策略。它们也懂得分享，常常会见到虎鲸群合力将鱼群集中成一个球形，然后轮流钻进去取食。虎鲸还会装死，它们一动不动地浮在海面上，当有乌贼、海鸟、海兽等接近它们的时候，就突然翻过身来，张开大嘴进行捕食，有时也会用尾巴将猎物击晕再食用。

虎鲸	
体长：约 10 米	分类：鲸目海豚科
食性：肉食性	特征：头上有两块白色像眼睛的斑纹

头上有两块
显眼的白色斑块。
虎鲸的嘴里
有锋利的牙齿。
皮肤光滑，流线型的
身体非常适合高速游泳。

鲸鱼中的“语言大师”

虎鲸被认为是鲸类中的“语言大师”，虽然它们不能像座头鲸那样发出美妙的歌声，但是却能发出 62 种不同的声音，这些声音包含不同的意义，它们可以利用这些声音来互相沟通。在捕食时它们会发出类似一种拉扯生锈铁门时发出的声音，其他鱼听到这个声音都吓得魂飞魄散，行动异常，最终成为虎鲸的盘中餐。

座头鲸

移动的冰山

在游动的时候，座头鲸还会做出旋转等高难度的动作。

座头鲸拍动着两只巨大的胸鳍优哉游哉地徜徉在广袤的海洋之中，它们虽然称不上是世界上最大的鲸，但也是海洋中当之无愧的巨型生物。最大的座头鲸身长足足有 18 米，体重可达 30 吨。座头鲸很喜欢嬉水，并且本领高超。它们以跃水的优美姿态以及超长的胸鳍与复杂的歌声而闻名。座头鲸的胸鳍薄而且狭长，是鲸类中最大的，所以又被称为“大翅鲸”或者“长鳍鲸”。座头鲸经常成双成对地活动，它们性情温顺，头互相触碰来表达感情。庞大的身躯使它们的游速变得很慢，每小时为 8～15 千米，在海面上，就像一座移动的冰山。

海洋中的歌唱家

座头鲸一年当中有 6 个月的时间都在唱歌，它们绝对称得上是海洋中的歌唱家。生物学家们发现，座头鲸并不是毫无章法地乱叫，而是带有一定的节奏。人们发现它们的演唱模式和人类十分相似：首先演唱一段旋律，接着变换另一种旋律，最后再变回到稍加修改的原旋律上。它们就是用这些声音来传递信息，进行“艺术交流”的。

为什么叫座头鲸

座头鲸这个名字听起来有点奇怪，也没有说明它们的特征，那么它们的名字到底从何而来的呢？其实“座头”这个名字是源于日文“座头”，在日文中是“琵琶”的意思。因为鲸鱼的背部呈一条优美的曲线，就像是一把大琵琶，所以人们就用琵琶来给它们命名了。座头鲸也被人们叫作“大翅鲸”，就是指它们那对硕大的胸鳍。

鲸鱼喷水

座头鲸时常地会露出水面呼吸，每次它们都会从鼻孔里呼出一股短粗并且灼热的油和水蒸气的混合物，把周围的海水也一起卷出海面，形成水柱，同时发出一阵洪亮的类似蒸汽机发出的声音，人们称它们为“喷潮”或“雾柱”。高兴的时候，座头鲸还会一跃而起，跃出高度可达 6 米，落水的声音震耳欲聋。

扫一扫

扫一扫画面，小动物就可以出现啦！

头部的前端往往生长着很多瘤状物，有时候还有藤壶。
巨大的胸鳍是座头鲸的显著特征。
捕食的时候张开大嘴，把海水和食物一起吸进嘴巴里，然后再把海水滤出去。

座头鲸	
体长：约 18 米	分类：鲸目须鲸科
食性：肉食性	特征：胸鳍非常巨大，头部有瘤状物

儒艮

真假“美人鱼”

“南海水有鲛人，水居如鱼，不废织绩，其眼能泣珠。”这是古人对美人鱼的记载。其实传说中的美人鱼并不存在，它们的原型很有可能就是儒艮。儒艮是一种生活在热带海域的大型哺乳动物，主要分布于太平洋西海岸和印度洋的热带、亚热带海域，已经在地球上生存了上千年。儒艮巨大的身体足足有 3 米长，光滑的皮肤长有稀疏的短毛，嘴巴朝腹面弯曲，尾巴呈“V”形。

儒艮是一种性情温顺、行动缓慢的动物，通常不爱游动，好像在打瞌睡一样。儒艮那双小小的眼睛看起来呆呆的，这也说明了它们的视力不太好，但是它们具有灵敏的听觉，依靠听觉来躲避天敌。

儒艮是如何吃饭的

儒艮的开饭时间与涨潮时间一致，涨潮后，海水将海草都淹没了，这时儒艮就会赶来吃饭。儒艮的门齿很像兔子的牙，雄性较长，可达 6 厘米，雌性的仅仅接近 2 厘米。它们通常不会用门牙去切断食物，而是用它们巨大而且具有抓握能力的吻部来取食，将海草从海底拔起来吃掉。进食时，一边咀嚼一边不停地摇摆着头部，动作非常可爱。

美丽的传说

传说中的美人鱼虚幻又缥缈，那现实中的美人鱼到底是什么样子呢？在现实中，人们见到的美人鱼大多都是儒艮这样的哺乳动物。它们在水中每隔半个小时左右就会到水面上来透透气，会像人类一样怀抱自己的宝宝喂奶，头上偶尔还顶着海草，远远看去很像一个长发美女，这可能就是美人鱼传说的由来了。

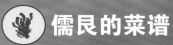

儒艮的菜谱

虽然儒艮是吃素的，但是它们从来都不挑食，有什么吃什么，就算偷偷将蔬菜混入海草里，它们也能毫不犹豫地吃下去。在儒艮的食谱中，海草还是位居第一的，它们尤其喜欢二药藻和喜盐草，有了这两种海草就不再需要其他的了，这是它们的最爱。它们还喜欢吃海底草原边缘的海草，或许是因为边缘的海草接受的光照时间较长，奇怪的是，这些被儒艮吃过的海草长得更好，繁殖率也提高了，看来，被儒艮吃一下也没有坏处。

儒艮的尾巴呈“V”形。
儒艮的眼睛比较小。
厚厚的嘴唇可以将海草扯断，或者从海底拔出来。
前肢的鳍可以在交配的时候起到固定的作用。

扫一扫

扫一扫画面，小动物就可以出现啦！

儒艮

体长：约 3 米	分类：海牛目儒艮科
食性：植食性	特征：尾巴分叉，吻部很厚重

海狮

海里的“狮子”

海狮是一种海洋哺乳动物，因为有些种类在脖子上有与狮子相似的鬣毛而得名。它们经常在海边的礁石上晒太阳，用前肢支撑着身体，瞪着圆圆的眼睛望向远方，看上去很是可爱。海狮和海豹都属于哺乳动物中的鳍足类，为了方便在海中活动，四肢都已演化成鳍的模样。聪明的海狮没有固定的生活区域，哪里有食物就待在哪里，各种鱼、乌贼、海蜇和蚌都能让它们美餐一顿，磷虾是它们最爱的食物，有时候它们会吞掉一些石子来帮助消化。海狮是非常社会化的动物，有各种各样的通信方式。它们还具备高超的潜水本领，经常帮助人类，在科学和军事上都起到了重要的作用。

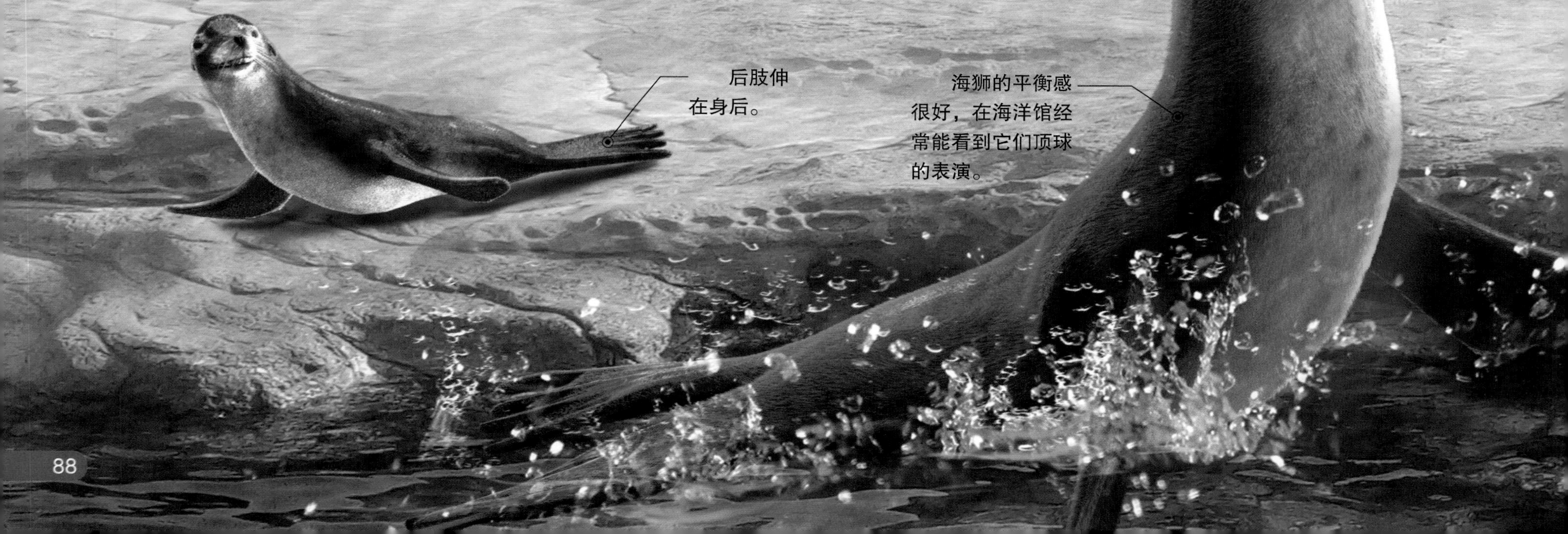
后肢伸在身后。
海狮的平衡感很好，在海洋馆经常能看到它们顶球的表演。

海狮宝宝的诞生

海狮的社会实行“一夫多妻”制，每年的 5 ～ 8 月，一只雄海狮会和 10 ～ 15 只雌海狮组成多雌群体。雄海狮会在海岸选好地点，雌海狮就纷纷赶来，它们互相争抢配偶，身强力壮、本领高强的，就会受到更多雌海狮的欢迎。当它们组成群体后不会马上交配，因为这时的雌海狮已经怀孕很久了，它们要先生下肚子里的小海狮，一周以后才开始交配。雌海狮受孕以后就会离开群体，等到下一年的繁殖季节再次生产。

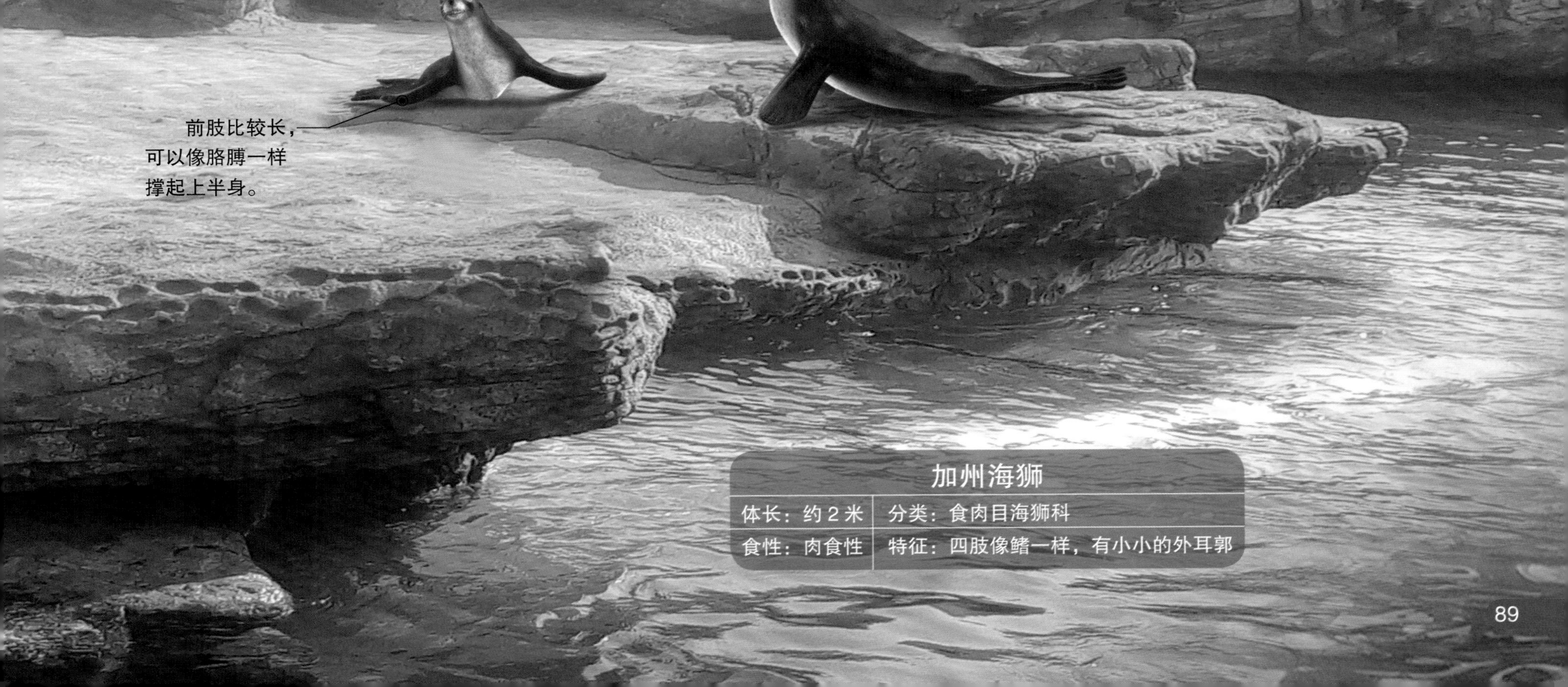
海狮有一对小小的
外耳，这是它们与海豹
最明显的区别之一。
前肢比较长，
可以像胳膊一样
撑起上半身。

加州海狮	
体长：约 2 米	分类：食肉目海狮科
食性：肉食性	特征：四肢像鳍一样，有小小的外耳郭

海豚很喜欢跃出水面，这种行为有可能是为了玩耍，或是除去身体表面的寄生虫。

海豚

最聪明的海洋动物

海豚是大海中善良的象征，在人们的心目中，海豚就像孩子一样可爱，脸上似乎还总是带着温柔的笑容。在海洋生物中，海豚可以说是人气最高、最受欢迎的一种了。海豚是海洋中智力最高的动物，它们有着非常强大的学习能力，像人类一样成群生活在一起，还能发展出从十几条到上百条的大规模族群，这个族群里有时候甚至还会混进其他种类的海豚或者鲸。海豚的聪明之处不仅在于成群地生活，甚至还会使用工具。它们还会互相帮助，如果一只海豚受伤昏迷了，其他海豚会一起保护它。

海豚需要睡觉吗

海豚属于哺乳动物，它们的祖先最开始栖息于陆地上，后来才变得适应水中生活。海豚始终用肺呼吸，如果长时间在水中保持睡觉的状态，它们就会窒息而死。其实海豚在游泳时，它们的某一边大脑会处于睡眠状态。它们虽然保持着持续游泳的状态，但左右两边的脑部却在轮流休息。

宽吻海豚	
体长：2～4米	分类：鲸目海豚科
食性：肉食性	特征：身体呈流线型，看上去像是在微笑

鼻孔位于头顶上，这是鲸豚类的共同点。
海豚的表情看上去像是在微笑。

海豚的智商有多高

在海洋馆里，我们经常看到海豚做出各种各样的高难度动作，这足以证明海豚是高智商的海洋动物。海豚的脑部非常发达，不但大而且重，大脑中的神经分布相当复杂，大脑皮质的褶皱数量甚至比人类还多，这说明它们的记忆容量和信息处理能力都与灵长类不相上下。

海豚与渔夫

当渔民捕鱼的时候，海豚经常会跟随在渔船的周围，伺机捕食被渔网驱赶而离群的鱼。在非洲的一些海岸，聪明的海豚甚至和渔夫达成了某种“交易”：海豚们将鱼群驱赶到岸边的网中，帮助渔夫们捕获整群的鱼，而自己则会看准时机将那些逃出渔网慌不择路的鱼吃进肚子里。

第三章
爬行动物

棱皮龟

最大的海龟

在“龟兔赛跑”的故事中，我们了解到龟是爬行速度很慢的动物。但是你知道吗？有一种海龟它们不仅速度快，还是世界上最大的海龟，它们就是棱皮龟。棱皮龟的脑袋很大，相貌可爱，性格温顺，游泳能力强而且速度非常快。由于它们长时间适应水中的生活，四肢已经进化成鳍状，不能像陆地上的龟那样可以将四肢缩回壳里。可爱的棱皮龟主要以鱼、虾、蟹、乌贼和海藻等为食，水母是它们的最爱。目前，棱皮龟的数量还在不断减少，人们正在尽力挽救这一物种，我们希望棱皮龟灭绝的那一天永远都不会到来。

腹部平坦，有助于减少阻力。

棱皮龟

体长：2～3米	分类：龟鳖目棱皮龟科
食性：肉食性	特征：背部有棱，甲壳隐藏在皮肤下面

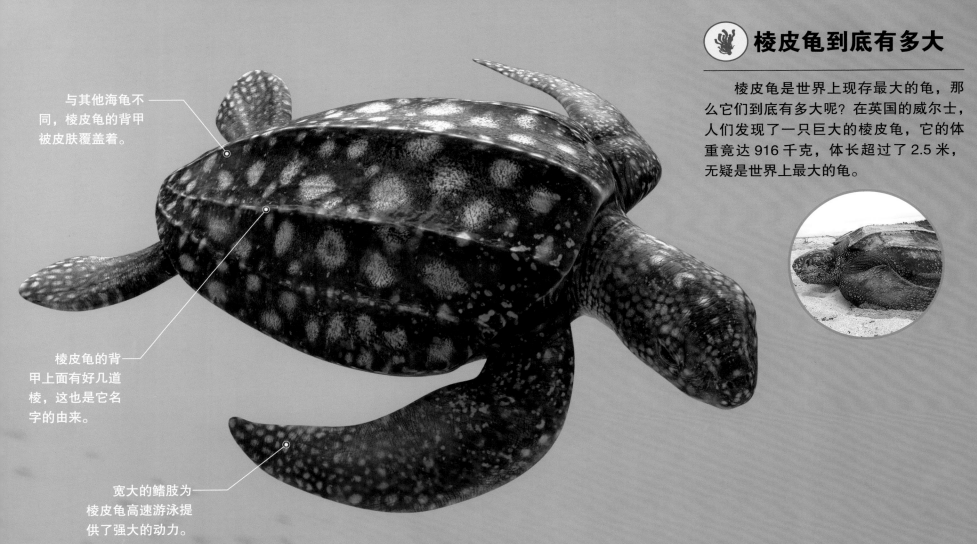

与其他海龟不同，棱皮龟的背甲被皮肤覆盖着。

棱皮龟的背甲上面有好几道棱，这也是它名字的由来。

宽大的鳍肢为棱皮龟高速游泳提供了强大的动力。

棱皮龟到底有多大

棱皮龟是世界上现存最大的龟，那么它们到底有多大呢？在英国的威尔士，人们发现了一只巨大的棱皮龟，它的体重竟达 916 千克，体长超过了 2.5 米，无疑是世界上最大的龟。

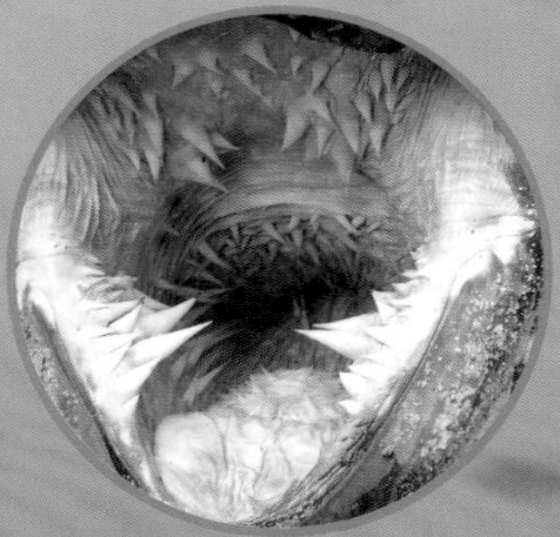

恐怖的嘴巴

棱皮龟一副憨态可掬的样子让人心生欢喜，但是如果你看见它们张开嘴后的样子你就会感到它们的恐怖。棱皮龟有一张恐怖的大嘴，从口腔到食管共分布着数百个类似锯齿的钟乳状组织，这些突起在进食的时候可以起到牙齿的作用。它们主要以水母为食，可为什么却长了一口令人心惊胆战的牙齿呢？原来这也是棱皮龟的一个优势，这些牙齿对各种各样、形态不一的水母都来者不拒，使它们不会因为缺乏食物而被饿死。

太平洋丽龟

娇小的保护对象

腹部平坦，有助于减少阻力。
太平洋丽龟身体小，最大不超过八十厘米。
腹部有四对下缘盾，每枚盾片的后缘有一个小孔。

被保护的对象

太平洋丽龟在我国地区并不多见，此类海龟资源紧张，因此被许多国家列为保护动物，在我国被列为国家二级重点保护动物，成为世界各国保护对象。

太平洋丽龟又被叫作“橄龟”“海龟”“丽龟”，它们生活在海洋上且身体呈橄榄绿色，是体形最小的一类海龟。在世界各地，目前这种类型的海龟已经是十分稀少了，曾经大批产卵的现象已经不复存在了。所以逐渐被各国列为保护对象。太平洋丽龟形态也有特征，头背的前额部有鳞两对，颜色也稍与其他的海龟不同。

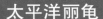

太平洋丽龟

体长：60～70 厘米	分类：龟鳖目曲颈龟亚目海龟科
食性：杂食性	特征：体形小，四肢扁平，头部、四肢、背部为暗绿色，腹甲呈淡橘色

杂食者

太平洋海龟常栖息于热带地区的浅水地区，捕食各种不同的生物，可以吃甲壳、软体动物、鱼虾，也可以吃一些植物性的生物，是典型的杂食者。

四肢扁平，
行动缓慢。

体形小

太平洋丽龟体形小，是海生龟类最小的海龟，一般甲长六十厘米左右，最大也不会超过八十厘米。它相对于其他的龟有不同的特征，方便辨认。

躯体以及尾部颜色深，腹部颜色较浅，背部有明显的环状纹。
幼体与成年蛇的身体颜色略有不同。

青环海蛇

价值宝藏

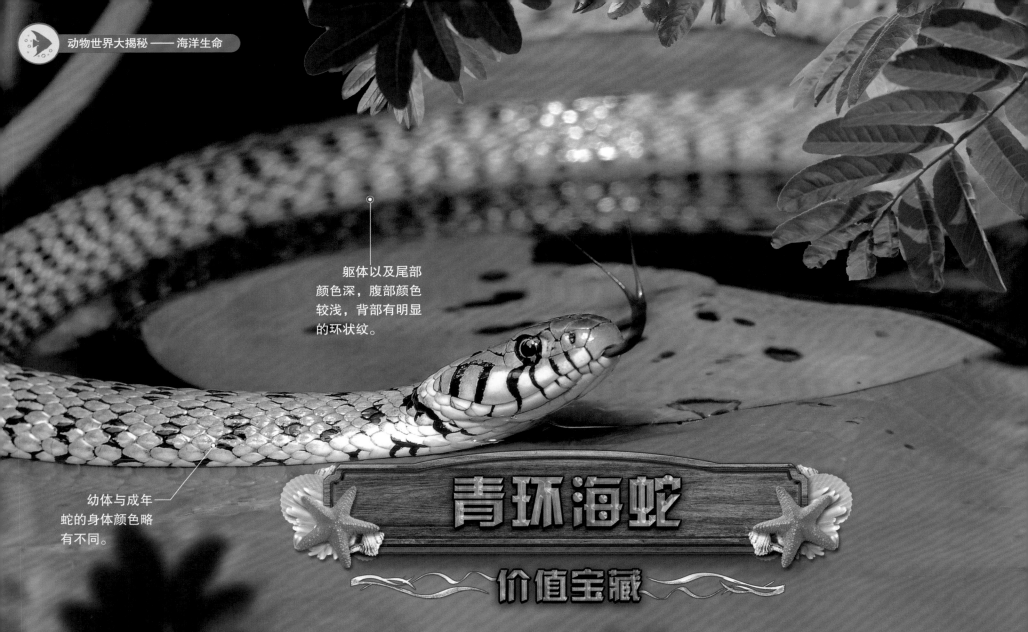

青环海蛇又叫“海长虫”，喜欢生活在沿海地区，常存在于海洋中，或者浅水中，也可以藏在沙泥的底部的浑水之中。青环海蛇常以蛇鳗为食，也会捕食海里其他的鳗与鱼。青环海蛇以卵胎繁衍，喜欢群居，经常多条集中在一起，喜欢光，所以在夜晚，用灯光来吸引它们，会捕捉到很多。

释放毒性物质

青环海蛇能够分泌毒素，一般是神经毒素和肌肉毒素，它们的毒性非常强烈，甚至比陆地常见的毒蛇毒性还要大，所以一旦被它们咬伤，中毒的不管是人还是动物，都会导致呼吸肌的麻痹导致死亡。

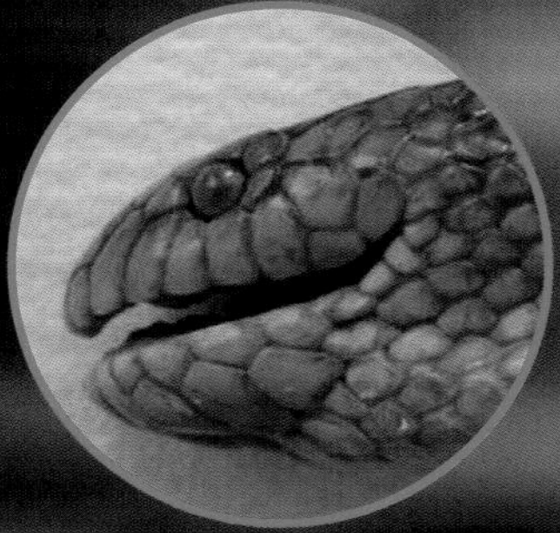

青环海蛇

体长：1.5～2 米	分类：有鳞目蛇亚目海蛇科
食性：肉食性	特征：身体形状偏圆形筒状，身体细而长，全身有黑色环形

身体细而长，
腹鳞小，全身的腹
鳞大小比较一致。

潜水者

青环海蛇拥有潜水的能力，在浅水地区的蛇一般潜水时间短，而且在海面停留时间短。而在深水地区的蛇一般潜水时间长，能够达两三个小时。

长吻海蛇

明显的黄色腹部

长吻海蛇又叫“黄腹海蛇”，其最大的特征就是腹部为亮丽明显的黄色并且长吻。它们是海洋生物，是长吻海蛇属下的唯一物种，但却是分布范围最广的海蛇，世界各地海域都能分布。它们以小型鱼为食，也会捕食甲壳类的动物。

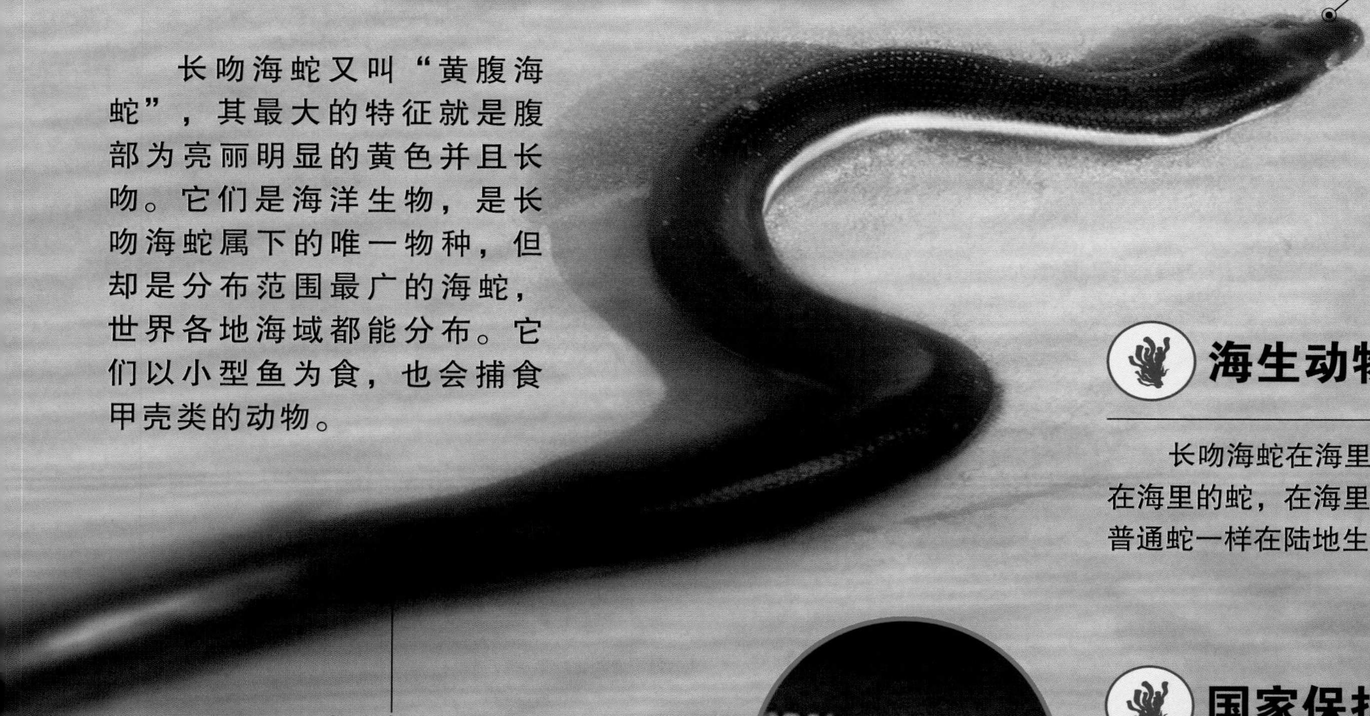

长吻海蛇头部长，身体细长，最大的长度可有 1 米。

长吻海蛇躯干部以及尾部比较扁。

海生动物

长吻海蛇在海里生长，并且是唯一一个毕生能存活在海里的蛇，在海里繁衍。但是长吻海蛇不能够与其他普通蛇一样在陆地生活，有时候此类海蛇会群体出现。

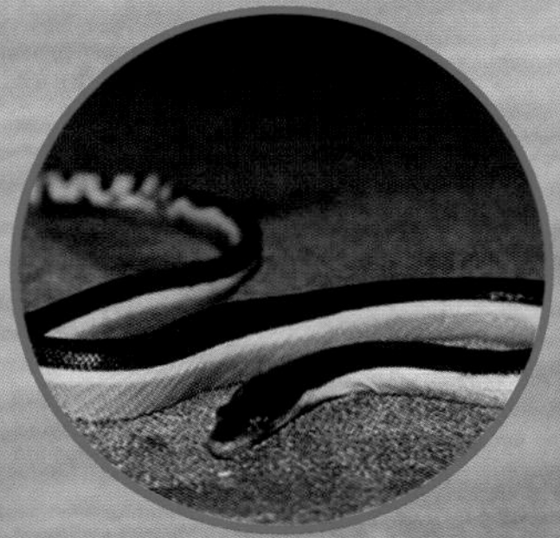

国家保护对象

长吻海蛇在 2000 年被列为国家保护的野生动物，其有一定的价值所在。任何人禁止非法捕捞。并且此类蛇是濒危物种，珍贵而较稀少，是国家保护的对象。

长吻海蛇	
体长：545 ～ 707 毫米	分类：有鳞目蛇亚目眼镜蛇科
食性：肉食性	特征：背部呈深棕色或黑色，其腹部为显眼的黄色，吻长

肌肉毒蛇

长吻海蛇是一种能分泌毒素的海蛇，此类的毒素主要受害于横纹肌，所以又称肌肉毒。它的毒性与其他海蛇的毒性相比，略微温顺，但也足以导致生物死亡。

长吻海蛇背部与腹部颜色差异明显，腹部是鲜艳的黄色，背部黑色。

长吻海蛇背部没有明显的花纹，而尾部有黄斑。

第四章
节肢动物

梭子蟹

会“飞”的螃蟹

螃蟹会飞吗？答案自然是否定的。不过有一类螃蟹却能在海水里面“飞”，那就是梭子蟹。梭子蟹是蟹类中一种比较常见的类群，因为它们的头、胸、甲呈梭子形而得名。由于它们最后的一对步足特化成了能用来游泳的“桨”，所以梭子蟹也是游泳能力很强的螃蟹。不同种类的梭子蟹有着不一样的花纹和体色，在市场上我们偶尔也会见到蓝紫色的梭子蟹，这是甲壳动物中一种比较常见的体色变异。

我们在市场上最常见到的梭子蟹名叫三疣梭子蟹，它们的甲壳表面有 3 个疣状突起，因为它们擅于游泳，所以在市场上人们也叫它们“飞蟹”。梭子蟹一般以鱼、虾、贝类和藻类为食，有时也会吃同类和其他动物的尸体。

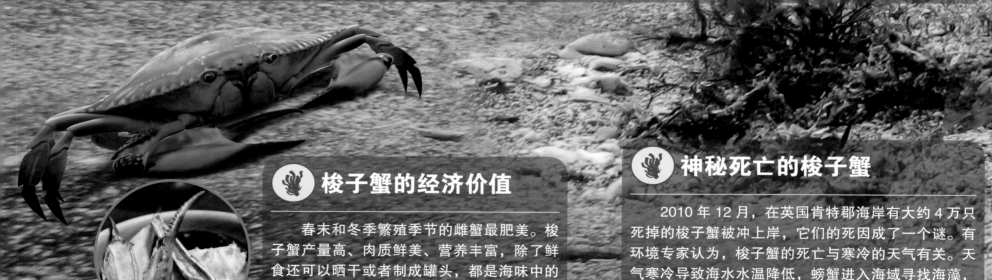

梭子蟹的经济价值

春末和冬季繁殖季节的雌蟹最肥美。梭子蟹产量高、肉质鲜美、营养丰富，除了鲜食还可以晒干或者制成罐头，都是海味中的上品。蟹壳可以入药，还可以提取出甲壳质，有各种工业用途，具有较高的经济价值。

神秘死亡的梭子蟹

2010 年 12 月，在英国肯特郡海岸有大约 4 万只死掉的梭子蟹被冲上岸，它们的死因成了一个谜。有环境专家认为，梭子蟹的死亡与寒冷的天气有关。天气寒冷导致海水水温降低，螃蟹进入海域寻找海藻，结果不能够适应海水的温度导致死亡。但是目前这只是猜测，还没有最终科学的判断。

背甲呈青灰色。
前三对步足主要用来爬行。
眼睛可以缩回眼窝里，避免遭到攻击。
梭子蟹的一对大螯非常有力，能钳碎贝类和海螺的壳。

会游泳的梭子蟹

梭子蟹的游泳技能，全靠它们高度演化的步足。它们的第四对步足演化成了游泳足，末端扁平很像船桨。通常它们用前三对步足的指尖在海底爬行，用第四对游泳足在水中划行。

三疣梭子蟹

体长：10 ～ 20 厘米	分类：十足目梭子蟹科
食性：杂食性	特征：甲壳呈梭形，甲壳上有 3 个疣状突起

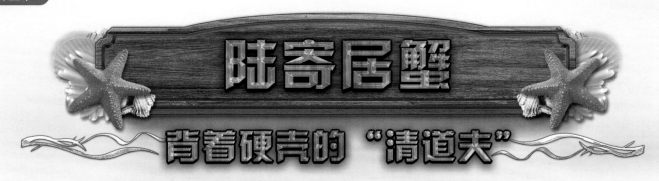

陆寄居蟹

背着硬壳的“清道夫”

我们在热带地区的沙滩上和岩石缝中常常会见到一些身上背着重重的壳的小家伙，它们的名字叫作寄居蟹。虽然被称为蟹，但是它们和螃蟹有很大的不同。螃蟹的腹部有坚硬的甲壳保护，而它们的腹部柔软脆弱，因此需要寻找坚硬的甲壳来保护自己，也正是因为它的这种习性，才有了“寄居蟹”这样形象的名字。寄居蟹的种类有上千种，通常在夜间觅食。到了白天，它们则会躲起来寻求安全感。寄居蟹的食性很杂，几乎什么都吃，所以也被称为“海边清道夫”。

被海水滋养的陆寄居蟹

虽然陆寄居蟹在陆地上生活，但是它们与大海的关系并未完全割断。它们的鳃部需要有适当的湿度才能够完成呼吸，它的生命周期中有一部分还是必须在海中完成的，就是由产卵到孵化再到幼体的阶段。产卵的陆寄居蟹会携带着它的卵回到海中，让卵在海水中孵化。蟹宝宝们等到变成幼蟹的模样之后，才会寻找一只螺壳返回陆地，它们的一生都无法远离海岸线。

经常搬家的寄居蟹

对于不了解寄居蟹的人，从名字上解读似乎它是充满不安全感且需要外壳保护自己的甲壳类动物，但其实寄居蟹的螺壳并不是它们自己的，而是抢来的！首先它们会吃掉软体贝类动物的肉，将螺壳占为己有。随着它们身体渐渐长大，原来的螺壳已经不够住了，就需要寻找更大的螺壳来作为自己的新家。它们会找寻同类，使用武力抢夺螺壳，攻击者推翻对手，使其仰面朝天，并仔细观察是否适合自己居住。如果的确喜欢这“华丽的城堡”，就会顺势把失败者拽出壳，然后自己挤进去，这就是它们的抢夺攻略。

皱纹陆寄居蟹

体长：5～8 厘米	分类：十足目陆寄居蟹科
食性：杂食性	特征：背着坚硬的螺壳来保护柔软的腹部

对于寄居蟹来说，触角也是重要的感觉器官。
寄居蟹的腹部非常柔软，需要利用坚硬的螺壳来保护自己。
螯足一大一小，大的螯足在其缩回螺壳里的时候用来堵住螺壳的开口。
有两对步足用来爬行。

沙蟹

沙滩上的“幽灵”

沙滩一次次被潮水抹平，不过有些地方却会留下一些奇怪的小洞，洞口还堆着很多沙子。有的时候，我们会看到有沙子从洞里面被抛出来，当我们走近这些小洞的时候，偶尔还会发现有一个像影子一样的小动物飞快地钻进洞里。这些小洞到底是什么呢？

原来，这些小洞正是沙蟹的家。沙蟹是海滩上常见的一类螃蟹，它们的行动非常敏捷，奔跑的速度非常快，最高的瞬时速度可以达到每秒钟 2.2 米！可以说是螃蟹中的“短跑飞人”了。

沙蟹长长的眼柄可以让它们在洞中也能窥探到外面的情况。它们通常用中间的两对步足爬行。只有在变换方向，或者慢悠悠地爬行的时候才会启用四对步足。沙蟹通常在刚刚落潮的海滩寻找食物，一旦有什么风吹草动就会飞快地逃回洞里去。

眼睛上的角状物是角眼沙蟹的特征。
步足细长，适合飞快地奔跑。

角眼沙蟹	
体长：约 4 厘米	分类：十足目沙蟹科
食性：肉食性	特征：步足细长，眼睛的末端有角状突起

沙蟹的螯足也是一大一小的。

沙蟹吃什么

海边的渔民会利用死鱼和其他诱饵来制作陷阱诱捕贪吃的沙蟹，因为沙蟹的主要食物就是被海浪冲到海边的死鱼和其他动物的尸体。它们偶尔也会捕捉一些小动物，例如刚刚孵化的小海龟就可能遭遇它们的“魔掌”。

幽灵蟹

沙蟹是奔跑速度最快的螃蟹，在不太松散的沙地上，有些沙蟹可以跑出 2.2 米 / 秒的高速！如果你清晨或者傍晚在海边散步，可能只会看到一个个似有若无的“影子”在不远的地方飞快地消失了。沙蟹身体的颜色与沙滩的颜色相近，再加上它们那极快的速度，使一闪而过的沙蟹看上去就像幽灵一样，所以沙蟹也被人们称为“幽灵蟹”。

凹指招潮蟹

体长：2～3厘米	分类：十足目沙蟹科
食性：杂食性	特征：一只螯足非常大

小小数学家

招潮蟹这种看似很普通的节肢动物，却有着惊人的数学计算能力，它们个个都是数学天才。招潮蟹的活动范围通常以它们的洞穴为中心，当它们离开洞穴时，每走一步就会重新计算洞穴的方位，这样就永远都不会迷路了。

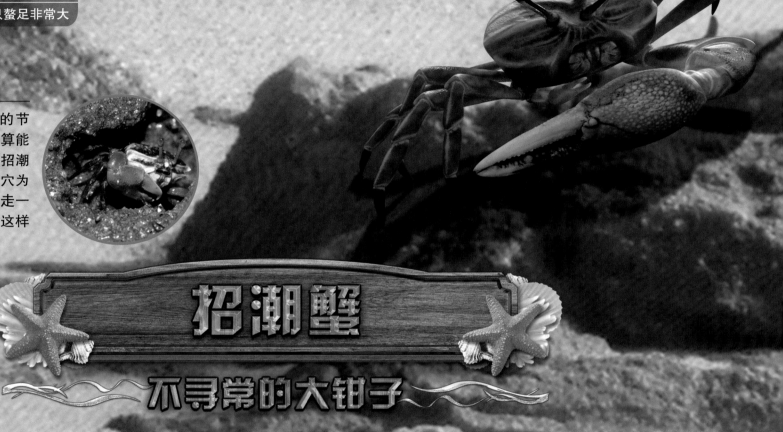

招潮蟹

不寻常的大钳子

在退潮之后的红树林泥滩上，有很多小螃蟹在忙碌地寻找食物。它们长相奇特，身体前宽后窄呈梯形，两只眼睛高高竖起，像插在头上的火柴棒，时刻观察着周围的动静。雄性招潮蟹的两只螯大小不一，大的那只重量几乎占了身体的一半，而且颜色鲜艳，有的还带有特别的图案，小的那只主要用来刮取食物并送进嘴巴。这种小螃蟹就是招潮蟹。

招潮蟹喜欢居住在富含有机物碎屑的泥滩上，它们喜欢打洞并且有自己专门的洞穴，洞穴的位置每隔几天会换一次。它们的洞能够改变红树林地面的地形和土壤的理化性质，同时促进了地面与空气和水的循环。可以说红树林中生活的招潮蟹是这里最称职的“园丁”了。

招潮蟹的生物钟

在不断的进化中，招潮蟹已经形成了自己的生物钟。它们会随着潮水的涨落安排自己的生活节奏，潮退而出，潮涨而归。在退潮的时候来到泥滩上寻找食物和配偶，涨潮时则在自己的洞穴中躲避潮水。它们就这样日复一日、年复一年地过着有规律的生活。

不成比例的大螯

招潮蟹最显著的特征就是雄蟹大小不成比例的一对螯。在退潮后的泥滩上，雄蟹会挥舞着大螯向其他蟹展示自己，看上去就像是在呼唤潮水，也正因此而被叫作招潮蟹。招潮蟹的大螯也是它们求爱的工具，它们通过大螯发出的声音来吸引雌性。如果两只雄性招潮蟹为了抢地盘而大打出手，大螯也是它们最合适的武器。

招潮蟹的眼睛呈棒状，像一根火柴棍。
小钳子用来刮取地面上的有机物碎屑食用。
雄性招潮蟹的大钳子是它吸引雌性和保卫领地的重要工具。

扫一扫

扫一扫画面，小动物就可以出现啦！

青蟹

盔甲将军

海浪一次次地拍打着水花，海滨的泥滩被阳光照射得格外温暖，青蟹的家就在海岸不远处的浅水里。青蟹的甲壳呈椭圆形，头胸甲表面有明显的“H”形凹痕，它们有灵敏的触角和眼睛，在夜间也能活动自如。当温度在 18 ～ 25℃时，青蟹的活动能力最强，食欲旺盛，耐干热能力也极强，这时它们会采取主动出击的方式来寻找猎物。在涨潮时，它们从泥洞里爬出，游到浅水区域，用自己的大螯捕食无脊椎动物。有时它们也想偷个懒，只守在泥洞口，等待潮水“送食物上门”。

味美的青蟹

青蟹是中国珍贵的水产品之一。它们肉质鲜美独特，营养非常丰富，食用价值高，被称为酒席上的佳肴。成熟后的青蟹有海中人参之美誉，是老幼体虚者的高级滋补品。蟹肉可以食用，蟹壳还可以制成甲壳素，在工业中广泛使用。

青蟹都吃什么

青蟹属于杂食性动物，主要以动物性食物为主，其中以软体动物和小型甲壳动物居多，其胃含物中经常发现有双壳类的壳缘残片。青蟹也吃小鱼、小虾和滩涂蠕虫等，有时在胃中也会发现植物的茎叶碎片。对于人工养殖的青蟹来说，饵料则无严格的限定，一般小鱼、小虾、小型贝类、豆饼、花生饼均可喂食。

拟穴青蟹

拟穴青蟹	
体长：10 ～ 20 厘米	分类：十足目梭子蟹科
食性：杂食性	特征：身体的甲壳呈青绿色

青蟹是梭子蟹的一种，它们的最后一对步足也是适合游泳的扁平状。
青蟹的甲壳是青绿色的，根据种类不同也有紫色或蓝色的。
青蟹的螯足非常强壮，甚至能钳坏比较薄的铁铲。

甘氏巨螯蟹是如何繁殖的

这些生活在深海的甘氏巨螯蟹只有在繁殖的季节才会到浅海来。每年的初春时节是甘氏巨螯蟹们交配的季节，它们会花大部分时间留在浅水区域，不过它们交配的行为很少被人们观测到。到了繁殖季节，一只雌蟹会产出 150 万粒卵，卵大约 10 天之后孵化成幼体。虽然数量庞大，但只有少数幼体能够存活下来并最终发育成成年巨螯蟹。

雄性的螯足伸展开来最长可达 4 米。

甘氏巨螯蟹

最大的螃蟹

世界上现存最大的螃蟹是生活在日本海的甘氏巨螯蟹，它们也是现存节肢动物中个头最大的一种。甘氏巨螯蟹栖息在大陆架、斜坡的沙滩和岩石底部，栖息的深度在 500～1000 米，常常在海底四处活动，寻找可以吃的东西。这种巨大的螃蟹主要以鱼类为食，别看它们身躯庞大，动作却十分灵敏，长长的蟹钳非常灵活，在它们眼前游过的小鱼，都躲不过它们的巨大螯钳。为了寻找食物，甘氏巨螯蟹会悄无声息地潜伏在海底，等待猎物主动上门自投罗网。当然，如果发现了沉入海底的动物尸体的话，它们也不会拒绝一顿免费的大餐的。

甘氏巨螯蟹

体长：30 ～ 40 厘米（足展可达 4.2 米）	分类：十足目蜘蛛蟹科
食性：肉食性	特征：螯和步足非常长，头胸甲较小

与细长的附肢相比，甘氏巨螯蟹的头胸甲就显得小得多。

它们会利用自己的钳子捕捉小型动物，或者从大型动物的尸体上将肉撕扯下来吃。

扫一扫

扫一扫画面，小动物就可以出现啦！

最大的螃蟹有多大

甘氏巨螯蟹是世界上最大的螃蟹，也是现存最大的甲壳动物。它们身体就像篮球一样大，展开脚以后，体长能达到 4 米以上，就像一辆小汽车那样长。如此巨大的螃蟹，也就只有在浩瀚的海底能有一个安身之所了。

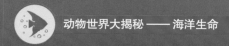

龙虾

既威武又美味

在热带、亚热带珊瑚和礁石丰富的海域，生活着各种美丽的生物，其中最威武的，可能就要数龙虾了。龙虾们披着坚硬的外壳，头上挥舞着两条长长的带刺的触角，仿佛在向其他生物示威。当遇到危险的时候，它们会通过触角与外骨骼之间的摩擦发出一种尖锐的摩擦音来把对手吓走。龙虾的泳足除了可以游泳还可以用来保护自己的卵，雌性龙虾的腹部可以携带 100 万颗卵。龙虾的成长需要经历数次蜕皮的过程，生长周期在 10 年以上。

宽大的尾扇
适合游泳前行。
步足比较结
实，适合在礁石
和岩石上爬行。

棘刺龙虾

体长：约 60 厘米	分类：十足目龙虾科
食性：肉食性	特征：身体表面有小刺，触角又粗又长

历尽艰辛的成长历程

当龙虾从卵孵化之后，它们被叫作叶形幼体。经过十多次的蜕皮后，它们就会告别叶形幼体的状态，变成小小的龙虾模样，这个简单的蜕变就要经历 10 个月的漫长时光。这时的幼虾体长约 3 厘米，整个身体看上去像是透明的水晶。但它还要经历数次蜕皮，每年体长会增长 3～5 厘米，从幼虾长到成年龙虾大约需要 10 年的时间，这是一个相当长的成长周期。

龙虾的日常生活

龙虾只喜欢在夜间活动，它们喜欢群居，有时会成群结队地在海底迁徙。它们大多数时候并不活泼，很安静，喜欢藏身于礁石和珊瑚丛里，当有猎物经过的时候才会扑出来捕食。龙虾的食物以贝类和螺类为主。

腹部长有强
壮的肌肉。
龙虾的两条
触角非常长，上
面有小刺。

螯龙虾

无敌的大钳子

螯龙虾是龙虾吗？事实上，只有我们在上一页提到的那种长着两条长须，身上还有很多小刺的虾才是真正意义上的龙虾，而这种长着两只大钳子的螯龙虾在生物学上则是龙虾的表亲。

螯龙虾分布于大西洋的北美洲海岸，尤其是加拿大和美国的沿海地区。在市场和酒店里，螯龙虾又被叫作“波士顿龙虾”，不过波士顿并不是螯龙虾的主要产地，因为大量的螯龙虾都是在这里进行销售集散，所以才有了这样的名称。

螯龙虾的体色一般为橄榄绿或绿褐色，也有一些呈橘色和红褐色，极少数为蓝色，黄色的种类更是罕见。和龙虾不同的是，螯龙虾有两个硕大的螯足，甲壳表面也比较光滑。螯龙虾的螯足是一大一小的，通常用较大的螯足击碎贝壳，而用较小的螯足切割和撕扯食物。螯龙虾喜欢生活在浅海的岩礁中或沙砾底，有挖洞的习性，主要以鱼类和其他小型甲壳类及贝类为食。不要以为霸气的螯龙虾就没有天敌了，鳕鱼和比目鱼就是它们的头号天敌。

螯龙虾的繁殖

霸气的螯龙虾有几十年的寿命，但是螯龙虾的交配时间却非常短暂，它们只能在蜕壳之后甲壳没有完全硬化的一小段时间里进行交配。刚孵化出来的幼虾身体呈半透明状，它们长着大大的眼睛和长长的棘刺，在靠近水面的地方漂浮着，时刻寻觅着可以吃的鱼类、小型甲壳类及贝类。

美洲螯龙虾

体长：20 ～ 60 厘米	分类：十足目海螯虾科
食性：肉食性	特征：甲壳比较光滑，有一对硕大的钳子

丰富的营养价值

螯龙虾生活在寒冷的海域，生长非常缓慢。它们体内含有较高的蛋白质，脂肪含量却很低，维生素A、维生素C、维生素D及钙、钾、镁、磷、铁、硫、铜等微量元素含量丰富，还含有不饱和脂肪酸，营养物质非常容易被人体吸收，而且虾肉味道鲜美，肉质嫩滑，备受广大美食爱好者的青睐。

属于龙虾的节日

在17世纪，英国殖民者来到了北美洲这片食物匮乏的新大陆。为了度过寒冬，他们只能选择英国人嫌弃的食物，那就是带刺的鱼和带壳的螯龙虾。那时北美东海岸的螯龙虾数量惊人，曾有历史学家描述，在龙虾产量最高的时候，被海浪冲到岸边的螯龙虾甚至能堆到0.6米高。因此在当时来说，这种龙虾并没有多么受欢迎，而是给囚犯和穷人的食物。

较小的螯足用来切割食物。
螯龙虾的身体表面相对比较光滑。
巨大的螯足是螯龙虾的特征。
步足用来在海底爬行。
较大的螯足用来打开贝类的壳。

枪虾

厉害的枪手

枪虾也叫“鼓虾”，一般生活在海洋的浅水区域。枪虾的种类繁多，大概有600多种。枪虾虽然有很厉害的武器，但是由于个头小，依然是很弱小的，所以他们会和各种各样的海洋生物结盟，以保持长久的共生关系。

秘密武器

枪虾有着很厉害的武器，猎食时会将巨螯迅速合上，喷射出一道时速高达100千米/小时的水流，将猎物击晕，甚至杀死。

群居生活

大部分的枪虾们有着如同蚂蚁或是蜜蜂一样的阶级关系，通常一起群居的枪虾里面会有一只“虾女王”和“虾国王”来统治，且它们俩是唯一可以繁殖后代的。

枪虾

体长：5厘米	分类：枪虾总科
食性：杂食性	特征：颜色呈泥绿色，额角尖细而长，尾节背面无纵沟

什么是“虾光现象”

在枪虾射击的过程中，存在数亿分之一秒的亮光，高速摄像机可以捕捉到这种亮光，它们被称为“虾光现象”。虾光十分微弱，用肉眼基本无法观察，但这使枪虾成为具有声致发光能力的动物，这是人类第一次发现动物具有这种发光方式。

很好的盟友

枪虾天生视力并不是太好，经常会与一些虾虎鱼结伴而行。一般情况下虾虎鱼会在前方探路，枪虾负责挖洞清理通道，当有危险出现时候虾虎鱼会立刻躲进枪虾所挖好的洞穴里面躲避危险。

枪虾的眼睛非常小，它们的视力比较差。
尾节背面无纵沟。
拥有一对一大一小的螯。

对虾

美味的海洋馈赠

提到对虾，我们理所当然地就会想到它们在餐桌上做熟了的样子，例如柠檬对虾、红烧对虾、蒜蓉对虾、砂锅对虾，都是人们挚爱的世间美味。但是除了食用，你对它们可曾有更深刻的了解？对虾属于甲壳动物中的十足目，对虾科，世界范围内共有 28 种，其中在我们中国就有 10 种。对虾主要分布于中国的黄海、渤海，东海北部也有少量分布。对虾喜欢栖息在热带、亚热带浅海地区海底的沙子里。对虾的体色呈灰青色，有花纹。雄虾体色发黄，最显著的特征是那长长的额剑。大的对虾可以长到 30 厘米。它们分为定居型和洄游型。对虾会在水底爬行，或者成群地游泳，寻找底栖无脊椎动物、藻类和浮游生物当作自己的食物。

对虾用什么呼吸

对虾属于节肢动物中的甲壳类，它们的呼吸器官是鳃。它们的鳃位于头胸甲内部的两侧，被甲壳所覆盖。对虾的鳃可分为肢鳃、侧鳃、足鳃、关节鳃 4 种，共有 25 对。当它们离开水后，头胸甲和鳃里会存放一部分水，这时候氧气可以溶于鳃里的水中进行气体交换，但是如果长时间离开水，鳃中的水减少，对虾就会因无法呼吸而死去。

为什么叫对虾

我们说对虾，总给人以“这种虾是成双成对生活”的印象，事实上并非如此。在海洋中，对虾并不是一雌一雄成对地生活在一起的。那么对虾的名字是怎么来的呢？原来，因为这一类虾的个头通常都比较大，所以过去的渔民大多以“对”来统计捕获的数量，在市场上也曾经以“对”来作为出售的单位。久而久之，这种虾就被叫作“对虾”了。

营养丰富的对虾

对虾的肉质松软，易于消化，而且营养丰富，对身体虚弱或病后需要调养的人非常有益。对虾含有丰富的磷、钙，非常适合孕妇食用，对于易缺钙的中老年人也是非常好的保健食品。对虾中还含有丰富的镁，可以保护心血管系统，减少血液中的胆固醇含量，因此常吃对虾可以预防动脉硬化、高血压和心肌梗死，是滋补的佳品。

日本对虾的身上有褐色的横斑花纹，因此也被叫作“斑节对虾”。
腹部的附肢也叫作游泳足，是对虾游泳的工具。
宽大的尾扇在拨水的时候可以使对虾一下子跳出很远。

斑节对虾

体长：约 30 厘米	分类：十足目对虾科
食性：杂食性	特征：身体有褐色的斑纹

藤壶

礁石上的“小火山”

藤壶	
体长：1～3厘米	分类：无柄目藤壶科
食性：杂食性	特征：像一个有盖子的小火山

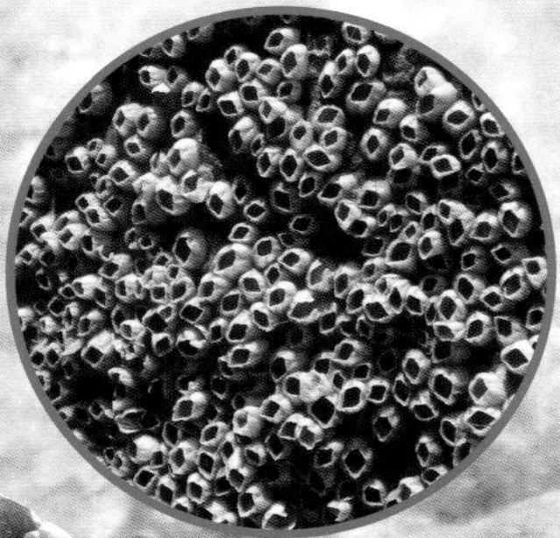

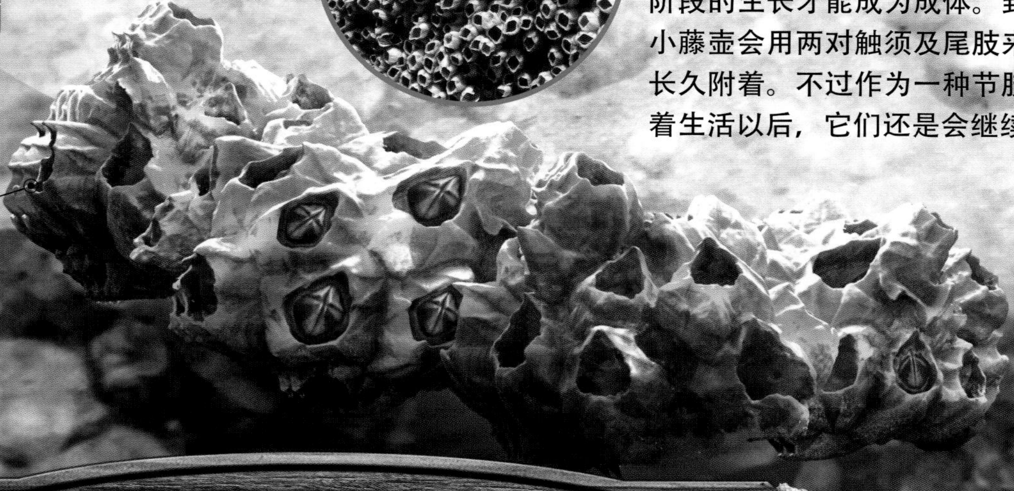

当藤壶死去，就会留下一个个像小火山一样的空壳。

游荡与定居

藤壶的一生分为两个非常不同的生命周期。它在幼年时期是在水中漂浮的个体，需要经历好几个阶段的生长才能成为成体。到了幼体生涯的后期，小藤壶会用两对触须及尾肢来搜寻合适的地点以便长久附着。不过作为一种节肢动物，即便是开始附着生活以后，它们还是会继续生长蜕壳。

藤壶是生活在海中的小懒虫，它们的前半生在水中游荡只为了寻找一个舒适的位置附着一辈子。它们通常成簇地附着在坚硬的物体上，像一个个开口的小火山。藤壶的形状很像马的牙齿，在海边生活的人们也会叫它们“马牙”。由于它们有个坚硬的外壳，所以常常被误认为是贝类，其实它们是属于节肢动物门甲壳纲的动物，与螃蟹和虾的关系比较近。藤壶主要以水中的浮游生物为食，它们属于雌雄同体，但是需要异体受精。由于身体是固定的，所以藤壶们会依靠一条细管来传送精子。受精卵孵化以后，新生的藤壶幼体同样要经历和母体一样的浮游阶段才能享受平静安宁的生活。

藤壶的传说

在海岛上有这样一个有趣的传说：龙王的公主想要上岸观赏人间的美景，但是岸边的礁石很滑，龙王害怕摔坏了女儿，就下令在水族生物中招“垫脚石”。于是水族们开始激烈竞争，龙头鱼凭借一个“龙”字得到了这个机会，但是娇生惯养的龙头鱼哪里吃得了这个苦头，它不但没能让公主站稳，还让公主摔了一跤，结果龙头鱼受到了惩罚。这时在宫中打杂的藤壶挺身而出，它将不用的酒盅茶碗罩在身上，把公主安全地送上岸，从此藤壶就自由地出现在水底和岸边，经过漫长的岁月,酒盅和茶碗就成了保护身体的硬壳。

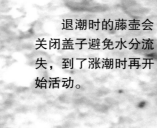

藤壶们通常会挤在一起生长，新生的藤壶有时甚至会附在原来的藤壶身上。

退潮时的藤壶会关闭盖子避免水分流失，到了涨潮时再开始活动。

藤壶通常成群地附着在海边的岩石上。

鲎

来自远古的活化石

早在几亿年前的泥盆纪时期，恐龙还没有出现，原始的鱼类才刚刚诞生，鲎的祖先就已经生活在浩瀚的海洋中了。鲎在海洋中经历了数亿年的沧桑巨变仍然保持着原有的特性，因此被人们称为“生物活化石”。鲎主要分布于太平洋、印度洋群岛和东南亚海域的沙质海底中。

鲎一般以环节动物和软体动物为食，偶尔也会吃海底藻类换换胃口。捕到食物后先用螯肢将食物送到口部，再用口部周围的颚肢摩擦、咀嚼，最后将食物吞下。

鲎的复眼长在头胸甲的两侧，不注意的话很难发现。

蓝色的血液

鲎的血液中含有铜离子，所以它的血液呈蓝色。在19世纪50年代，科学家们发现鲎的血液中含有一种血凝剂，被称为鲎试剂。鲎试剂能够与菌类、内毒素类物质发生反应，变化明显，于是科学家将它的血液制成试剂用来检测药品和医疗用品是否被污染，能够检测出含量低至万分之一的污染物。

中华鲎（三棘鲎）

体长：约60厘米	分类：剑尾目鲎科
食性：肉食性	特征：头胸甲很大，呈马蹄形，有一条长尾巴

口位于足的中间。
腹部的片状结构叫作书鳃，是鲎的呼吸器官。
尾巴长而坚硬。
雌性鲎的附肢大多为小型的螯足，而雄性鲎则有两对钩子，交配的时候勾住雌性。

蜕壳成长的鲎

与其他节肢动物一样，鲎也是靠蜕壳来实现成长的。鲎每一次蜕壳都会长到之前的 1.3 ～ 1.4 倍，不过每次蜕壳也是对鲎的一次考验，因为蜕壳的失败概率非常高。在蜕壳时，鲎的壳先从头部的边缘裂开，新的幼体会从缝隙中爬出，新的甲壳非常柔软，由于它们的生长速度非常缓慢，所以想要柔软的甲壳变回坚硬光亮需要相当长的一段时间。因此，鲎通常要蜕壳 16 次，经过 9 ～ 12 年的时间才能长到成年。

第五章
软体动物

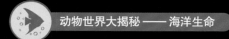

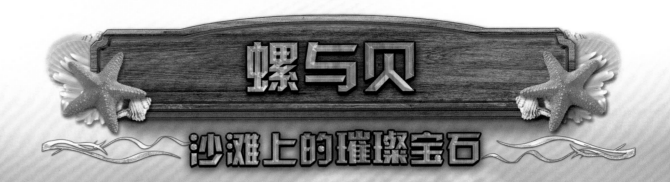

螺与贝

沙滩上的璀璨宝石

尽管拥有石灰质的外壳，但鹦鹉螺属于头足类，并不是螺类。

漫步在海边的沙滩上，我们最常见到的就是色彩和形状各异、大小不一的海螺和贝壳。螺与贝是海边最常见的生物，它们都属于软体动物。因为美丽的颜色和复杂多变的外形，螺和贝自古以来就是人们钟爱的收藏品。可以说被潮水留在沙滩上的各种漂亮的贝壳就像是一颗颗瑰丽的宝石。

螺和贝所属的软体动物是个庞大的家族，在自然界中它们的物种数量仅次于节肢动物，约有10万种。这一家族的动物从寒武纪时期就出现在地球上了，直到现在依然非常繁盛。软体动物间的差异较大，但结构基本相同，都有一个柔软而不分节的身体，还有石灰质的壳。由于它们具有超强的适应能力，因此分布十分广泛，在陆地、淡水和海水中都有许多成员，像蜗牛、河蚌、海螺、扇贝等都是我们熟悉的软体动物的代表。还有一些软体动物比较特别，例如章鱼与乌贼。

海螺外壳上塔形的结构叫作螺塔。

双壳纲（贝类）	
特征：由两片可以闭合的外壳组成，头部退化	移动方式：依靠斧足挖掘泥沙，或附着在岩石等物体上不进行移动，个别种类依靠贝壳扇动水流进行游泳
腹足纲（螺、蜗牛、蛞蝓等）	
特征：有一个螺旋形的贝壳，有些种类贝壳退化	移动方式：大多利用腹足爬行

螺与贝的形态各不相同，种类繁多。
螺壳表面往往都会有美丽的颜色和花纹。

听说海螺里会有大海的声音

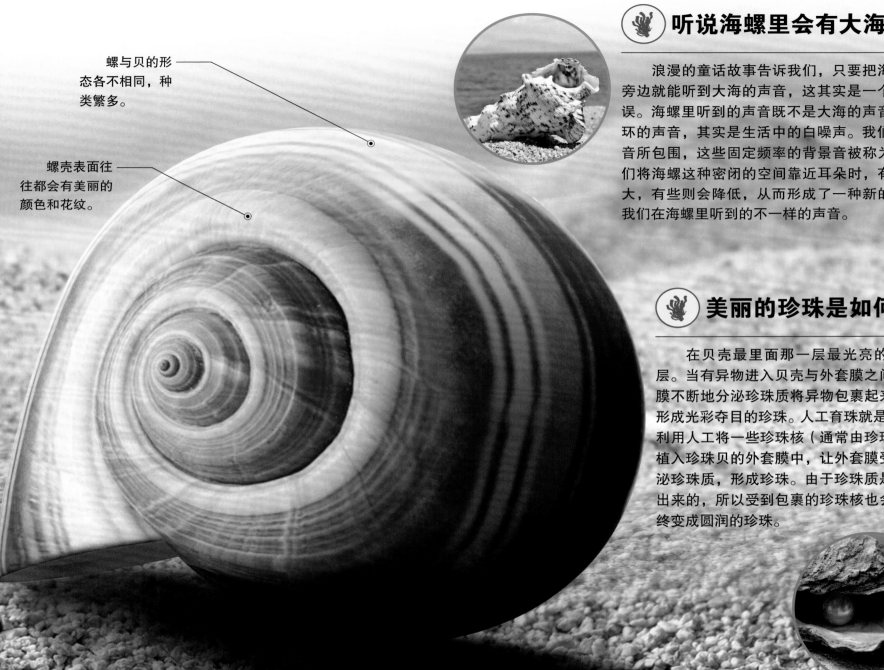

浪漫的童话故事告诉我们，只要把海螺壳放在耳朵旁边就能听到大海的声音，这其实是一个广为流传的谬误。海螺里听到的声音既不是大海的声音也不是血液循环的声音，其实是生活中的白噪声。我们平时被各种声音所包围，这些固定频率的背景音被称为白噪声。当我们将海螺这种密闭的空间靠近耳朵时，有些声音就会放大，有些则会降低，从而形成了一种新的感受，这就是我们在海螺里听到的不一样的声音。

美丽的珍珠是如何形成的

在贝壳最里面那一层最光亮的部分叫作珍珠层。当有异物进入贝壳与外套膜之间，会刺激外套膜不断地分泌珍珠质将异物包裹起来，使其圆滑，形成光彩夺目的珍珠。人工育珠就是利用这个原理，利用人工将一些珍珠核（通常由珍珠贝的壳制成）植入珍珠贝的外套膜中，让外套膜受刺激不断地分泌珍珠质，形成珍珠。由于珍珠质是一层一层分泌出来的，所以受到包裹的珍珠核也会逐渐变大，最终变成圆润的珍珠。

海蛞蝓

彩色的水中精灵

海蛞蝓通常有着艳丽的颜色，用以警告对手不要轻易靠近。

温暖的热带海域水流清澈，海藻丛生，海洋中的动物们都被丰富的养料滋润着，可爱的海蛞蝓非常喜欢生活在这里。海蛞蝓也叫“海兔”，是一种软体动物，它们的贝壳已经退化成内壳，因其头上有一对触角很像兔耳而得名。

海蛞蝓的身体表面光滑，带有许多凸起，配合着艳丽的色彩和各式花纹，就像是水中跳跃的精灵，俏皮可爱。海蛞蝓的身体颜色与它们体内共生的虫黄藻有关，也与它的食物有关系。如果遇到了难对付的攻击者，海蛞蝓就会引诱攻击者咬自己身上的乳突，因为乳突是可以再生的，而且乳突中的分泌物会让攻击者不再来攻击它们。由于海蛞蝓美丽又可爱，许多人喜欢把它们当作宠物来饲养在水族箱里。

海蛞蝓	
体长：约 4 厘米	分类：后鳃目海兔科
食性：肉食性	特征：身体呈蓝色，有黑色的条纹

雌雄同体

海蛞蝓是雌雄同体的生物，每只海蛞蝓身上都有雌雄两套生殖器官。它们的交配方式也很特殊，在交配时，一只海蛞蝓的雄性器官与另一只海蛞蝓的雌性器官交配，一段时间以后，彼此交换性器官再进行交配，这种繁殖方式在动物界是很少见的。它们通常几只或十几只为一群，成群交配，时间可以长达数天之久。

有毒的海蛞蝓

有些海蛞蝓是带有毒素的。1970 年，在太平洋的斐济岛，曾发生一起摄食截尾海兔导致 2 人食物中毒的事件，这是海蛞蝓引起人类食物中毒的首次报道。海兔毒素是海洋生物毒素之一，毒素是在长尾背肛海兔的消化腺中被发现的。还有一些海蛞蝓的皮肤和分泌物也含有毒素，这也是它们用来防御的武器。

背部的花纹是它们的鳃。
海蛞蝓也属于腹足纲动物，它们利用腹部爬行，有时候也会短暂地游泳。
海蛞蝓头部的两个触角具有嗅觉功能，也被叫作“嗅角”。

大王酸浆鱿

最大的软体动物

在浩瀚的海洋中谁才是最大的软体动物？那一定非大王酸浆鱿莫属了。大王酸浆鱿也叫“巨型枪乌贼”，是世界上最大的无脊椎动物。它们分布于南极大陆周围海域，有些向北延伸到南非外海，大部分都在南极海域周围300～4000米的深海栖息，是深海中可怕的怪兽。在深海中，抹香鲸是它们唯一的天敌，如果没有抹香鲸，恐怕这种巨型动物就要在海洋里称王称霸了。尽管大王酸浆鱿被人类所认识已经有几十年的时间了，但直到2007年，一艘新西兰的渔船在南极海域捕获了第一条完整的活体大王酸浆鱿，人们才制作了第一只大王酸浆鱿标本，并保存在惠灵顿的一间博物馆里。

和乌贼一样，大王酸浆鱿的嘴巴也在触手的中心。

大眼睛有什么用

大王酸浆鱿的大眼睛可不是摆设，在关键时刻它们可是保命的助手！它们的大眼睛主要用来对付抹香鲸。在大王酸浆鱿明亮的眼睛里长有发光器，不仅自己能够闪烁着光芒，同时也能察觉其他生物发出的微光，这在漆黑一片的深海中是非常有用的，它们能够通过抹香鲸身边的发光微生物来判断位置，从而在抹香鲸发现自己之前就赶快溜之大吉。

大王酸浆鱿和大王乌贼的区别

在大王酸浆鱿被确认为最大的软体动物之前，大王乌贼（巨乌贼）曾被认为是最大的软体动物。虽说它们都是软体动物中的巨人，但还是有区别的。最主要的差异在于它们触手的钩爪：大王酸浆鱿腕足上长有可 360° 旋转的倒钩，类似于老虎的利爪；而大王乌贼的触手上不存在钩爪，只附有硬质锯齿的吸盘。另外，同样大小的大王酸浆鱿和大王乌贼相比，大王乌贼的触手比大王酸浆鱿的长度要长。除此之外它们长得还是很像的。

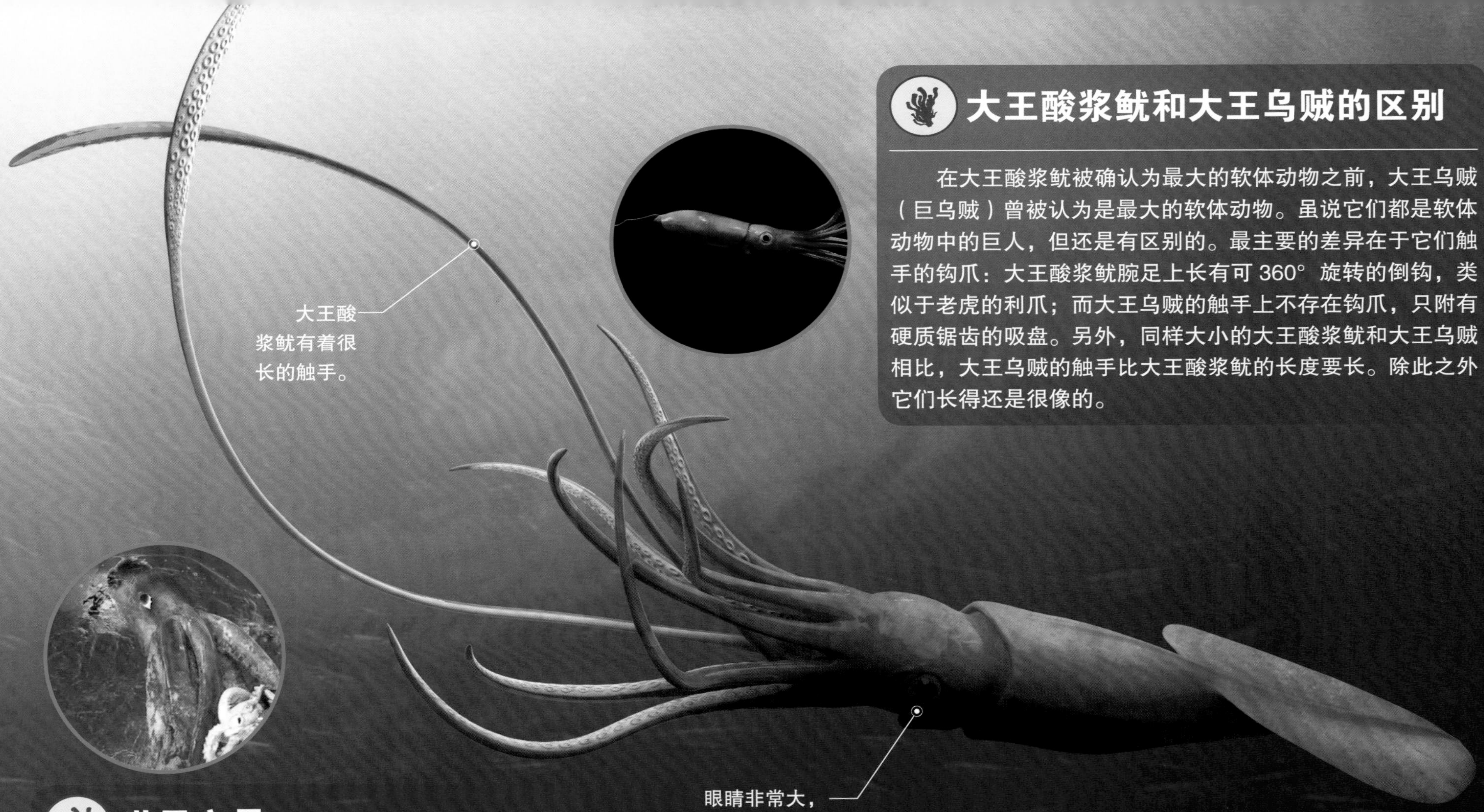
大王酸浆鱿有着很长的触手。
眼睛非常大，里面还有发光器，在昏暗的深海能发出微光。

世界之最

大王酸浆鱿不仅是世界上最大的软体动物，还是世界上最大的鱿鱼，不仅如此，它们的眼睛还是世界上所有动物中最大的。大王酸浆鱿最大可长到约 20 米，而且它们死后还会继续膨胀，变得更长更大，所以当人们发现它们搁浅在海滩上的尸体的时候，往往会觉得这是一种长达几十米的巨型怪物。

大王酸浆鱿

体长：5 ～ 20 米	分类：十腕目酸浆鱿科
食性：肉食性	特征：身体呈红褐色，有很长的触手

乌贼

一肚子“墨水”

乌贼又叫“墨鱼”，它们在世界的各大洋中都有分布，在深海和浅海都有它们的身影。乌贼和鱿鱼、章鱼、鹦鹉螺一样都属于海洋软体动物，它们不是鱼类。

乌贼分为头、足和躯干三部分。头前端是口，口的四周有五对腕，眼睛位于头的两侧。它们的躯干里面有一个石灰质的硬鞘，这是乌贼已经退化了的外壳。在乌贼的腹中有一个墨囊，里面储存着漆黑的汁液，当它遇到危险时就会迅速地将墨汁喷出，此时周围的海水会变得一片漆黑，它们可以趁机逃脱。乌贼不仅会泼墨，还是个调色专家，在它们的皮肤中聚集着许多色素细胞，可以在短时间内调整体内的色素囊来改变自身的颜色，这样就可以隐藏自己的踪迹啦。

墨囊隐藏在躯干中，当遇到危险就会喷射出黑色的汁液。
眼睛长在头部的两边，非常大。

曼氏无针乌贼

体长：10～20 厘米	分类：乌贼目乌贼科
食性：肉食性	特征：身体呈长圆形，体内有一块硬质骨骼

乌贼的药用价值

乌贼具有较高的药用价值。乌贼含有糖类和维生素 A、B 族维生素、钙、磷、铁等人体必需的物质，有很好的滋补作用。它们的硬骨被叫作“海螵蛸”，是一味中药。乌贼的墨汁中含有一种黏多糖，实验证明它对小鼠具有一定的抗癌作用。

乌贼有 10 条触手，其中两条特别长，用来突然出击捕捉猎物。

嘴巴长在触手的中心。

乌贼吃什么

有些乌贼生活在深海，稳定的肌红蛋白是其生存的必备要素。而虾青素是高强度的抗氧化剂，能够保证肌红蛋白的稳定性，因此乌贼主要捕食甲壳类、小鱼、小虾或其他软体动物，从这些小动物身上摄取虾青素。为了争夺稀少的食物，有的大型乌贼甚至敢从体形庞大的抹香鲸嘴里抢食。

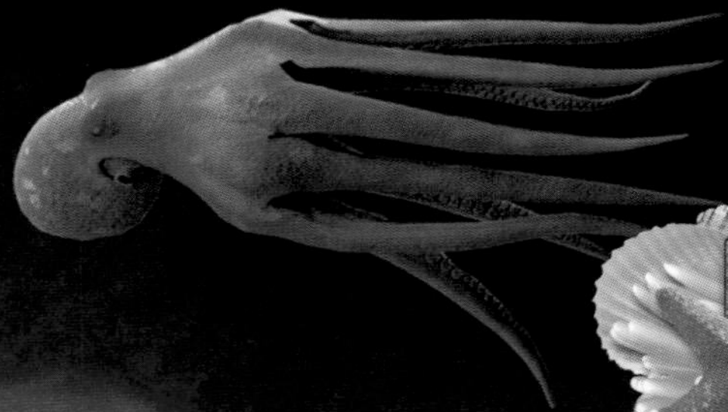

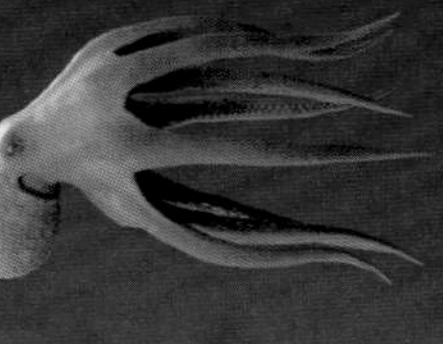

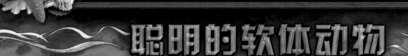

章鱼

聪明的软体动物

在危机四伏的海洋世界里，想要生存下去可不是一件容易的事，章鱼家族凭借着它们独特的聪明头脑在海底悠闲地生活着。章鱼是海洋中的一类软体动物，它们的身体呈卵圆形，头上长着大大的眼睛，最特别的是头上生出 8 条可以伸缩的腕，每条腕上都有两排肉乎乎的吸盘，这些吸盘能够帮助它们爬行、捕猎以及抓住其他东西。章鱼身为一类软体动物，浑身上下最硬的地方就是牙齿了，它们口中有一对尖锐的角质腭及锉状的齿舌，可以钻破贝壳取食其肉。除了贝壳，它们也会吃虾、蟹等。章鱼生活在海底，海水的盐度过低会导致它们死亡，不过在海中最大的威胁还是将它们视为盘中餐的天敌们。

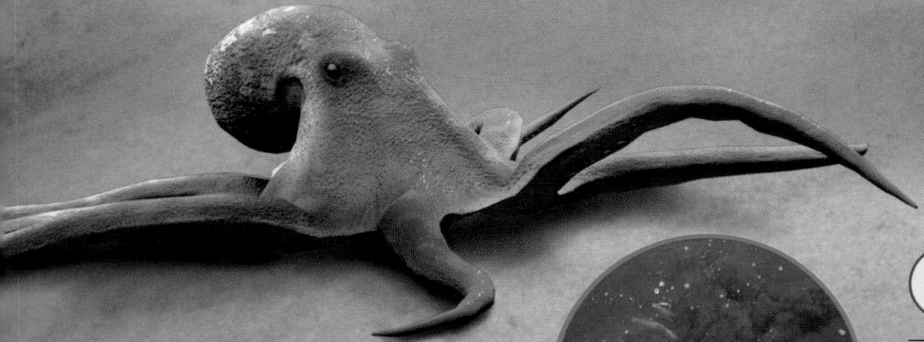

章鱼	
体长：约 60 厘米	分类：八腕目章鱼科
食性：肉食性	特征：有 8 条腕，头部有比较大的眼睛

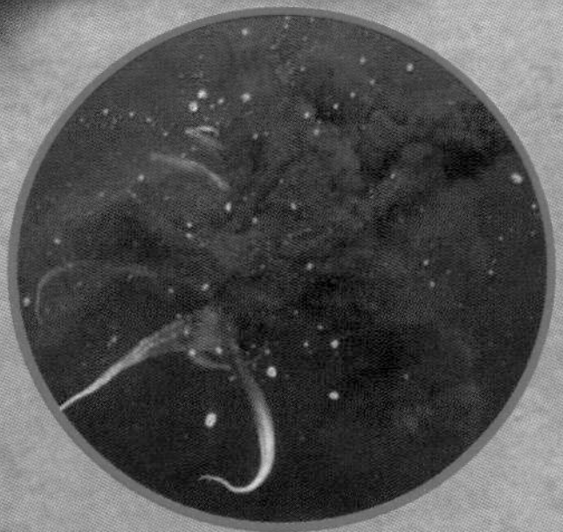

章鱼的墨汁

为了逃避天敌的追杀，动物们的逃跑技能可谓五花八门。章鱼会将水吸入外套膜用来呼吸，在受到惊吓时它们会从体管喷出一股强劲的水流，帮助其快速逃离。如果遇到危险，它们还会喷出类似墨汁颜色的物质，就像是扔了个烟幕弹，用来迷惑敌人，有些种类的章鱼喷出的墨汁还带有麻痹作用，能够麻痹敌人的感觉器官，自己趁机逃跑。

章鱼有三个心脏与两个记忆系统。其中一个记忆系统掌控大脑，另一个与吸盘相连。它们复杂的大脑中有 5 亿个神经元，身上还具备许多敏感的感受器，这些复杂的构造使章鱼具备高于其他动物的智商。经过试验研究发现，章鱼具有独自学习能力，还具备独自解决复杂问题的思维。作为一种无脊椎动物，章鱼的智商令人十分吃惊。

这个答案是肯定的。章鱼的皮肤表面分布着许多色素细胞，每个细胞中都含有一种天然色素，包括黄色、红色、棕色或黑色。当章鱼将这些色素细胞收紧，颜色就展现了出来，它们可以收缩同一种色素细胞来变换颜色，从而躲避掠食者，这在水下是一种很好的伪装。

扫一扫

扫一扫画面，小动物就可以出现啦！

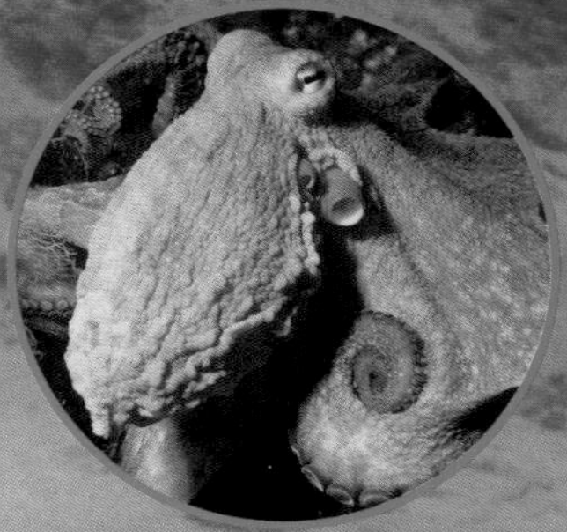

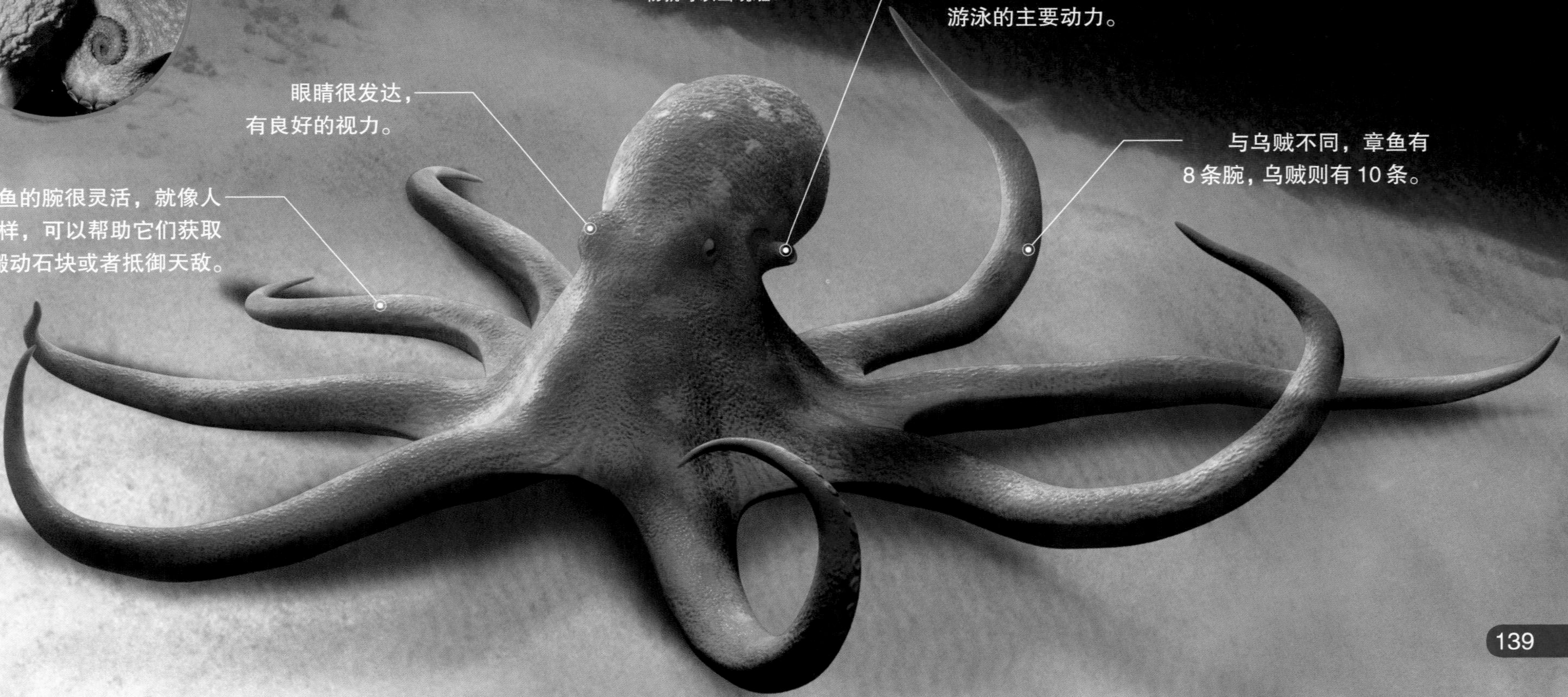
漏斗喷水是章鱼游泳的主要动力。
眼睛很发达，有良好的视力。
与乌贼不同，章鱼有 8 条腕，乌贼则有 10 条。
章鱼的腕很灵活，就像人的手一样，可以帮助它们获取食物、搬动石块或者抵御天敌。

蓝环章鱼

最毒的章鱼

在浅海的珊瑚礁地带生活着一种奇特的章鱼，它们拥有美丽的外表，却身怀一颗“狠毒”的心。它们就是被列为“全球十大最毒动物”之一的蓝环章鱼。蓝环章鱼也叫“蓝圈章鱼”，是已知毒性最猛烈的动物之一。它们身上布满了蓝色的环状花纹，蓝环章鱼也是由此得名。这些环状花纹上的细胞密布着能够反射光线的晶体，当遇到危险时，它们身上的蓝色环就会闪烁，通过身上这些独特的闪烁的环状花纹对其他生物发出警告，表示它们有致命的武器，不要来自讨苦吃。蓝环章鱼天生害羞，喜欢躲在石头下面，到晚上才会出来觅食，主要以小鱼、蟹、虾及甲壳类动物为食。它们主要分布于日本与澳大利亚之间的太平洋海域中。

蓝环章鱼的拿手本领

蓝环章鱼不仅是个用毒高手，还有一项变色的伪装神技。它们可是海洋中的伪装大师！它们不仅浑身布满了漂亮的花纹，皮肤表面还含有颜色细胞，通过改变不同颜色细胞的大小，来随意变换身体的颜色，甚至模样都会跟着改变。在它们身处不同的环境中时，可以将自身颜色变成跟环境相似的颜色来保护自己。

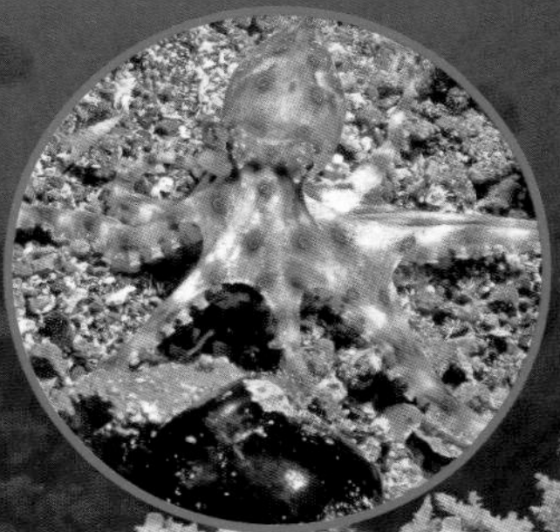

中了毒，要如何急救

如果不小心中了蓝环章鱼的毒，该怎么办？由于蓝环章鱼的毒素会导致人窒息，还会阻止人类血液凝固。因此，中毒后应该在第一时间按住伤口，然后持续地做人工呼吸，直到中毒者能够恢复自主呼吸为止。蓝环章鱼毒液的浓度会随着人的新陈代谢而降低，只要保证这段时间的呼吸和心跳不停止，成功撑过 24 小时，中毒者就有机会完全恢复。

大蓝环章鱼

体长：约 20 厘米	分类：八腕目章鱼科
食性：肉食性	特征：身上有明亮而鲜艳的蓝色环纹

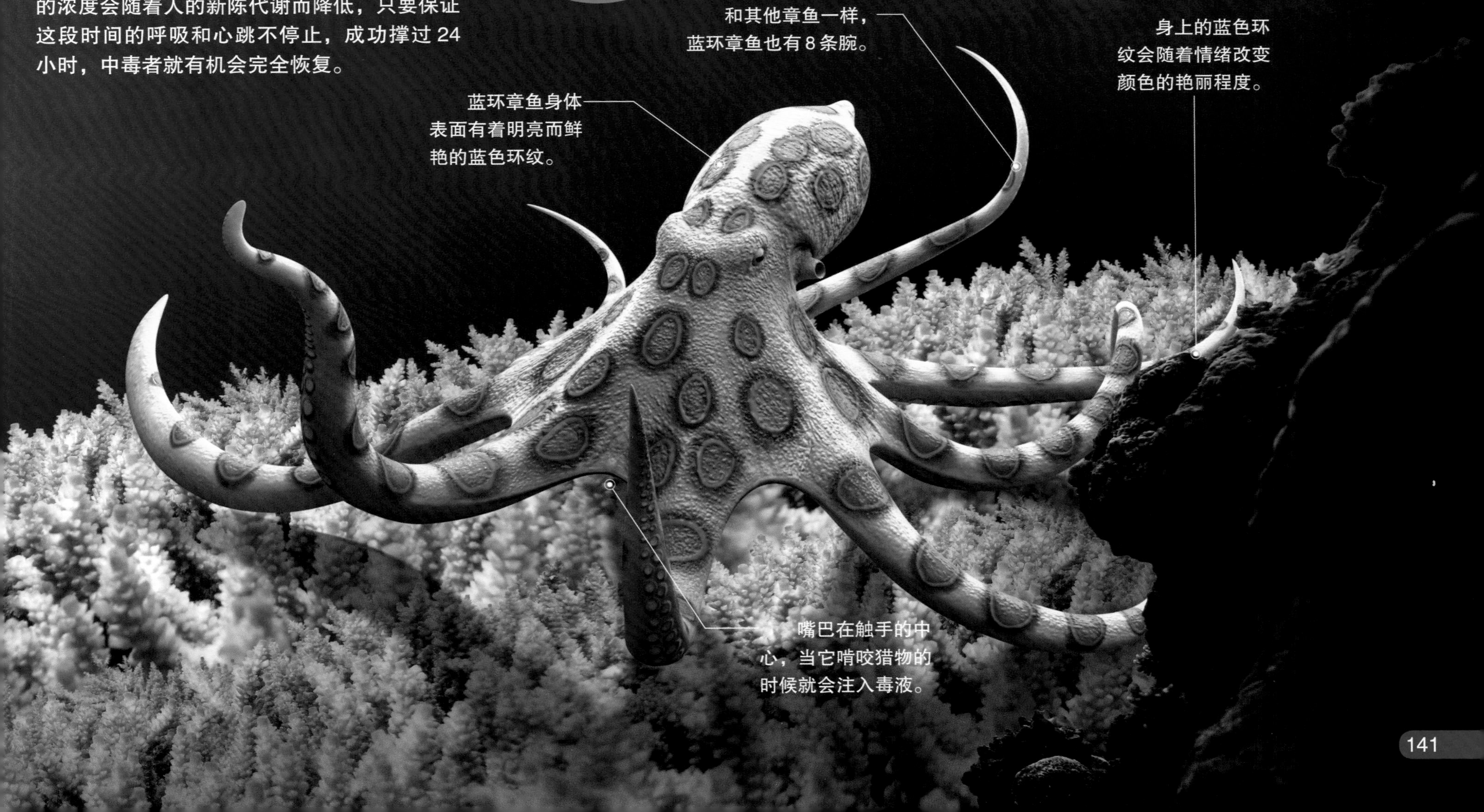
和其他章鱼一样，蓝环章鱼也有 8 条腕。
身上的蓝色环纹会随着情绪改变颜色的艳丽程度。
蓝环章鱼身体表面有着明亮而鲜艳的蓝色环纹。
嘴巴在触手的中心，当它啃咬猎物的时候就会注入毒液。

第六章
刺胞动物

水母

美丽的水中舞者

水母属于刺胞动物门，是一种古老的生物，早在 6.5 亿年前就已经存在于地球上了。水母遍布于世界各地的海洋中，比恐龙出现得还要早。水母通体透明，主要成分是水。它们的外形就像一把透明的伞，根据种类不同，伞状的头部直径最长可达 2 米，头部边缘长有一排须状的触手，触手最长可达 30 米。水母透明的身体由两层胚体组成，中间填充着很厚的中胶层，让身体能够在水中漂浮。它们在游动时，体内会喷出水，利用喷水的力量前进。有些水母带有花纹，在蓝色海洋的映衬下，就像穿着各式各样漂亮的裙子，在水中跳着优美的舞蹈，灵动又美丽。

软绵绵没有牙齿，水母吃什么

水母属于肉食性动物，主要以水中的小型生物为食，如小型甲壳类、多毛类或小的鱼。水母虽然长得温柔，但是发现猎物后，从来不会手下留情，它们会伸长触手并放出丝囊将猎物缠绕、麻痹，然后将猎物送进口中。水母口中分泌的黏液可以将食物送进胃腔，胃腔中有大量的刺细胞和腺细胞，它们将猎物杀死并消化，消化后的营养物质通过各种管道送到全身，未消化的食物残渣从口排出。

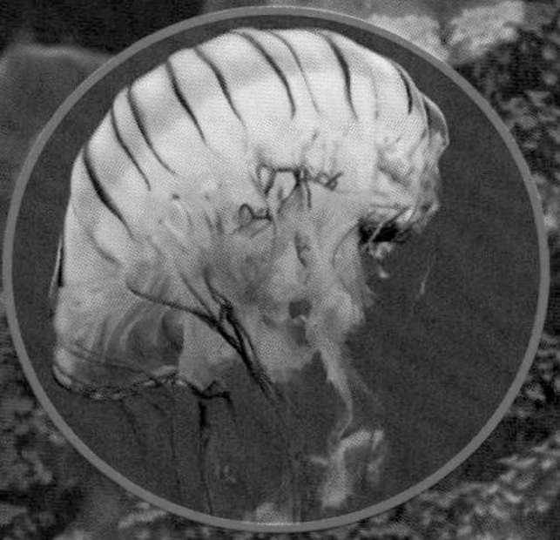

水母最怕谁

致命的水母也有强大的对手，棱皮龟就是它们命中注定的克星。棱皮龟可以在水母群体中自由穿梭而不被其伤害，还可以用嘴轻松地咬断水母的触手，让它们只能上下翻滚身体，瞬间失去抵抗能力，成为自己的猎物，饱餐一顿。

可怕的水母也有朋友吗

就像犀牛有犀牛鸟一样，在浩瀚的海洋中，水母也有它们的好朋友。它们是一种被叫作小牧鱼的双鳍鲳，体长不到 7 厘米，小巧灵活，能够在大型水母的毒丝下自由来去。小牧鱼将水母当作保护伞，遇到大鱼就躲到水母的毒丝中，不仅保护了自己，还为水母引来了大量猎物，从而吃到水母留下的残渣，一举两得。

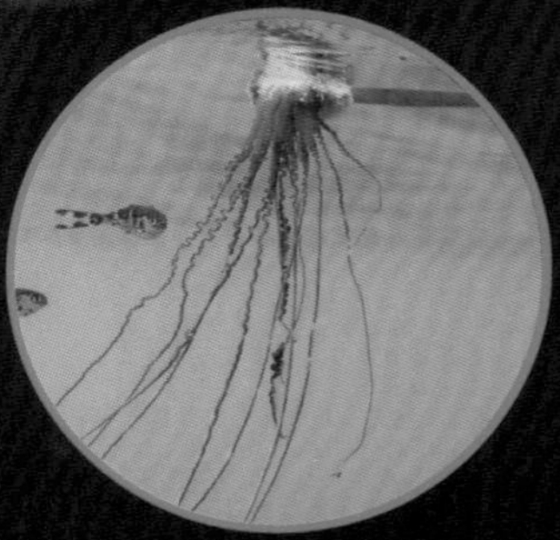

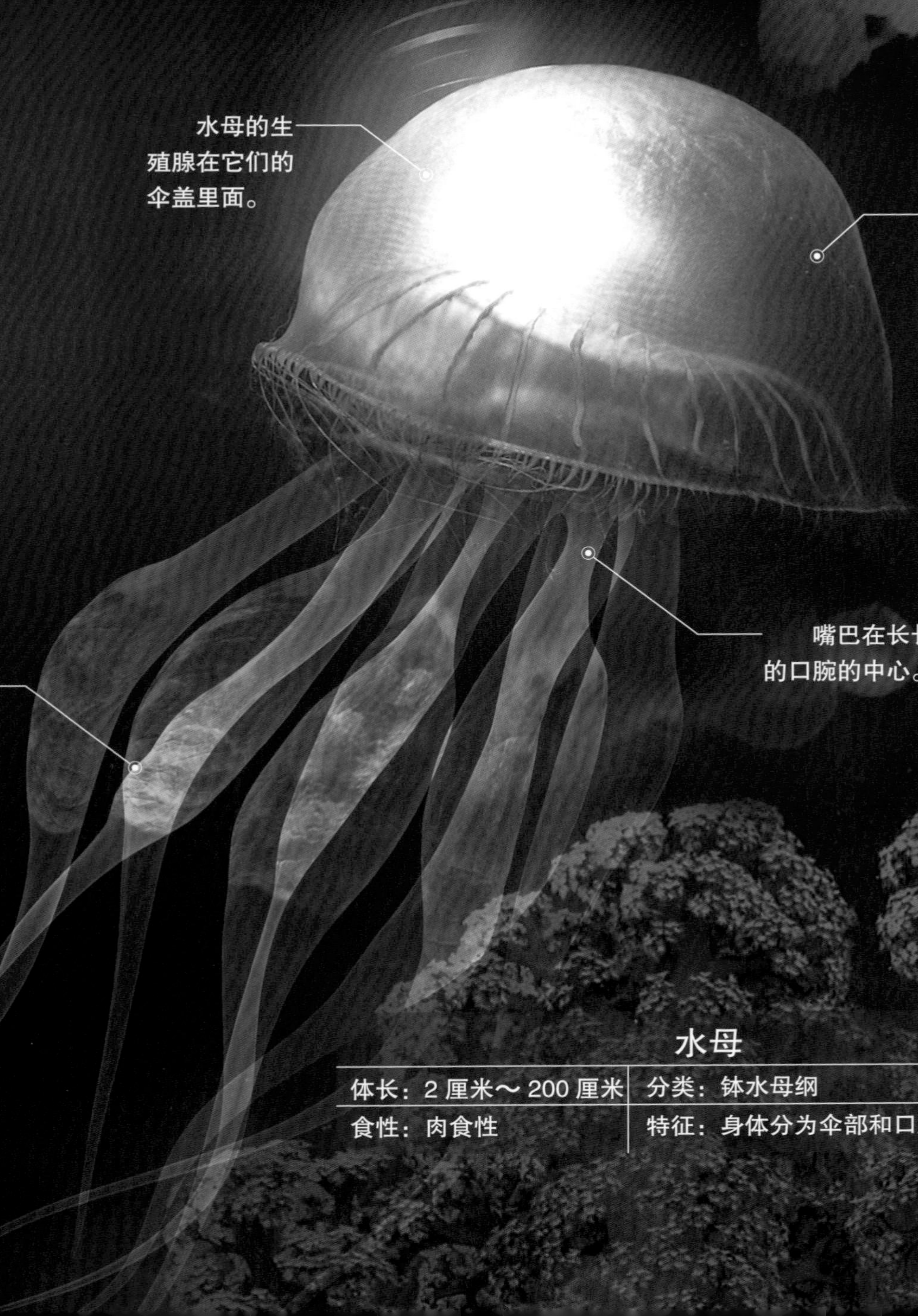
水母的生殖腺在它们的伞盖里面。
水母的伞盖通常比较光滑，不过也有形状特殊的种类，例如帆水母等。
嘴巴在长长的口腕的中心。
水母的触须生长在伞盖的边缘，而它们身体下方的触手则被称为口腕。

水母

体长：2 厘米～ 200 厘米	分类：钵水母纲
食性：肉食性	特征：身体分为伞部和口腕部两个部分

海葵

简单生物

海葵是中国滨海地区最常见的生物之一，其外表形似一朵艳丽的花，是一种无脊椎的腔肠动物。海葵结构简单，但它们有捕食的能力，它们所捕食的范围很广，可以是其他软体动物、甲壳类动物等等。海葵喜欢独居，但也会与生物产生斗争，其会产生有毒素，很好地保护自己。海葵为单体的两胚层动物，无外骨骼，形态、颜色和体形各异，通常身长2.5厘米～10厘米，但有一些甚至可长到1.8米。其辐射对称，桶型躯干，上端有一个开口，开口旁边有触手，触手起保护作用，上面布有微小的倒刺，还可以抓紧食物。

有毒性

海葵虽然结构很简单，行动缓慢，但是海葵身上有很多条触手，其触手上存在一种特殊的带刺的细胞，会释放具有毒害的毒性物质。触手主要起的是保护作用，也可以用于捕食。

长寿

珊瑚的寿命很长，大大超过了具有百年寿命的海龟以及珊瑚等，可以说是世界上最长寿的海洋生物了，可谓是真正的长寿者了。据科学家研究发现，其寿命可以达到一千五百到两千岁。

海葵下体呈圆柱形，上面形似化，有不同的形状。

海葵种类较多，不同的海葵颜色不同。

海葵是无脊椎动物，一般缓慢地移动。

海葵看上去好像一朵开放的花。

海葵	
体长：2.5 厘米～ 10 厘米	分类：珊瑚虫纲六放珊瑚亚纲海葵目
食性：杂食性	特征：外表形似一朵花，软而美丽

头脑简单

海葵构造十分简答，它没有其他动物的基本构造，连最低级的大脑结构也没有，所以没有攻击性，常常会依靠别的生物。

珊瑚

漂亮外表

珊瑚是海底常见的生物，也是被人们所熟知的海底生物之一，常存在于温度高的海底。珊瑚形态多呈树枝状，上面有纵条纹，每个单体珊瑚横断面有同心圆状和放射状条纹，颜色一般呈白色，也有少量蓝色和黑色。珊瑚不仅颜色鲜艳美丽，还可以做装饰品，珊瑚是幼体的珊瑚虫所分泌出的外壳，常以集合体的形式出现。

利用价值高

由于珊瑚有非常好看的外表以及鲜艳的颜色，所以经常被用于工艺品以及装饰品的加工。不仅如此，珊瑚有着很高的药物利用价值，可以作为药物的原材料，治疗疾病，其药物利用价值无可取代。

形状独特，呈树枝状，颜色美丽。
是海洋存在的无脊椎的动物。
颜色可以多种多样，主要以白色为常见。
多存在于海底岩礁、缝隙等中。

喜爱高温度

珊瑚喜爱温度在二十摄氏度以上的地区，所以常分布于赤道附近的地区的海底的一两百米内。因为它是无脊椎动物，所以珊瑚喜欢在接近热带的海洋里自由飘摇。

美丽外表

珊瑚有着其他动物不一样的外形，其外形像一样能自由飘动的花草树木一样。而且颜色鲜艳而美丽，可以有不同的颜色，以白色的珊瑚最为常见。

珊瑚

体长：大小不一	分类：珊瑚纲珊瑚目
食性：杂食性	特征：单个珊瑚放射状条纹，形状像树枝一样，颜色一般为白色

第七章
棘皮动物

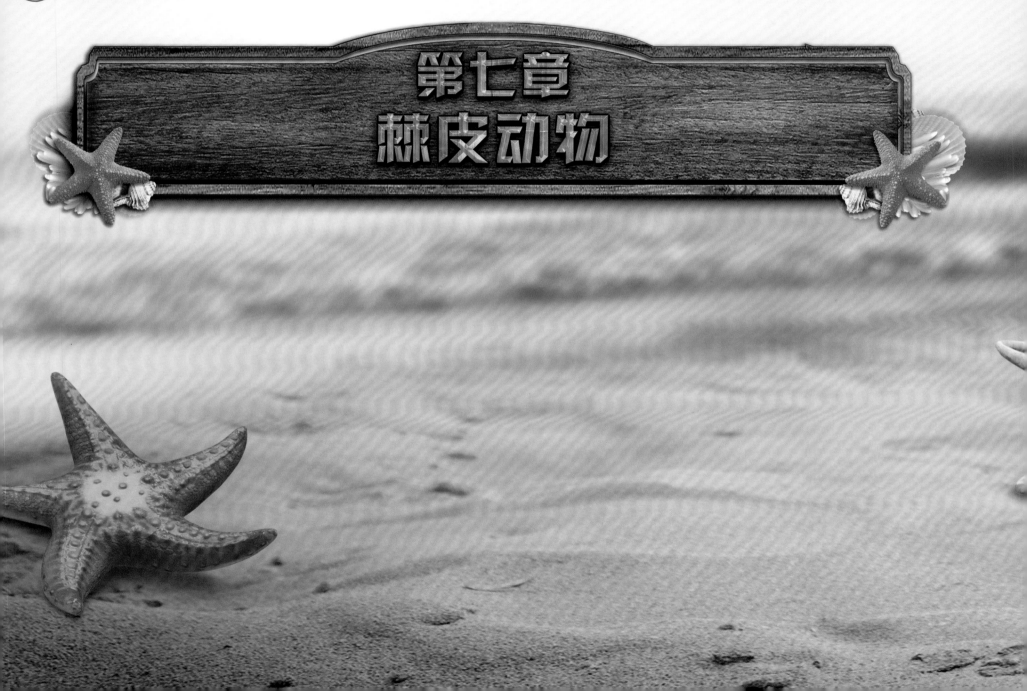

海星

海中的星星

海星腹面的
沟槽叫作步带沟，
它们的管足就是
从这里伸出来的。

《海绵宝宝》中憨厚的派大星给人们留下了深刻的印象。现实中的海星是一种棘皮动物，身体扁平，通常有 5 条腕，但有的特殊种类则多达 50 条腕，在腕下还长有密密麻麻的管足。海星的整个身体是由许多钙质骨板和结缔组织结合而成，体表有凸出的棘。每只海星的颜色都不相同。

大多数海星是雌雄异体，在腕的基部有生殖腺。有些海星会将生殖细胞释放到海水中，另外一些成年海星则会守护它们的卵直到卵孵化成幼体海星。当海星的幼体经过一段时间的浮游生活之后，会发育成成年海星的样子沉到海底生活。还有一小部分海星属于雌雄同体，雄性先成熟，年龄大了变成雌性。

海星只有 5 个角吗

我们最常见的海星有 5 个角，但其实海星不全是 5 个角的，有一些海星有 6～10 条腕足，或者更多。因为海星属于棘皮动物门，这一门类具有五辐对称性。它们的祖先曾是左右对称的，海星的幼体也是左右对称的，后来则长出了 5 条腕。许多较为固定的海洋生物都演化出了辐射对称，这也是与它们的生活环境相适应的结果。

可爱却凶残的捕食者

肉食动物往往给人以凶残的印象，很难想象可爱又懒惰的海星竟然是肉食动物。看上去懒洋洋、慢吞吞的海星不会像鱼类那样灵活，所以它们所捕食的对象也是一些行动缓慢的海洋生物，比如贝类、螺类和海胆等。它们会慢慢靠近贝类，用腕上的管足固定住它们，然后将猎物的两片贝壳拉开，并将胃从口中翻出伸进贝壳里，接下来分泌消化酶，将猎物溶解并吸收。

多棘海盘车	
体长：15 ～ 30 厘米	分类：多棘目海星科
食性：肉食性	特征：身体呈蓝紫色，有细小的棘

神奇的再生能力

海星具有强大的再生能力，如果把它们撕成几块扔进海里，它的每一块碎片都能再长成一个完整的新海星。海星的腕、体盘失去以后都能够再生，截肢对于它们来说只是小事一桩。科学家发现在海星受伤以后，其体内的后备细胞将自动激活，这些细胞可以通过分裂和分化与其他组织合作，重新生长出缺失的部分。

背面有许多凸起的棘和疣状物。

依靠体内水管的作用，海星也能做出抬起腕或者扭转身体的动作。

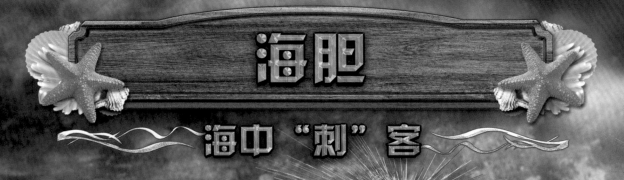

海胆

海中“刺”客

在神秘的海底，生存着一种浑身长满刺的球体，这种生物叫作海胆。它们长得像一个毛栗子一样，圆圆的身上有很多尖刺。海胆生活在世界各大海洋中，其中以印度洋和西太平洋海域的种类最多。与海星和海参一样，海胆也是一种棘皮动物。它们的身体呈球形、盘形或心形，没有像海星一样的腕，只有一个长满了刺的坚固的壳。海胆喜欢生活在有岩石、珊瑚礁的地方，以及硬质的海底，主要靠管足及刺运动。它们非常懒，不取食不运动，当周围食物丰富时，仅仅移动几厘米，平时就藏在各种缝隙之中。有些种类在沙中穴居，主要靠刺在沙面移动。海胆是海洋中最长寿的生物之一，它们在生物学的研究中具有重要的作用。

海胆的自卫武器

海胆的种类有很多，其中很多种类是带有毒素的。往往是那些看上去更加美丽耀眼的海胆带有毒素。在南海珊瑚礁中生活着一种环刺海胆，它们的环刺上带有白色和绿色彩带，闪闪发光，非常美丽。但是一定要收起你的好奇心，不要去触摸它们，因为在刺的尖端长有倒钩，一旦刺进皮肤，刺就会断在皮肤里，毒液也会进入人体，导致中毒。

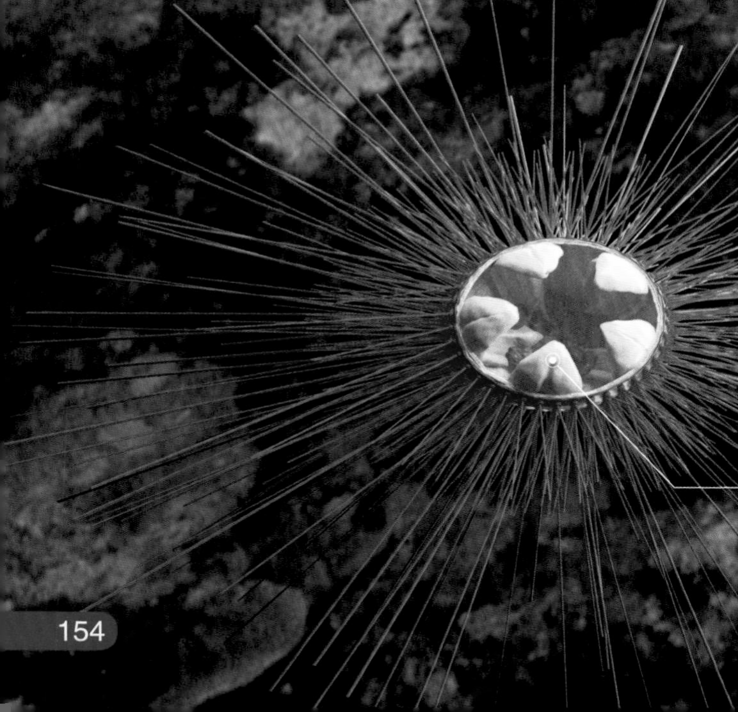

打开海胆，里面的5个橙黄色器官是它们的生殖腺，也是海胆最味美的部分。

刺冠海胆

体长：约7厘米	分类：管齿目冠海胆科
食性：杂食性	特征：甲壳上有非常长的尖刺

圆圆的海胆怎么吃饭

海胆的食性非常广泛，属于杂食性动物。它们可以吃腹足和棘皮动物，更多的时候则以各种藻类为食。吃什么取决于它们的种类和所处的环境，软质海胆的种类和不规则海胆主要取食有机物碎屑，它们用身上的管足收集周围的有机物颗粒，然后用纤毛送入口中。它们的嘴巴在身体的正下方，内有齿和其他一些复杂结构，用来将藻类和其他食物切碎吞吃进去。

古老的生物海胆

海胆已经在地球上生存了亿万年，是一种非常古老的生物。我们已经发现的古生代和中生代的海胆化石多达 5000 种，最早的海胆化石是在奥陶纪早期的岩石内发现的。科学家认为，古生代的海胆可能是生活于较平静的海面，因为这一时期它们的外壳较薄。从三叠纪时期开始，它们的数目和种类不断增加，中生代和新生代是它们最辉煌的时期。

海胆的刺是可以动的，这些刺也能帮助海胆爬行。

海胆喜欢在长满藻类的礁岩上活动，取食这里的藻类。

变色能手

海参有变色的能力，它会随着环境的不同而变换颜色，在岩石附近的海参常常是淡蓝色或者棕色的，而在海洋植物中生存的常常为绿色，这样的特性能够很好的保护自己，避免受到伤害。

海参

珍贵名品

海参，又叫“海鼠”或者“刺参”，因为它们的身体圆而胖，形似老鼠，而且表面有肉肉的刺形物质，由此而得名。它们主要生存于海洋，拥有很高的利用价值，所以从古到今都被视为珍贵的生物。海参长有肛孔，可以用作呼吸以及排出废物。

海参稀有而且价值高，可以做珍贵的药材，延缓衰老、抗肿瘤等等，是最佳的药物原材料。它们珍贵而价值高。

最佳营养品

海参温和，它们的身体肉多而营养丰富，其营养素的含量十分丰富，如各种维生素、蛋白质、胆固醇，所以被人们视为最高的营养滋补品。

蛇目白尼参	
体长：30 厘米～ 40 厘米	分类：楯手目海参科
食性：杂食性	特征：单个珊瑚放射状条纹，形状像树枝一样，颜色一般为白色

海参身体胖而短。
海参身体上有多个肉刺状的结构。

索引

图书在版编目（CIP）数据

海洋生命 / 余大为，韩雨江，李宏蕾主编．-- 长春：吉林科学技术出版社，2020.11
（动物世界大揭秘）
ISBN 978-7-5578-5263-4

Ⅰ．①海… Ⅱ．①余… ②韩… ③李… Ⅲ．①海洋生物—青少年读物 Ⅳ．①Q178.53-49

中国版本图书馆 CIP 数据核字（2018）第 287160 号

DONGWU SHIJIE DA JIEMI　HAIYANG SHENGMING
动物世界大揭秘　海洋生命

主　　编　余大为　韩雨江　李宏蕾
绘　　画　长春新曦雨文化产业有限公司
出 版 人　宛　霞
责任编辑　朱　萌
封面设计　长春新曦雨文化产业有限公司
制　　版　长春新曦雨文化产业有限公司
美术设计　孙　铭
数字美术　贺媛媛　付慧娟　王梓豫　贺立群　李红伟　李　阳
　　　　　马俊德　边宏斌　周　丽　张　博
文案编写　惠俊博　辛　欣　王　杨

幅面尺寸　210 mm×285 mm
开　　本　16
印　　张　10
字　　数　200 千字
印　　数　1-5000 册
版　　次　2020 年 11 月第 1 版
印　　次　2020 年 11 月第 1 次印刷
出　　版　吉林科学技术出版社
发　　行　吉林科学技术出版社
地　　址　长春市福祉大路 5788 号
邮　　编　130118
发行部电话 / 传真　0431-81629529　81629530　81629531
　　　　　　　　　81629532　81629533　81629534
储运部电话　0431-86059116
编辑部电话　0431-81629518
印　　刷　吉林省吉广国际广告股份有限公司
书　　号　ISBN 978-7-5578-5263-4
定　　价　88.00 元